全国中等职业技术学校化工工艺专业教材

化工识图

中国劳动社会保障出版社

图书在版编目(CIP)数据

化工识图/张勇主编. —北京：中国劳动社会保障出版社，2010
全国中等职业技术学校化工工艺专业教材
ISBN 978-7-5045-8499-1

Ⅰ.①化… Ⅱ.①张… Ⅲ.①化工设备-识图-专业学校-教材 Ⅳ.①TQ050.2

中国版本图书馆CIP数据核字(2010)第168418号

中国劳动社会保障出版社出版发行
（北京市惠新东街1号 邮政编码：100029）
出版人：张梦欣

*

北京市艺辉印刷有限公司印刷装订 新华书店经销
787毫米×1092毫米 16开本 10.25印张 240千字
2010年8月第1版 2021年12月第9次印刷
定价：17.00元

读者服务部电话：（010）64929211/84209101/64921644
营销中心电话：（010）64962347
出版社网址：http://www.class.com.cn
http://jg.class.com.cn

前 言

随着我国化学工业的迅速发展，化工企业对从业人员的知识和技能以及相关的职业教育和职业培训提出了更高的要求。为了更好地适应全国中等职业技术学校化工工艺专业的教学需要和企业的用人要求，我们组织全国有关学校的一线教师和行业专家，开发了一套化工工艺专业教材。

本次开发的教材包括《化学基础》《化工单元操作》《化工机械基础》《化工电气与仪表》《化工分析》《化工识图》《化工安全与环保》《化工企业班组管理》《基本有机化工工艺》《无机物生产工艺》和《合成氨生产工艺》，其中，《化工识图》和《合成氨生产工艺》配有习题册，供学生课后练习使用。整套教材做到了结构紧凑、内容简明、脉络清晰，在表现形式上有所创新。

这次教材开发工作的重点有以下几个方面：

第一，体现行业发展现状和趋势，彰显时代特色。教材编写过程中，努力做到以市场需求为导向，根据化工行业的发展，合理选择教材内容，尽可能多地在教材中介绍化工行业的新知识、新技术、新工艺和新设备，突出教材的先进性。同时，严格执行国家有关技术标准。

第二，突出职业教育特色，重视实践能力的培养。以职业能力为本位，根据化工工艺专业毕业生所从事职业的实际需要，适当调整专业知识的深度和难度，合理确定学生应具备的知识结构和能力结构，同时，进一步加强实践性教学的内容，以满足企业对技能型人才的要求。

第三，创新教材编写模式，激发学生学习兴趣。按照教学规律和学生的认知规律，合理安排教材内容，并注重利用图表、实物照片辅助讲解知识点和技能点，为学生营造生动、直观的学习环境。

本套教材可供全国中等职业技术学校化工工艺专业选用，也可作为职业培训教材。教材的编写工作得到了山东、四川、河南、云南、广西等省、自治区人力资源和社会保障厅及有关学校的大力支持，在此，我们表示诚挚的谢意。

人力资源和社会保障部教材办公室

2010年7月

内容简介

本教材图文并茂，尽量用图解的形式来说明问题，合理组织教学内容，知识点、技能点把握准确，文字表述通俗易懂，并尽量与实际生产相结合。主要内容分为五个模块，主要包括化工识图的基本知识、工艺流程图的绘制与识读、管道图的绘制与识读、化工设备图的表达方式与识读、化工仿真图的表达方式与识读等方面的内容。各部分教学内容参考学时见下表。

本教材由张勇主编，李永远参加编写，周应胜审稿。

《化工识图》参考学时

教学内容	总学时	讲授学时	训练学时
绪　论	2	2	0
一　化工识图的基本知识	20	16	4
二　工艺流程图的绘制与识读	14	10	4
三　管道图的绘制与识读	12	8	4
四　化工设备图的表达方式与识读	12	8	4
五　化工仿真图的表达方式与识读	10	6	4
总　计	70	50	20

目 录

绪　论

一、化工图样及其应用

图样是人们借以表达设计意图，交流技术思想，指导机器、设备制造和安装的重要工具，它具有形象、完整、准确和一目了然等优点。在技术交流活动中，图样是一种高效、准确的信息载体，发挥着语言、文字所不能替代的作用。因此，被誉为“工程界的共同语言”。

在化工厂的建设过程中，无论是设计、施工，还是设备的制造、安装，或是生产过程中的试车、检修、技术改造，均离不开化工图样。

《化工识图》是中等职业学校化工工艺专业必修的一门专业技术基础课程。化工图样是以国家标准《技术制图》为依据，结合化工生产的特点，采用一些特殊的表达方法而绘制的一种图样。

二、本课程的主要内容及学习方法

1. 主要内容

（1）化工图样的基本知识

介绍国家标准《技术制图》，绘图工具及其使用方法，几何作图以及图样的绘制与识读原理等知识。

（2）化工专业图样

介绍化工专业图样的特殊表达方法和识读。

（3）化工仿真图

介绍化工仿真图的内容、表达方法及识读。

2. 学习方法

（1）本课程是一门综合性的专业技术基础课。在学习中除了掌握理论知识外，还应密切联系实际、结合其他专业学科，做到学以致用。

（2）正确处理绘图与读图的关系。在学习过程中应贯彻以识图为主，以绘图促识图的原则。

（3）认真听课，多做练习。按正确的方法和步骤独立地完成作业。

（4）严格遵守制图标准，培养认真负责的工作态度和耐心细致、一丝不苟的工作作风。

模块一　化工识图的基本知识

化工图样主要包括化工设备图、工艺流程图、设备布置图及管路布置图等。虽然它们各有其不同的表达特点和规定画法，但仍应遵循《技术制图》和《机械制图》等相关国家标准，其图示原理仍采用正投影法。本模块将对化工图样中的相关基本知识及其图示原理进行阐述。

课题一　化工图样的基本知识

学习目标

熟悉有关化工制图的国家标准，掌握图样格式、各种线型的应用和画法以及尺寸标注方法，练习使用绘图工具。

一、绘图工具及其使用

正确使用绘图工具不仅能保证图样质量，而且能提高绘图速度。表1—1简单介绍了几种常用绘图工具及其使用方法。

表1—1　　常用绘图工具及其使用方法

名称	图示	使用方法	注意事项
绘图板	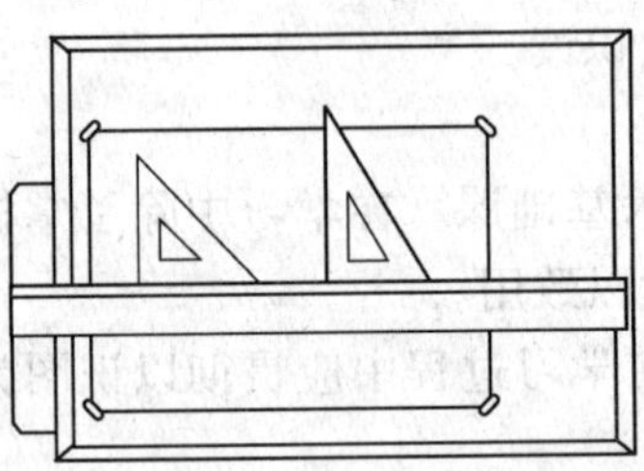	铺放、固定图纸	板面平整、导向边平直
丁字尺		与图板配合画水平线	尺头与尺身垂直，尺头内侧紧靠图板导向边
三角板	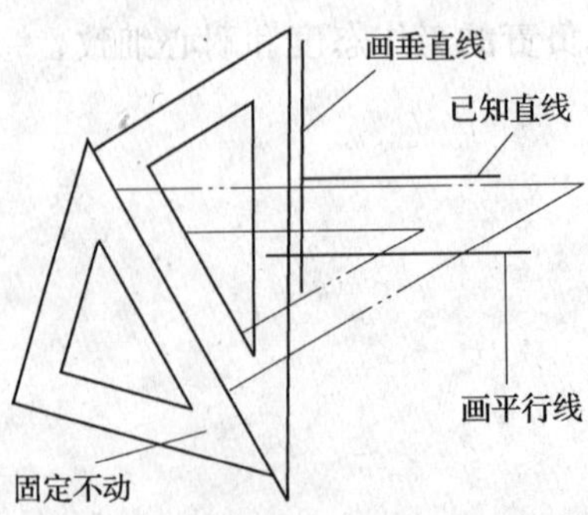	画垂直线、平行线和斜线	利用两块三角板配合可画出已知直线的平行线、垂直线等

续表

名称	图示	使用方法	注意事项
三角板	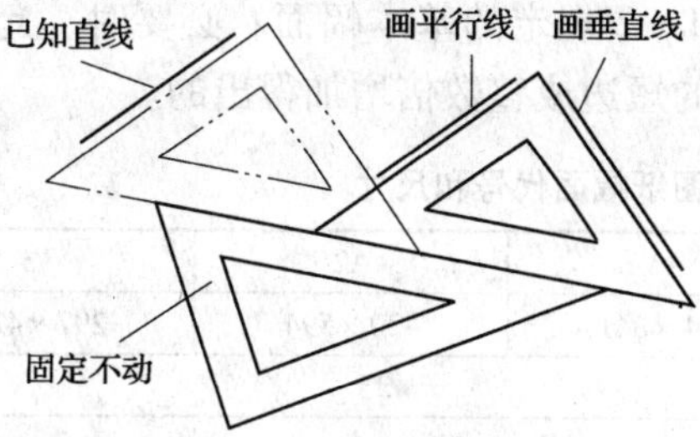	画垂直线、平行线和斜线	利用两块三角板配合可画出已知直线的平行线、垂直线等
绘图铅笔	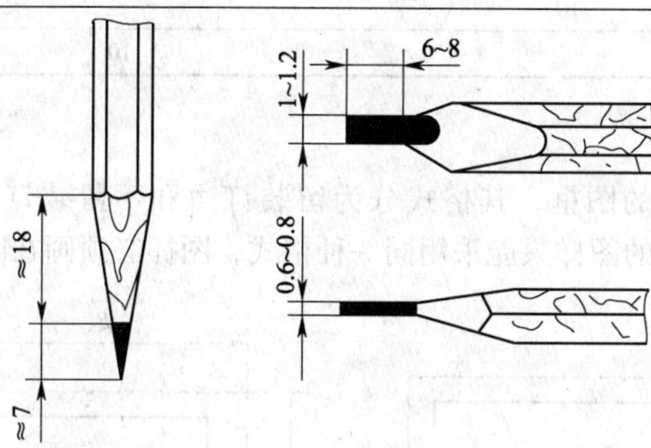 圆锥形　扁四棱柱形	常用 H 或 2H 的铅笔画底稿，用 HB 的铅笔写字和徒手绘图，加深描粗图线可用 B 或 2B 的铅笔	注意保留铅笔标号以便使用时识别 画粗实线的铅笔磨成扁四棱柱形，其余的磨成圆锥形
圆规及其附件	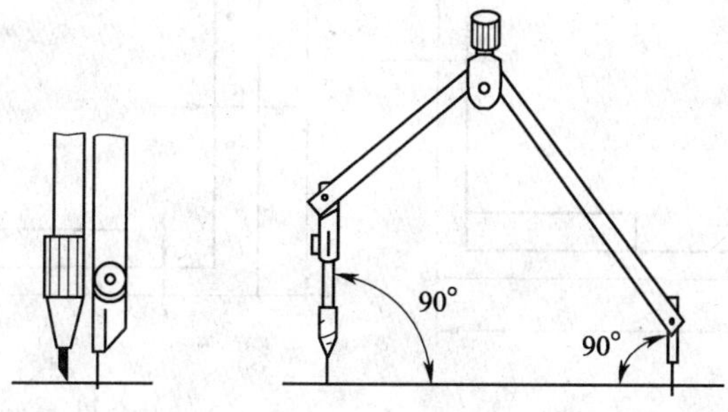 针尖应比铅芯稍长　大圆画法	画圆及圆弧	以针尖为圆心支点并使针尖略长于铅芯

【知识拓展】

绘图铅笔上标的“H”和“B”分别代表什么？

“H”即英文“Hard”（硬）的开头字母，代表黏土，用以表示笔芯的硬度。“H”前面的数字越大（如 6H），笔芯就越硬，即笔芯中与石墨混合的黏土比例越大，写出的字越浅，常用来复写。“B”是英文“Black”（黑）的开头字母，代表石墨，用以表示笔芯质软的情况和写字的明显程度，以“6B”为最软，字迹最黑，常用以绘画。绘制化工图样时，常用 H 或 2H 的铅笔画底稿，用 HB 的铅笔写字和徒手绘图，加深描粗图线可用 B 或 2B 的铅笔。

二、国家标准简介

在各个工业部门，为了科学地进行生产和管理，对图样的各个方面，如图框格式、尺寸注法、图纸幅面、图线粗细等都需要有统一的规定，这些规定称为制图标准。化工图样作为工程图样的一种，同样遵守《技术制图》和《机械制图》等相关的国家标准。

1. 图纸的幅面及格式

（1）图纸幅面（GB/T 14689—1993）

绘制技术图样时，应优先选用表 1—2 规定的基本幅面。必要时，允许选用规定的加长幅面，这些幅面的尺寸是由基本幅面的短边成整数倍增加得出的。

表 1—2　　　　图纸幅面代号和尺寸

幅面代号	A0	A1	A2	A3	A4
$B \times L$	841 × 1 189	594 × 841	420 × 594	297 × 420	210 × 297
a	25				
c	10			5	
e	20		10		

（2）图框格式

每张图样均需有粗实线绘制的图框，其格式分为留装订边和不留装订边两种，如图 1—1和图 1—2 所示，但同一产品的图样只能采用同一种格式，图样必须画在图框之内。

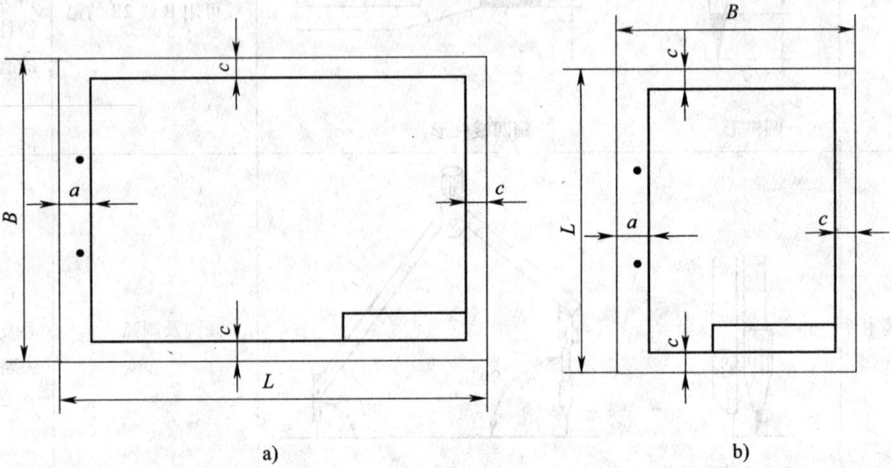

a)　　　　b)

图 1—1　留装订边的图框格式

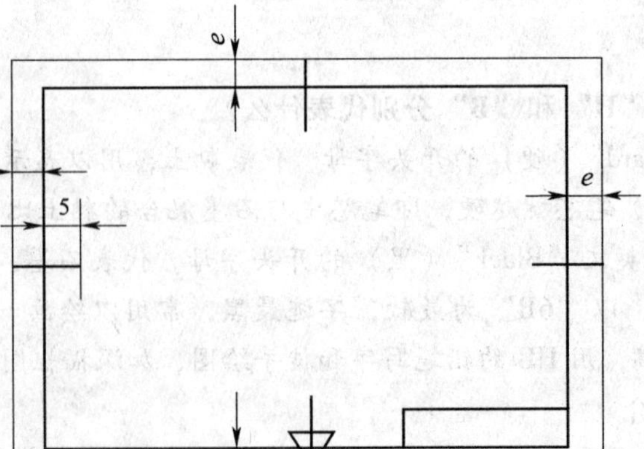

图 1—2　不留装订边的图框格式

（3）标题栏及其方位

每张技术图样中均应画出标题栏。标题栏的格式和尺寸参照 GB 10609.1—1989 的规定，如图 1—3 所示。本教材将标题栏作了简化，如图 1—4 所示，建议在作业中采用简化标题栏。

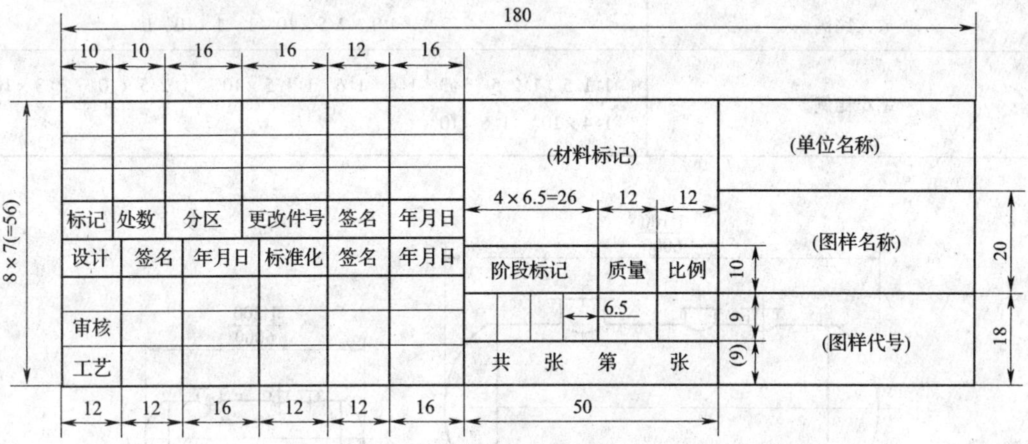

图 1—3　标准的标题栏格式

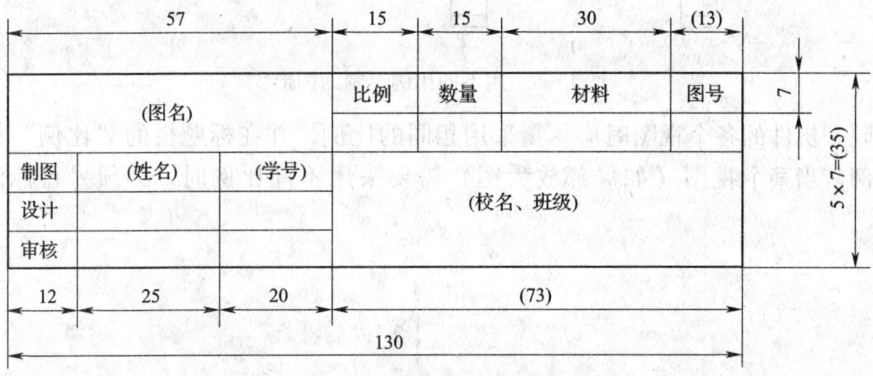

图 1—4　简化的标题栏格式

标题栏一般应位于图纸的右下角，标题栏的线型、字体和年、月、日的填写格式均应符合相应国家标准的规定。

2. 比例（GB/T 14690—1993）

绘制图样时所采用的比例是图样中机件要素的线性尺寸与实际机件相应要素的线性尺寸之比。简单地说，图样上所画图形与其实物相应要素的线性尺寸之比，称为比例。绘制图样时，应尽可能按机件的实际大小画出，以方便看图，如果机件太大或太小，则可优先选用表 1—3 中的第一系列比例，必要时也允许选取表 1—4 中的第二系列比例。用不同比例绘制的图形如图 1—5 所示。

表 1—3　　比例（第一系列）

种类	比例（第一系列）
原值比例	1∶1
放大比例	2∶1　5∶1　1×10^n∶1　2×10^n∶1　5×10^n∶1
缩小比例	1∶2　1∶5　1∶1×10^n　1∶2×10^n　1∶5×10^n

表 1—4　　　　　　　　　　　　　　　比例（第二系列）

种类	比例（第二系列）
放大比例	2.5∶1　4∶1　2.5×10^n∶1　4×10^n∶1
缩小比例	1∶1.5　1∶2.5　1∶3　1∶4　1∶6　1∶1.5×10^n　1∶2.5×10^n　1∶3×10^n　1∶4×10^n　1∶6×10^n

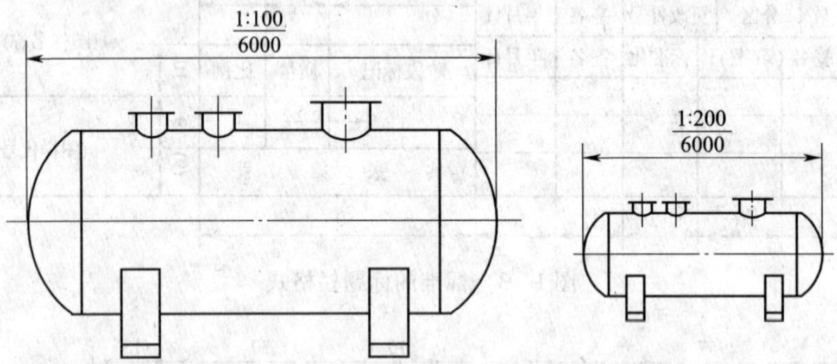

图 1—5　用不同比例绘制的图形

绘制同一机件的各个视图时应尽量采用相同的比例，并在标题栏的“比例”栏内注明所用的比例。当某个视图（如局部放大图）需要采用不同比例时，必须另行标注，如图 1—6 所示。

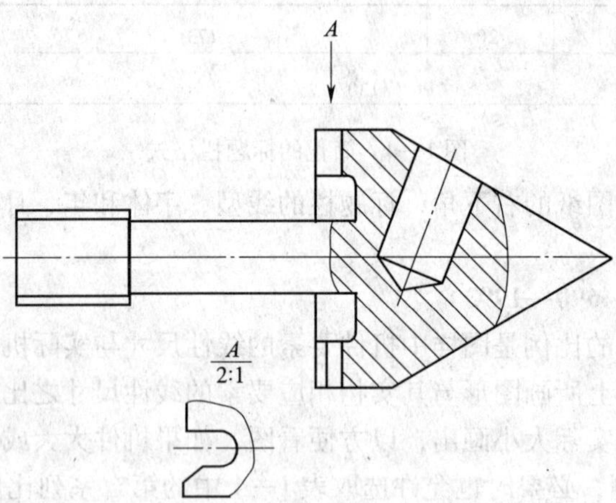

图 1—6　采用不同比例绘图时的标注

3. 字体（GB/T 14691—1993）

国家标准《技术制图　字体》（GB/T 14691—1993）中，规定了汉字、字母和数字的结构形式。书写字体的基本要求是：

（1）图样中书写的汉字、数字、字母必须做到字体端正、笔画清楚、排列整齐、间隔均匀。

（2）字体的大小以号数表示，字体的号数就是字体的高度（单位为 mm），字体高度（用 h 表示）的公称尺寸系列为 1.8、2.5、3.5、5、7、10、14、20。如需要书写更大的字，其字体高度应按 $\sqrt{2}$ 的比率递增。用作指数、分数、注脚和尺寸偏差的数值，一般采用小一号的字体。

（3）汉字应写成长仿宋体字，并应采用中华人民共和国国务院正式推行的《汉字简化方案》中规定的简化字。长仿宋体字的书写要领是横平竖直、注意起落、结构均匀、填满方格。汉字的高度 h 不应小于 3.5 mm，其字宽一般为 $h/\sqrt{2}$。

（4）字母和数字分为 A 型和 B 型。字体的笔画宽度用 d 表示。A 型字体的笔画宽度 $d = h/14$，B 型字体的笔画宽度 $d = h/10$。字母和数字可写成斜体和直体。

（5）斜体字字头向右倾斜，与水平基准线成 75°。在同一图样上，只允许选用一种字体。

字体示例见表 1—5。

表 1—5　　字体示例

字体		示例
长仿宋体汉字	10号	字体工整 笔画清楚 间隔均匀 排列整齐
	7号	横平竖直 注意起落 结构匀称 填满方格
	5号	技术制图石油化工机械电子汽车航空船舶土木建筑矿山井坑港口纺织焊接设备工艺
	3.5号	螺纹齿轮端子接线飞行指导驾驶舱位挖填施工引水通风闸阀坝棉麻化纤
拉丁字母	大写斜体	*ABCDEFGHIJKLMNOPQRSTUVWXYZ*
	小写斜体	*abcdefghijklmnopqrstuvwxyz*
阿拉伯数字	斜体	*0123456789*
	直体	0123456789
罗马数字	斜体	*I　II　III　IV　V　VI　VII　VIII　IX　X*
	直体	I　II　III　IV　V　VI　VII　VIII　IX　X
字体的应用		$\phi 20^{+0.010}_{-0.023}$　$7^{\circ}{}^{+1^{\circ}}_{-2^{\circ}}$　$\frac{3}{5}$　10JS5(±0.003)　M24-6h $\phi 25\frac{H6}{m5}$　$\frac{II}{2:1}$　$\frac{A}{5:1}$　$\sqrt{Ra\ 6.3}$　R8　5%　$\underline{3.50}$

【巩固练习】

制图标准序号名称件数重量材料备注比例

制图基本知识看懂零件的三视图根据视图想出零件的形状

1 2 3 4 5 6 7 8 9 0 φ R　A B C D E F G H I J K L M

4. 图线

绘制技术图样时，应遵循国标《技术制图　图线》的规定。所有图线的宽度 d 应按图样的类型和尺寸在下列数值中选择：0.13 mm、0.18 mm、0.25 mm、0.35 mm、0.5 mm、0.7 mm、1 mm、1.4 mm、2 mm。常用图线见表1—6，图线的应用实例以及图线画法的正误对比如图 1—7 和图 1—8 所示。

绘制图样时，应注意：

（1）同一图样中，同类图线的宽度应基本一致。

（2）虚线、点画线及双点画线的线段长短间隔应各自大致相等。

（3）两条平行线之间的距离应不小于粗实线的两倍宽度，其最小距离不得小于0.7 mm。

（4）虚线及点画线与其他图线相交时，都应以线段相交，不应在空隙或短画处相交；当虚线是粗实线的延长线时，粗实线应画到分界点，而虚线应留有空隙；当虚线圆弧和虚线直线相切时，虚线圆弧的线段应画到切点，而虚线直线需留有空隙。

（5）绘制圆的对称中心线（细点画线）时，圆心应为线段的交点。点画线和双点画线的首末两端应是线段而不是短画，同时其两端应超出图形轮廓线 3 ~ 5 mm。在较小的图形上绘制点画线或双点画线有困难时，可用细实线代替。

（6）当几种线型重合时，应按粗实线、细实线、虚线、点画线的优先顺序画出。

表 1—6　　常用图线（摘自 GB/T 4457.4—2002）

代码 No	线型	名称	线宽	一般应用
01.1		细实线	$d/2$	过渡线、尺寸线、尺寸界线、指引线和基准线、剖面线、重合断面的轮廓线、短中心线、螺纹牙底线、尺寸线的起止线、表示平面的对角线、零件成形前的弯折线、范围线及分界线、重复要素表示线、锥形结构的基面位置线、叠片结构位置线、辅助线、不连续同一表面连线、规律分布的相同要素连线、投射线、网格线
		波浪线	$d/2$	断裂处边界线、视图与剖视图的分界线
	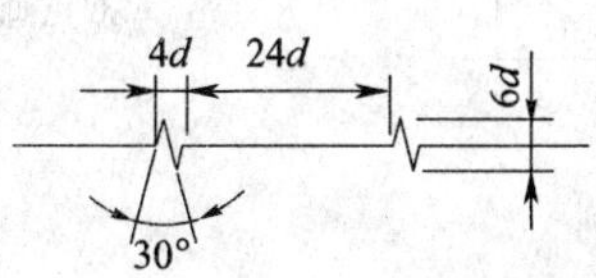	双折线	$d/2$	
01.2	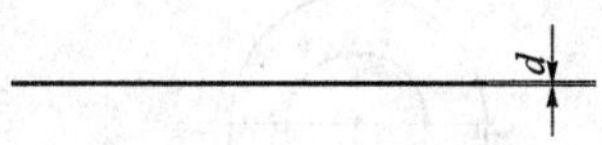	粗实线	d	可见棱边线、可见轮廓线、相贯线、螺纹牙顶线、螺纹长度终止线、齿顶圆（线）、表格图和流程图中的主要表示线、系统结构线（金属结构工程）、模样分型线、剖切符号用线
02.1	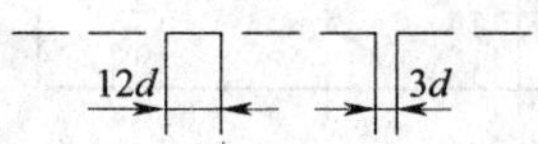	细虚线	$d/2$	不可见棱边线、不可见轮廓线
02.2		粗虚线	d	允许表面处理的表示线
04.1	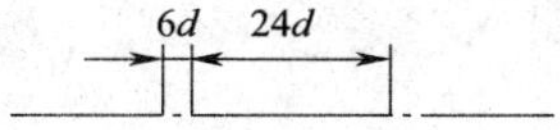	细点画线	$d/2$	轴线、中心线、对称中心线、分度圆（线）、孔系分布的中心线
04.2		粗点画线	d	限定范围表示线
05.1	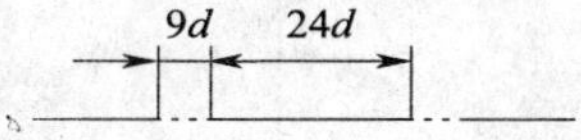	细双点画线	$d/2$	相邻辅助零件的轮廓线、可动零件的极限位置的轮廓线、重心线、成形前轮廓线、剖切面前的结构轮廓线、轨迹线、毛坯图中制成品的轮廓线、特定区域线、延伸公差带表示线、工艺用结构的轮廓线、中断线

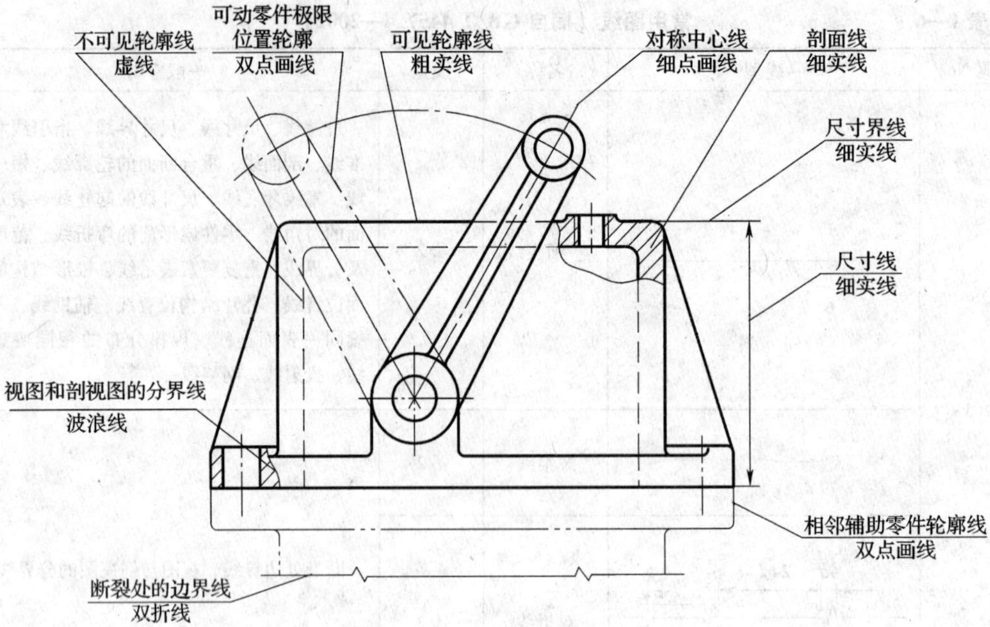

图 1—7 图线的应用示例

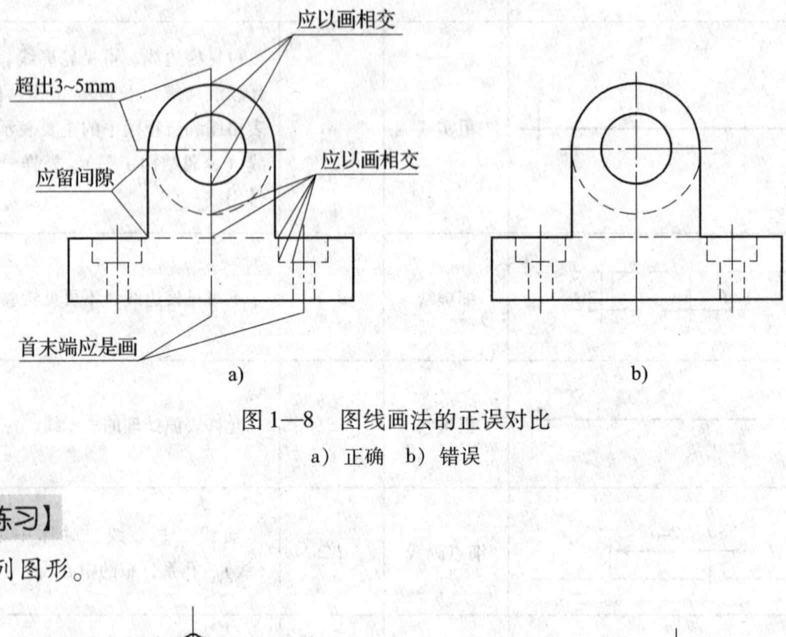

图 1—8 图线画法的正误对比

a）正确 b）错误

【巩固练习】

抄画下列图形。

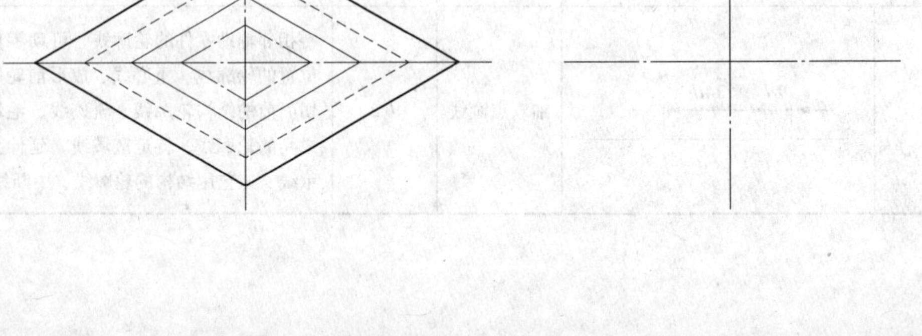

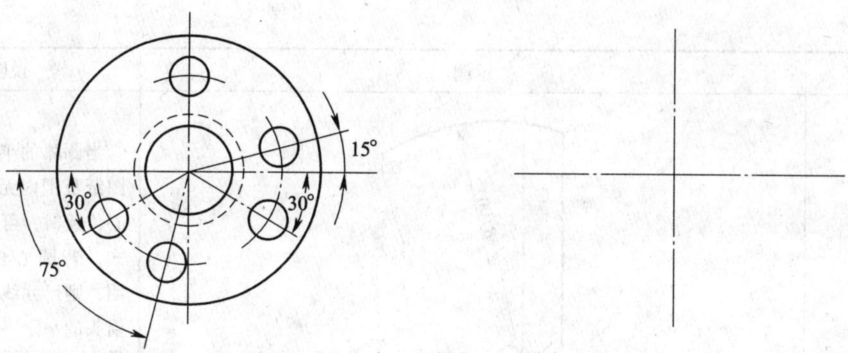

5. 尺寸注法（GB 4458.4—2003）

图形只能表达机件的形状，而机件的大小则由标注的尺寸确定。国标中对尺寸标注的基本方法作了一系列规定，必须严格遵守，见表 1—7。

（1）基本规则

1）机件的真实大小应以图样上所注的尺寸数值为依据，与图形的大小及绘图的准确度无关。

2）图样中的尺寸以 mm 为单位时，不需标注计量单位的符号或名称，如采用其他单位，则必须注明。

3）图样中所注尺寸是该图样所示机件最后完工时的尺寸，否则应另加说明。

表 1—7　　尺寸标注的基本规则

标注内容		示例	说明
线性尺寸		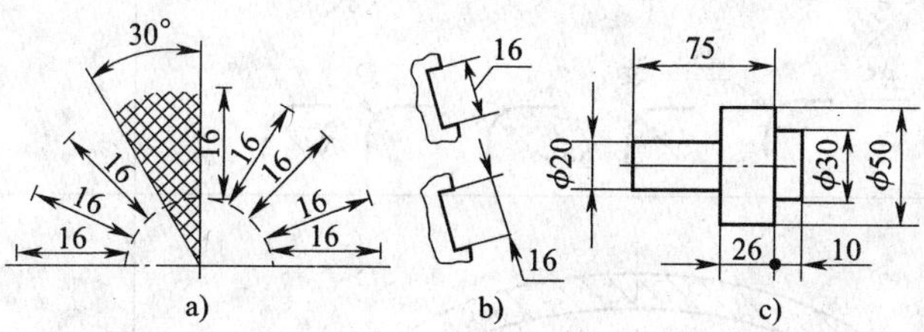	尺寸数字应按图 a 所示的方向注写，图示 30° 范围内应按图 b 所示形式标注。尺寸线必须与所标注的线段平行，大尺寸要注在小尺寸外面，如图 c 所示
圆及圆弧	直径尺寸	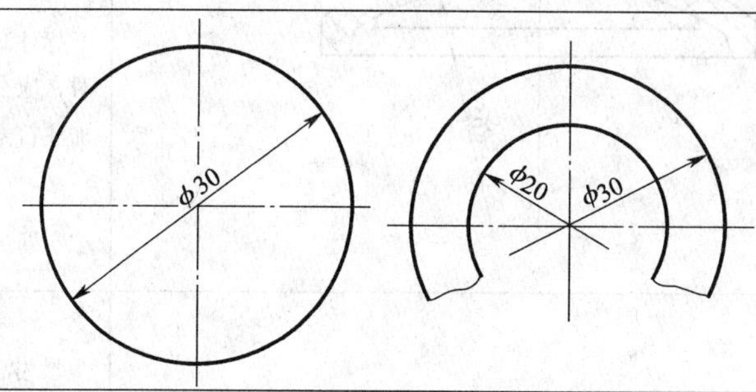	标注圆或大于半圆的圆弧时，尺寸线通过圆心，以圆周为尺寸界线，尺寸数字前加注直径符号“ϕ”
	半径尺寸	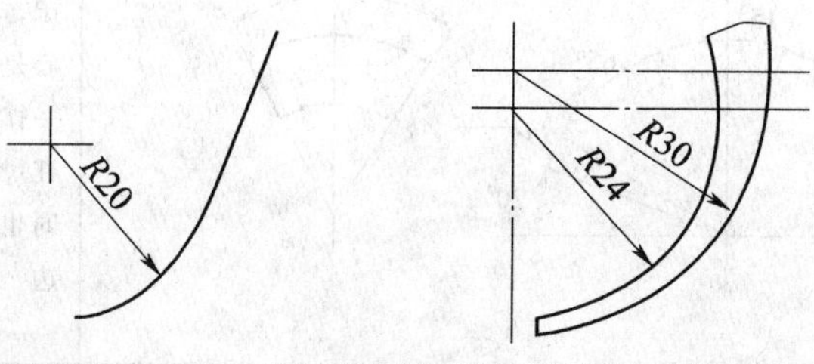	标注小于或等于半圆的圆弧时，尺寸线自圆心引向圆弧，只画一个箭头，尺寸数字前加注半径符号“R”

续表

标注内容		示例	说明
圆及圆弧	大圆弧	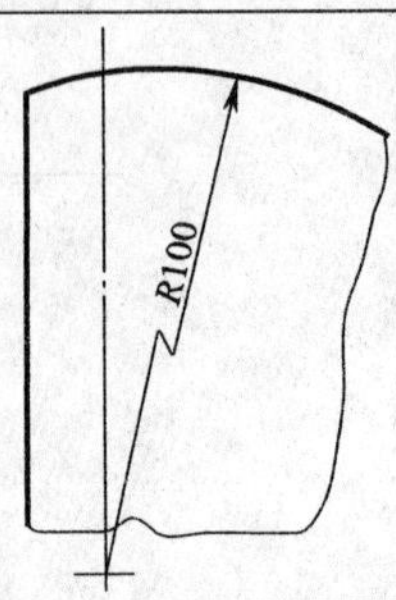	当圆弧的半径过大或在图纸范围内无法标注其圆心位置时，可采用折线形式，若圆心位置不需注明，则尺寸线可只画靠近箭头的一段
小尺寸		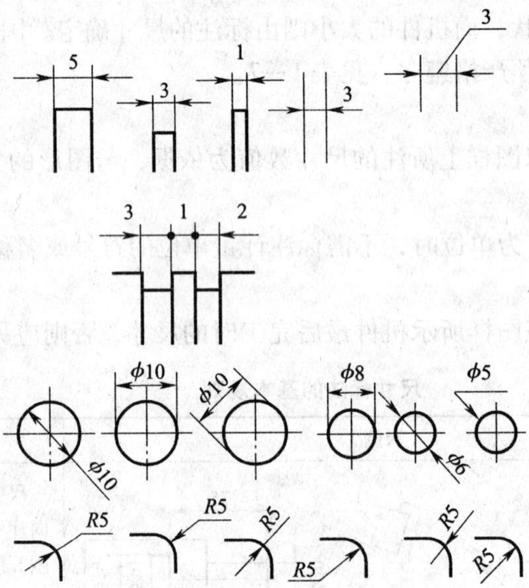	对于小尺寸，在没有足够的位置画箭头或注写数字时，箭头可画在两条尺寸界线之外，或用小圆点代替箭头；尺寸数字也可采用旁注或引出标注
球面		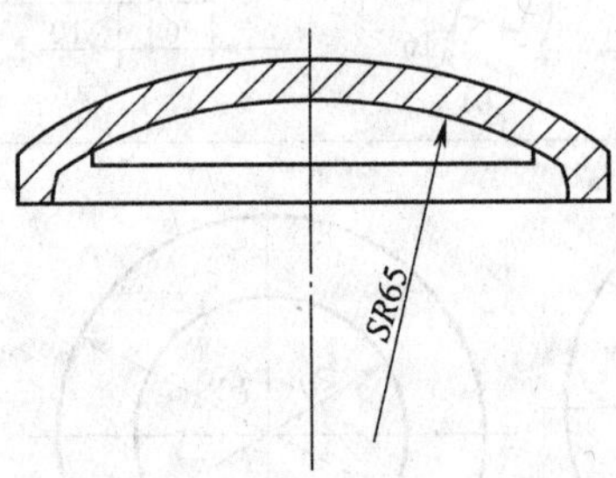	标注球面的直径或半径时，应在尺寸数字前分别加注符号“$S\phi$”或“SR”
角度		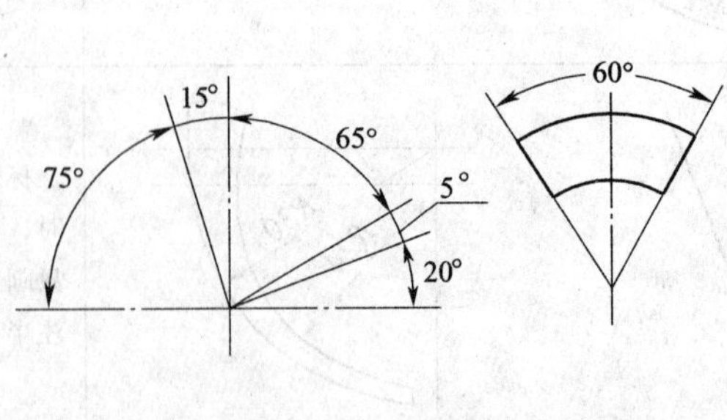	尺寸界线应沿径向引出，尺寸线画成圆弧，圆心是角的顶点。尺寸数字一律水平书写，一般注写在尺寸线的中断处，必要时也写在尺寸线上方或外边，也可引出标注

续表

标注内容	示例	说明
弦长和弧长	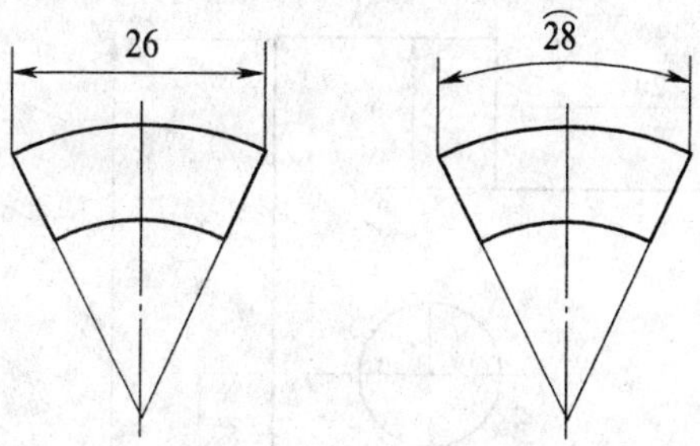	标注弦长和弧长时，尺寸界线应平行于弦的垂直平分线。弧长的尺寸线为同心弧，并应在尺寸数字上方加注符号“⌒”
只画一半或大于一半时的对称机件	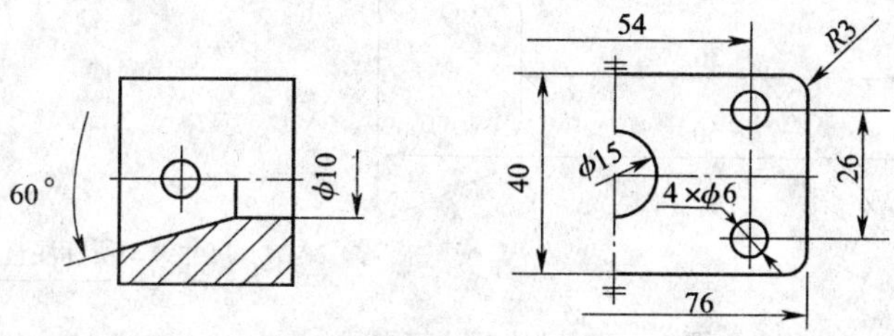	尺寸线应略超过对称中心线或断裂处的边界线，仅在尺寸线的一端画出箭头
板状零件	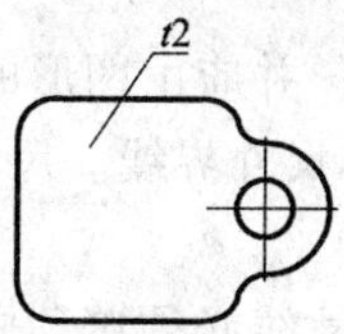	标注板状零件的尺寸时，在厚度的尺寸数字前加注符号“t”
光滑过渡处的尺寸	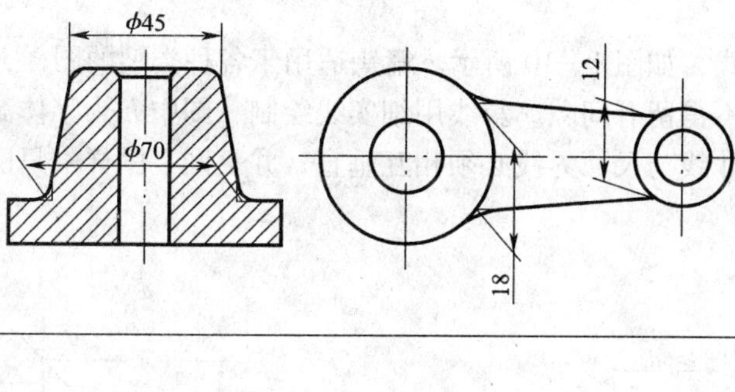	在光滑过渡处，必须用细实线将轮廓线延长，并从它们的交点引出尺寸界线
允许尺寸界线倾斜		尺寸界线一般应与尺寸线垂直，必要时允许倾斜
正方形结构	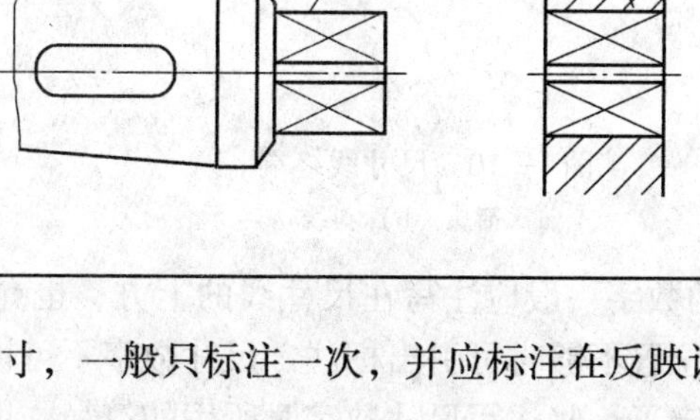	标注机件的剖面为正方形结构时，可在边长尺寸数字前加注符号“□”，或用“14 × 14”代替“□14”。图中相交的两条细实线是平面符号（当图形不能充分表达平面时，可用这个符号表达平面）

4）机件的每一尺寸，一般只标注一次，并应标注在反映该结构最清晰的图形上。

（2）尺寸的组成

一个完整的尺寸标注应由尺寸界线、尺寸线和尺寸数字三个要素组成，如图 1—9 所示。

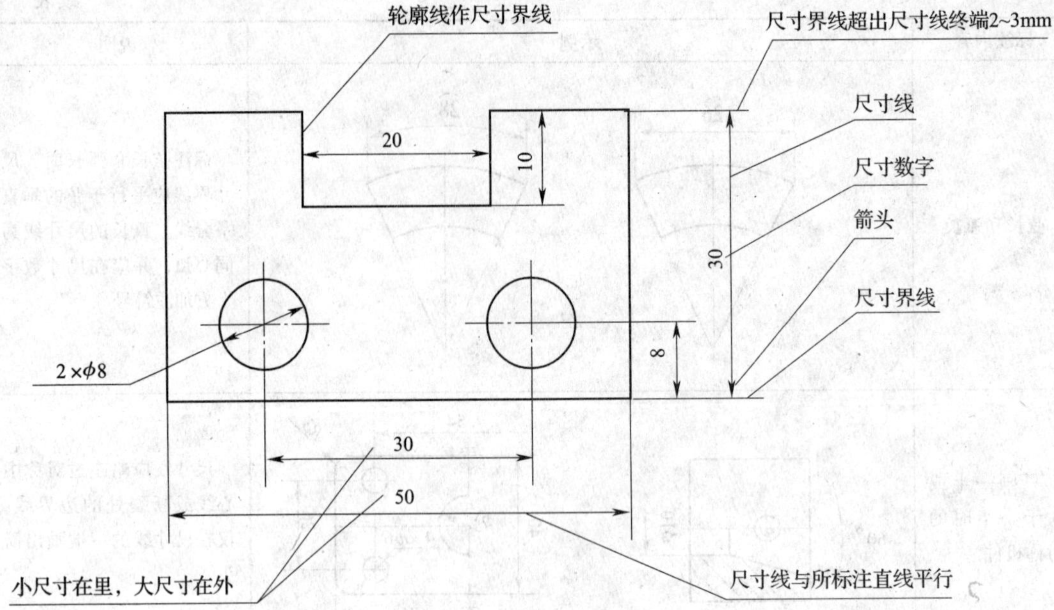

图 1—9　尺寸标注三要素

1）尺寸界线。尺寸界线用细实线绘制，并应由图形的轮廓线、轴线或对称中心线处引出，也可利用轮廓线、轴线或对称中心线作尺寸界线。尺寸界线一般应与尺寸线垂直，并超出尺寸线终端 2 ~ 3 mm。

2）尺寸线。尺寸线用细实线绘制。尺寸线必须单独画出，不能与图线重合或在其延长线上。

尺寸线终端有两种形式，如图 1—10 所示。箭头适用于各种类型的图样，箭头尖端与尺寸界线接触，不得超出也不得留有间隙。斜线用细实线绘制，图中 h 为字体高度。当尺寸线终端采用斜线形式时，尺寸线与尺寸界线必须相互垂直，并且同一图样中只能采用一种尺寸线终端形式。

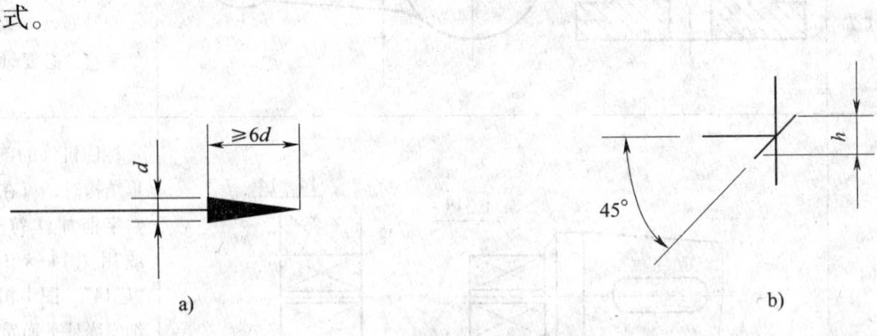

图 1—10　尺寸线终端

a）箭头　b）斜线

3）尺寸数字。线性尺寸的数字一般应注写在尺寸线的上方，也允许注写在尺寸线的中断处，同一图样内大小一致，位置不够时可引出标注。尺寸数字不可被任何图线所通过，否则必须把图线断开。国标还规定了一些注写尺寸数字时所用的符号，用以区分不同类型的尺寸：ϕ 表示直径，R 表示半径，S 表示球面，t 表示板状零件厚度，□表示正方形，▷或◁

表示锥度，⊿或∠表示斜度，± 表示正负偏差等。

如图 1—11 所示为尺寸标注的注意事项，对常见的错误注法进行了说明。

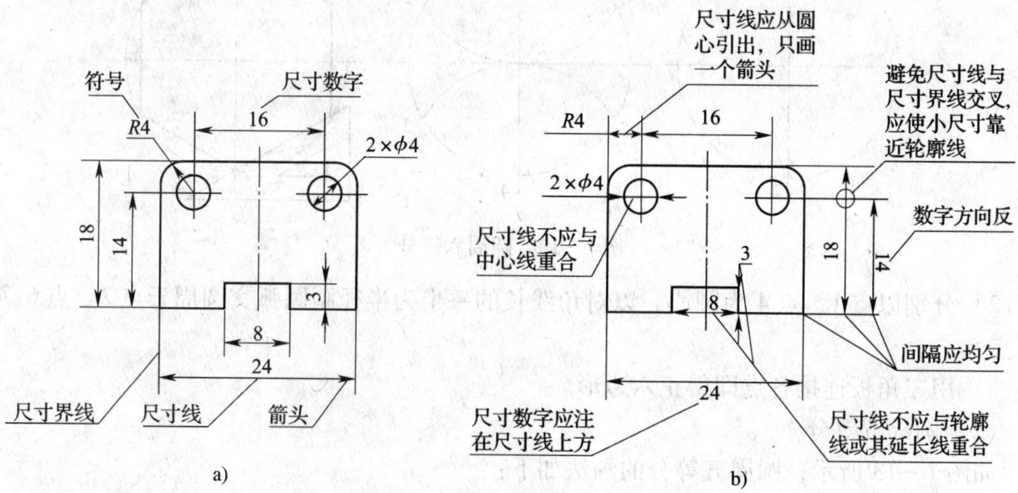

图 1—11　尺寸标注的注意事项

a）正确　b）错误

【巩固练习】

检查下图中尺寸标注的错误之处，在右图中正确地标注尺寸。

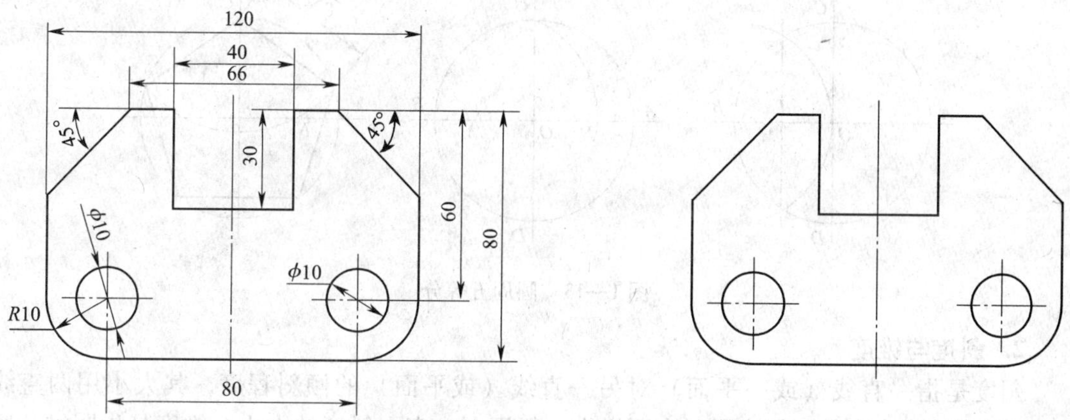

三、几何作图

机器零件的轮廓形状虽然不同，但基本都是由直线、圆弧及其他曲线所组成的几何图形，因此应掌握常见几何图形的作图原理和方法。

1. 圆周等分

圆周等分是绘制正多边形的基础，将等分点依次连接也就相应得到该圆的内接正多边形。

（1）圆周六等分

如图 1—12 所示，圆周六等分的画法如下：

1）以正六边形对角线长为直径画圆。

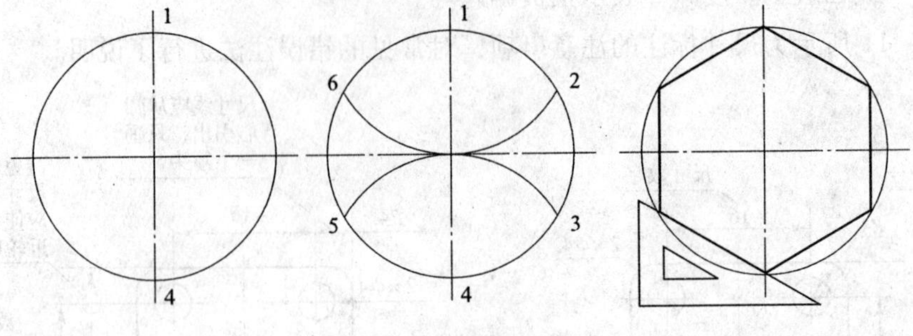

图 1—12　圆周六等分

2）分别以点 1、点 4 为圆心，以对角线长的一半为半径画圆弧交圆周于点 2、点 6 和点 3、点 5。

3）用三角板连接各点即得正六边形。

（2）圆周五等分

如图 1—13 所示，圆周五等分的画法如下：

1）以 B 为圆心、OB 为半径画弧，交圆于两点，连接该两点得到 OB 中点 M。

2）以 M 为圆心、MC 为半径画弧，与 AB 交于 N。

3）以 CN 长度为准，自 C 起依次截圆周得 4 点，圆周即被五等分，依次连接各点，得正五边形。

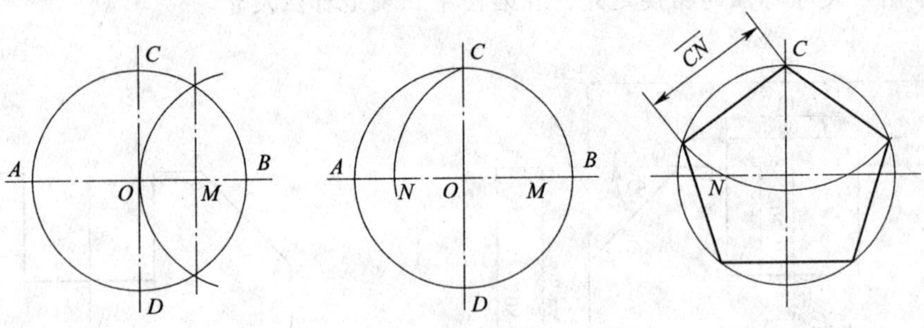

图 1—13　圆周五等分

2. 斜度与锥度

斜度是指一直线（或一平面）对另一直线（或平面）的倾斜程度，其大小用两直线（或两平面）间夹角的正切表示，在图样中一般用 1∶n 表示斜度的大小。锥度是指圆锥的底圆直径 D 与高度 H 之比，通常，锥度也写成 1∶n 的形式。

斜度和锥度的画法见表 1—8。

表 1—8　　**斜度和锥度的画法**

斜度	图例	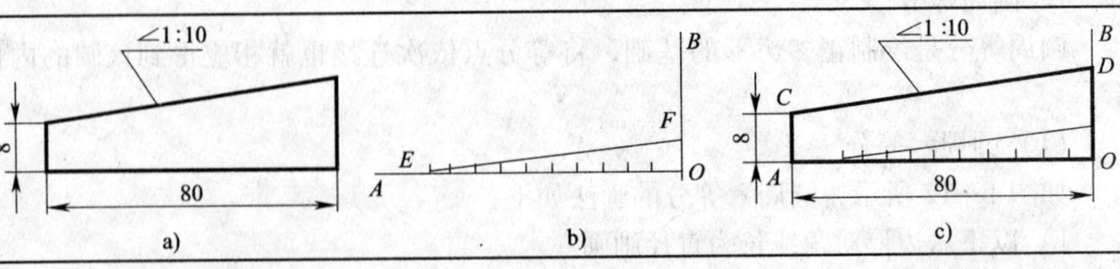

续表

斜度	作图步骤	图 a 所示为一斜键，斜度为 1:10，作图步骤如下： （1）作 $OB \perp OA$，在 OA 上量取 10 个单位长度得点 E，在 OB 上量取 1 个单位长度得点 F，连接 E 和 F，EF 即为 1:10 的参考斜度线，如图 b 所示 （2）按 $\overline{AO}=80$，$\overline{AC}=8$，定出 C 点，过 C 点做 EF 的平行线，交 OB 于 D，如图 c 所示
锥度	图例	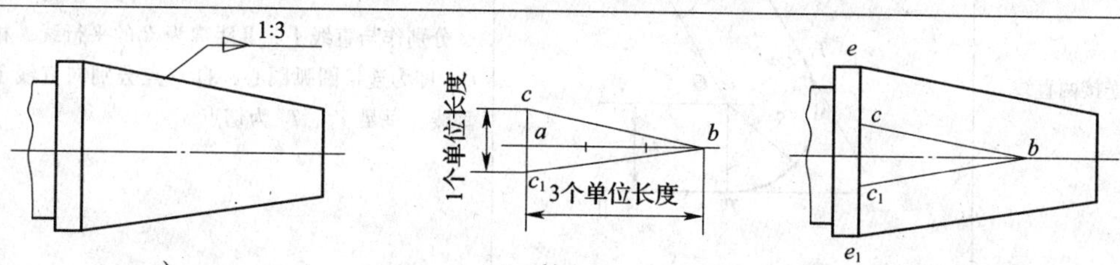 a)　　b)　　c)
	作图步骤	图 a 所示为一锥度塞规，锥度为 1:3，作图步骤如下： （1）如图 b 所示，在轴线上量取 3 个单位长度得 ab （2）过 a 作垂线，量取 cc_1 为 1 个单位长度，且 $\overline{ac}=\overline{ac_1}$ （3）连接 cb、c_1b 得到 1:3 的锥度 （4）过 e、e_1 分别作 cb、c_1b 的平行线，即为所求，如图 c 所示

3. 圆弧连接

圆弧连接是指用已知半径的圆弧光滑连接（即相切）两已知线段（直线或圆弧），这段已知半径的圆弧称为连接圆弧。为保证圆弧光滑连接，必须准确地作出连接圆弧的圆心和切点。如图 1—14 所示，该拨叉的外形轮廓包含了圆弧连接的几种形式，如 $R35$ 圆弧连接两圆弧、$R16$ 圆弧连接两直线、$R12$ 圆弧连接一直线和一圆弧。

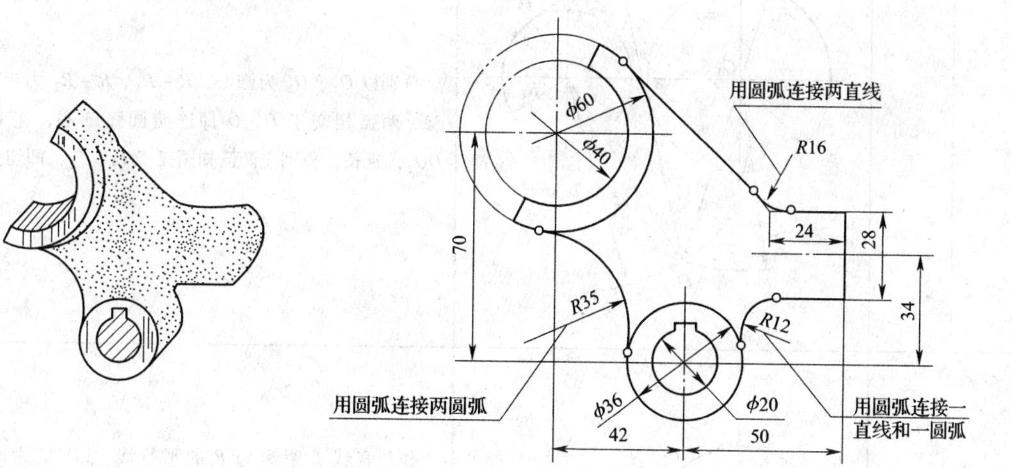

a)　　b)

图 1—14　圆弧连接

几种常见的圆弧连接的画法见表 1—9。

4. 椭圆的画法

椭圆的画法有很多，这里仅介绍“四心圆法”，即以四个圆心画出相切的四段圆弧以近似地表示椭圆，见表 1—9。

表 1—9　　　　　　　　　　圆弧连接及椭圆的画法

<table>
<tr><th colspan="2">名称</th><th>图示</th><th>作图步骤</th></tr>
<tr><td colspan="2">连接两直线</td><td>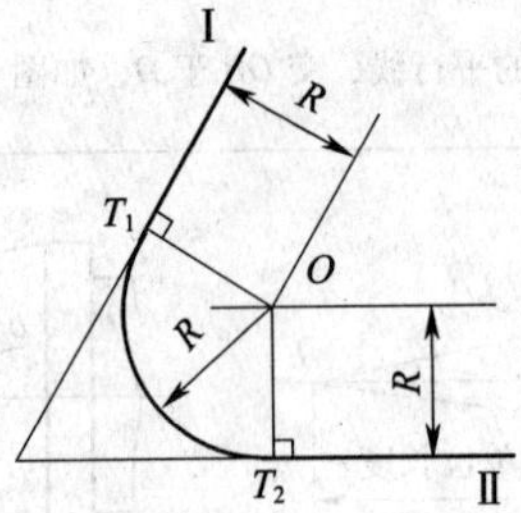</td><td>分别作与直线Ⅰ、Ⅱ距离为 R 的平行线，相交得点 O，即为连接圆弧圆心，自 O 点分别向直线Ⅰ、Ⅱ作垂线，垂足 T_1、T_2 为切点</td></tr>
<tr><td rowspan="2">连接两圆弧</td><td>外切</td><td>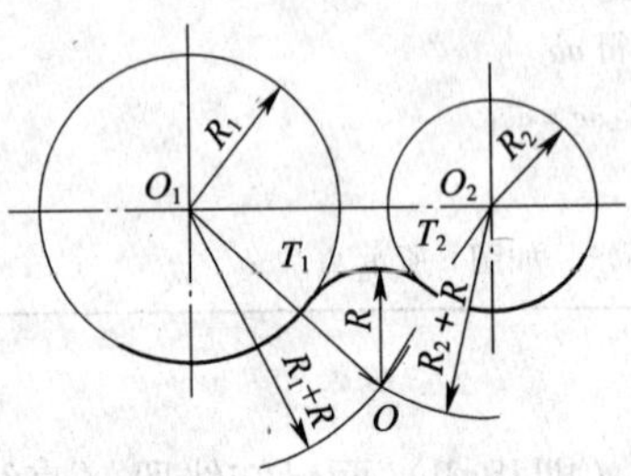</td><td>分别以 O_1、O_2 为圆心，R_1+R、R_2+R 为半径画弧，两弧相交于 O，O 即连接圆弧圆心，连 OO_1、OO_2 分别交两已知圆弧于 T_1、T_2，即切点</td></tr>
<tr><td>内切</td><td>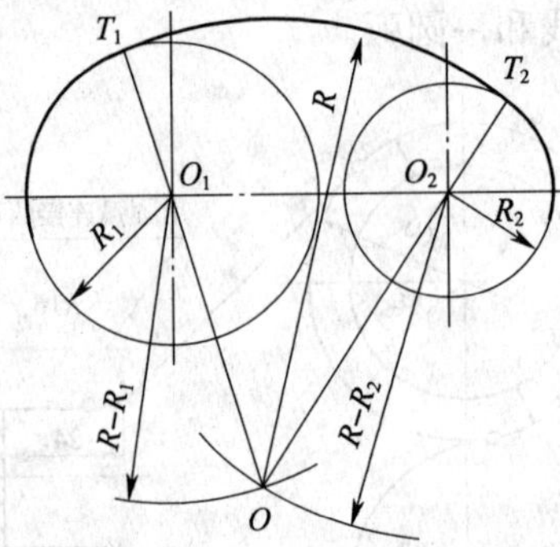</td><td>分别以 O_1、O_2 为圆心，$R-R_1$、$R-R_2$ 为半径画弧，两弧相交于 O，O 即连接圆弧圆心，连 OO_1、OO_2，延长，分别交两已知圆弧于 T_1、T_2，即切点</td></tr>
<tr><td colspan="2">连接一直线和一圆弧</td><td>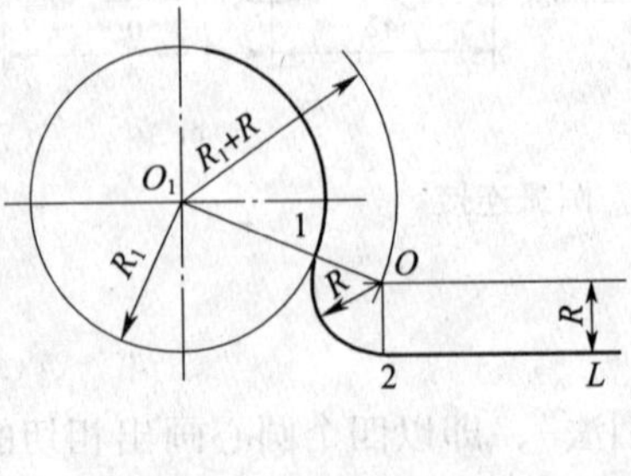</td><td>作与直线 L 距离为 R 的平行线，以 O_1 为圆心，R_1+R 为半径画弧，所作圆弧与所作直线相交于 O，O 即所求连接圆弧圆心，连接 OO_1，交已知圆弧于点1，过 O 作直线 L 的垂线，交直线 L 于点2，1、2 即切点</td></tr>
</table>

续表

名称	图示	作图步骤
椭圆	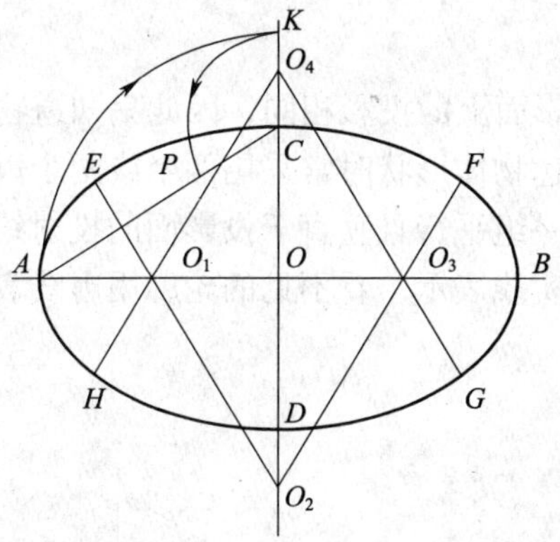	已知椭圆的长、短轴 AB、CD，连接 AC，以 O 为圆心，OA 为半径作弧，交 OC 的延长线于 K，再以 C 为圆心，CK 为半径画弧交 AC 于点 P。作 AP 的垂直平分线，分别交长、短轴于 O_1、O_2，再找出 O_1、O_2 的对称点 O_3、O_4。连 O_4O_1、O_2O_1、O_2O_3、O_4O_3 并延长，则所画四段圆弧的分界点 H、E、F、G 在四条延长线上。分别以 O_1、O_3 为圆心，O_1A 为半径画弧 $\overset{\frown}{HE}$ 和 $\overset{\frown}{FG}$，再分别以 O_2、O_4 为圆心，O_2C 为半径画弧 $\overset{\frown}{EF}$ 和 $\overset{\frown}{GH}$，即得所求近似椭圆

【巩固练习】

按 1∶2 的比例抄画下图。

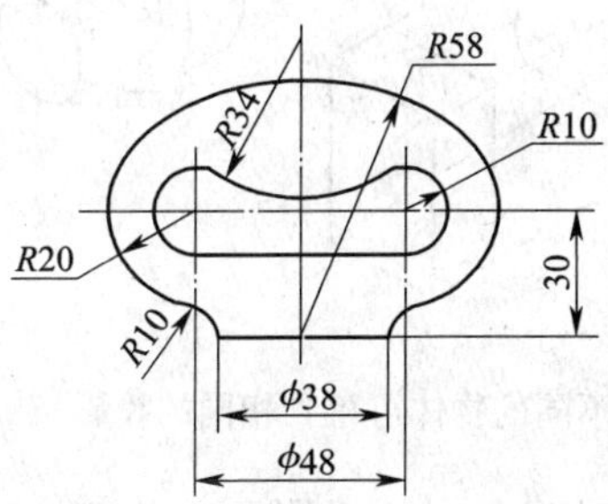

课题二　化工图样的图示原理

学习目标

掌握正投影的基本原理，能用正投影的方法表示空间物体，熟悉图样的各种表达方法。

一、正投影与三视图

1. 正投影的概念

光线照射物体时，可在预设的投影面上产生影子。利用这个原理在平面上绘制出物体的图像，以表示物体的形状和大小，这种方法称为投影法。工程上应用投影法获得工程图样的方法，是从日常生活中自然界的光照投影现象抽象出来的。

若投射线相互平行且垂直于投影面，则称为正投影法，所得投影称为正投影，如图

1—15 所示。正投影具有真实性、积聚性、类似性等性质。采用正投影法作图简单易画、便于度量，且能完整准确地表达物体的真实形状，因此，正投影法在各类工程图中得到了广泛的应用。

2. 三视图的形成及投影规律

（1）三视图的形成

如图 1—16 所示，不同的物体在同一投影面上的投影相同，因此只知道物体的一个投影还不能确定该物体的真实形状。所以，在表达物体形状时常采用两个或两个以上的投影。在绘制图样时，通常是把观察者的视线假定为一组平行且垂直于投影面的投射线，把物体置于观察者与投影面之间，把看得见的轮廓用粗实线表示，看不见的轮廓用虚线表示，得到的投影又称为视图，通常采用的是三视图。

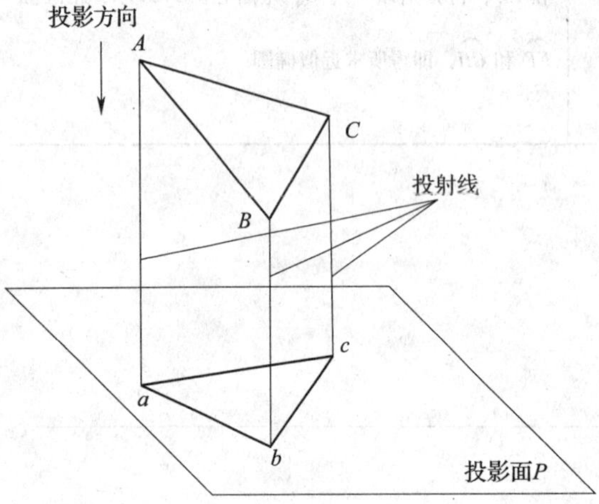

图 1—15　正投影法

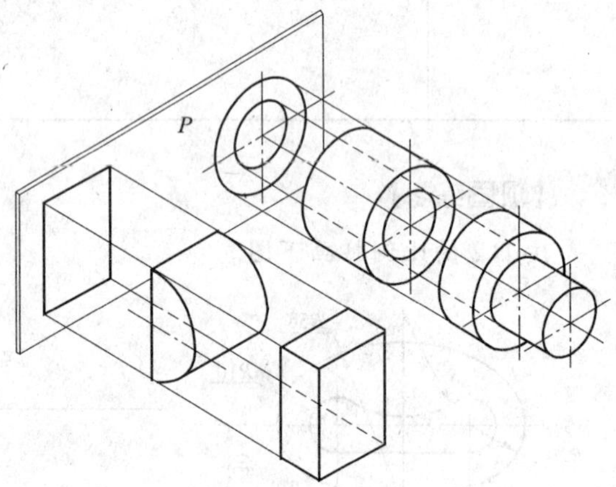

图 1—16　不同的物体可得到相同的投影

设置三个互相垂直的投影面，如图 1—17a 所示，其中正对观察者的投影面称为正立投影面（简称正面），用“*V*”表示；水平位置的投影面称为水平投影面（简称水平面），用“*H*”表示；右边侧立的投影面称为侧立投影面（简称侧面），用“*W*”表示，这就构成了正投影法的三面投影体系。

在该投影体系中，把正面投影（由物体的前方向后方投射所得到的视图）称为主视图，水平投影（由物体的上方向下方投射所得到的视图）称为俯视图，侧面投影（由物体的左方向右方投射所得到的视图）称为左视图。为了测量物体大小，分别用相互垂直的三个投影面的交线 *OX*、*OY*、*OZ* 来表示物体的长、宽、高三个测量方向。

为了把空间的三个视图画在一个平面上，就必须把三个投影面展开摊平。展开的方法是：正面（*V*）保持不动，水平面（*H*）向下翻转 90°，侧面（*W*）向右翻转 90°，如图 1—17b 所示，使它们和正面（*V*）摊成一个平面，如图 1—17c 所示。这样摊平在一个平面上的三个视图称为物体的三面视图，简称三视图。

（2）三视图的关系及投影规律

从三视图的形成过程中，可以总结出三视图的位置关系、方位关系和投影关系。

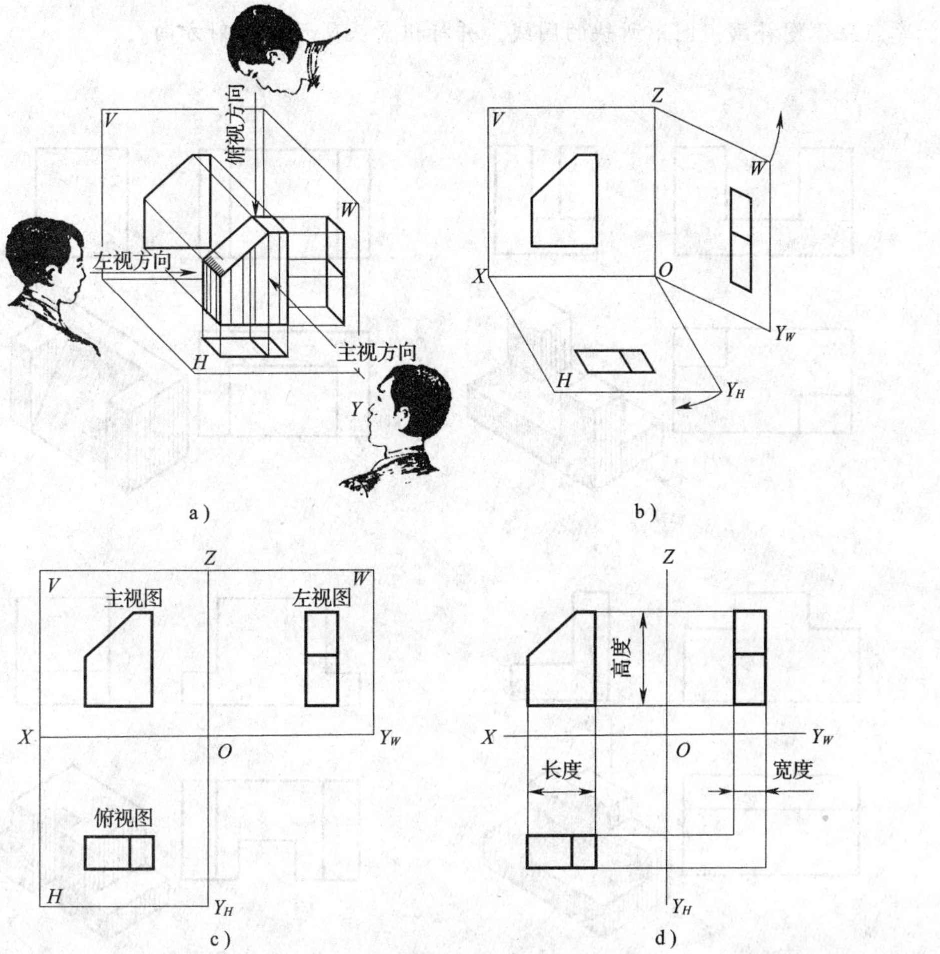

图 1—17　三视图的形成

1）位置关系。主视图在上方，俯视图在主视图的正下方，左视图在主视图的正右方。

2）方位关系。三视图中不仅反映了物体的长、宽、高，同时也反映了物体六个方位间的位置关系，可以看出：主视图反映了物体的上、下、左、右方位；俯视图反映了物体的前、后、左、右方位；左视图反映了物体的上、下、前、后方位。应该注意，对于俯视图和左视图来说，凡是靠近主视图的一面是表示物体的后面，凡是远离主视图的一面，是物体的前面。这一点要注意分析清楚，否则在看图、画图时易出现错误。

3）投影关系。任何一个物体都有长、宽、高三个方向的尺寸。在物体的三视图中，可以看出：主视图反映了物体的长度和高度；俯视图反映了物体的长度和宽度；左视图反映了物体的高度和宽度，如图 1—17d 所示。

综上所述，可以得出三视图之间的投影规律：

主、俯视图长对正（等长），主、左视图高平齐（等高），俯、左视图宽相等（等宽）。

对于任何一个物体，无论是整体还是局部，这个投影对应关系都保持不变，“三等”关系反映了三个视图之间的投影规律，是看图、画图的依据。

【巩固练习】

参照立体图补画视图中所缺的图线，并标出箭头所示的投射方向。

1.

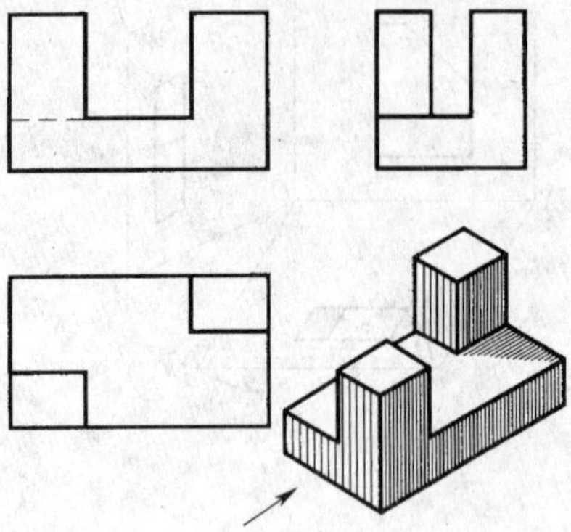

2.

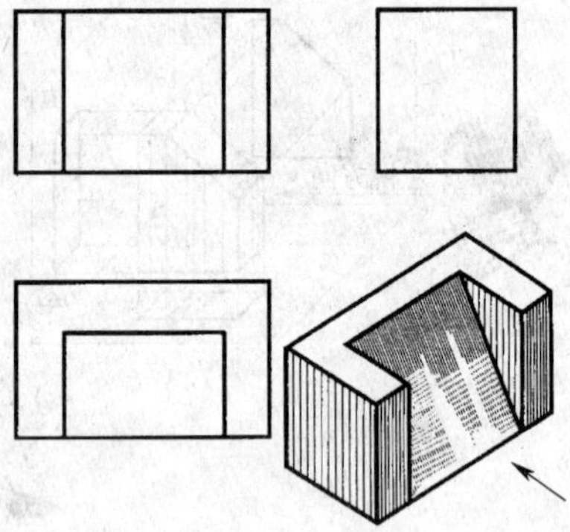

3.

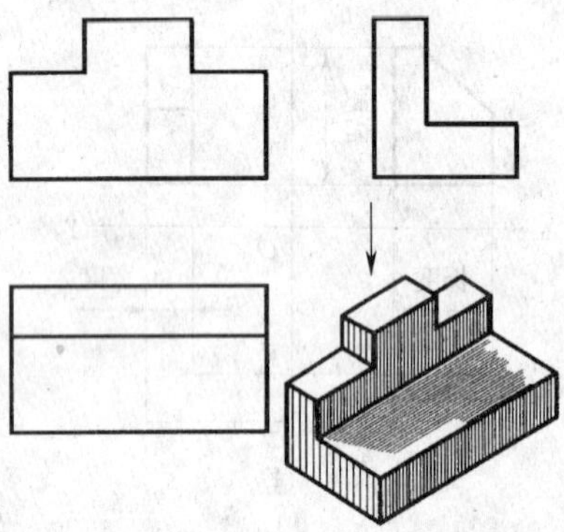

4.

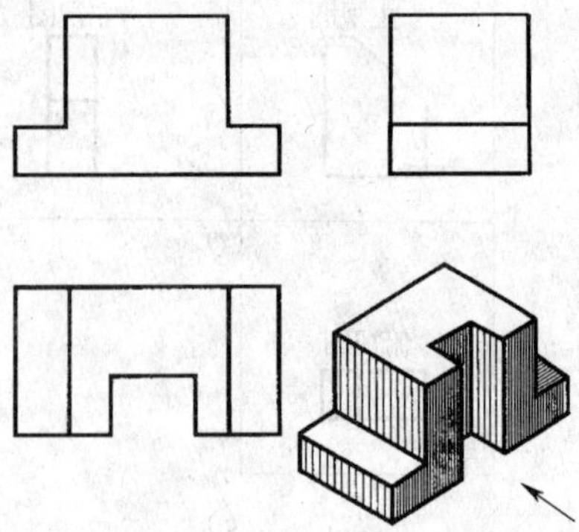

3. 几何体的三视图

（1）常见基本体的三视图

一般的机械零件或化工设备无论其形状如何复杂，都可以看作是由一些基本体按一定的相互位置组合而成的，如图 1—18 所示。

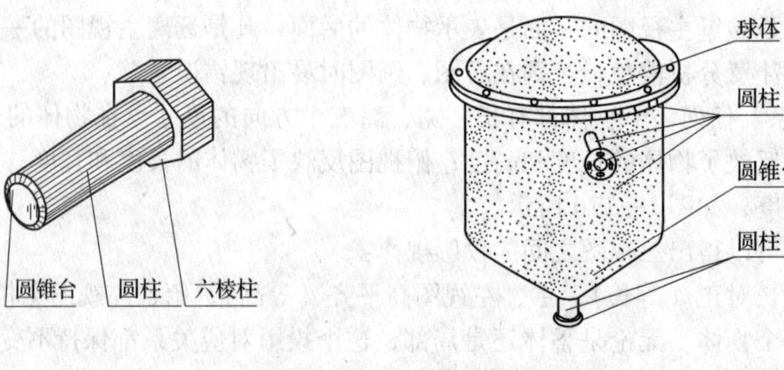

图 1—18　基本体组成的六角头螺栓和化工设备

按照基本体的表面性质不同，可分为平面立体和曲面立体。常见的棱柱、棱锥是平面立体，由于平面立体的构成面都是平面，因此，平面立体的投影可以看作是构成基本体的各个面按其相对位置投影的组合；常见的圆柱、圆锥、球和圆环体是曲面立体，曲面立体在投影时有其自身的特点，将曲面立体向某一投影面投影时，必须在视图上画出曲面的轮廓线。

表 1—10 列出了常见基本体的三视图。

表 1—10　　　　常见基本体的三视图

平面立体	六棱柱 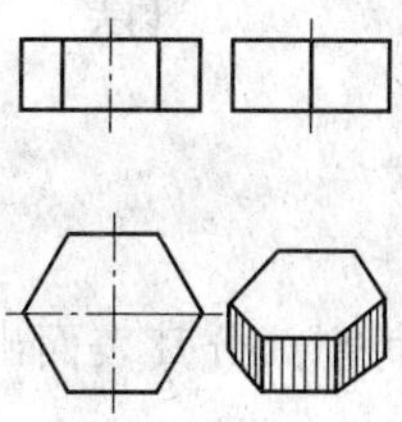	三棱锥 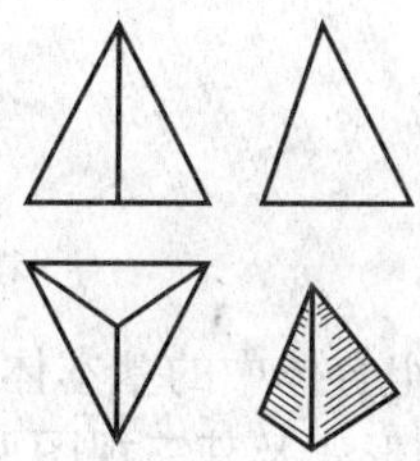
曲面立体	圆柱 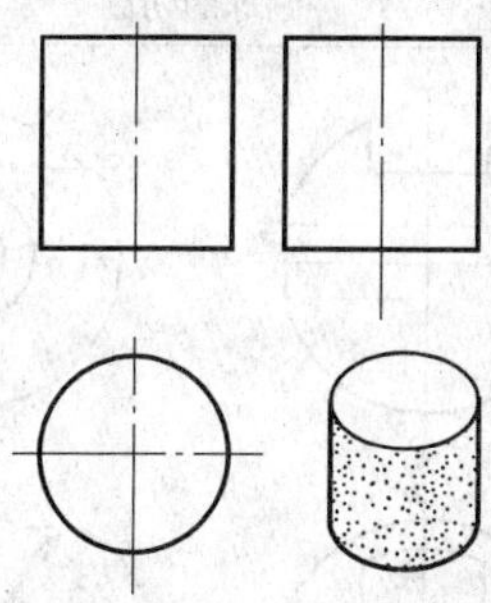	圆锥 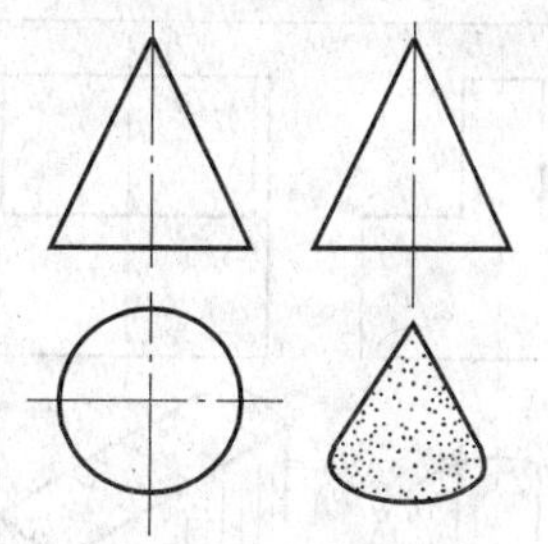
	圆环 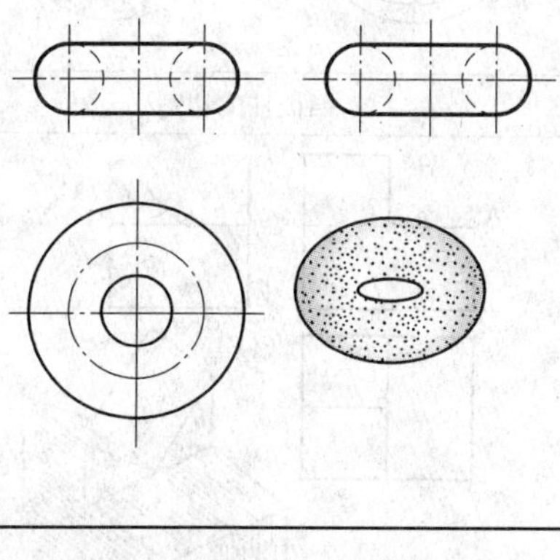	圆球 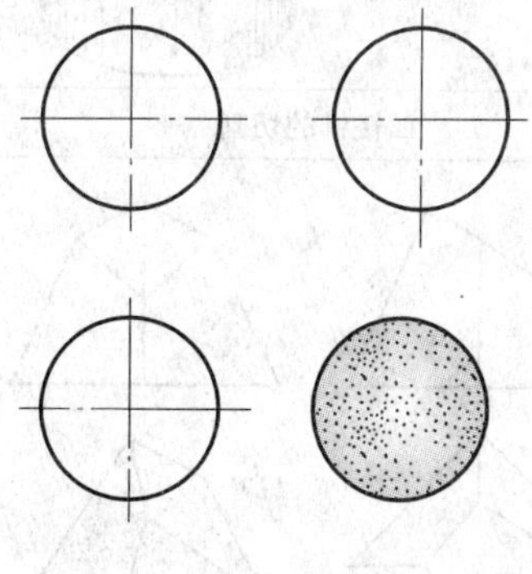

（2）组合体的三视图

通常，组合体的组合形式有叠加和挖切两种方式。叠加如同积木的堆积，挖切包括切割和穿孔。组合体按组合方式可分为三种类型，即叠加式、挖切式和综合式。综合式是指组合体由叠加和挖切两种方式形成，如图 1—19 所示。

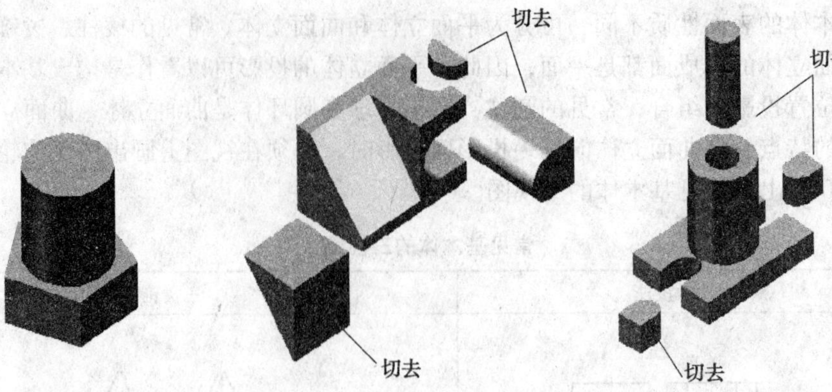

a)　　b)　　c)

图 1—19　组合体的组合方式

a）叠加式　b）挖切式　c）综合式

1）挖切。组合体中的基本体被平面切割、挖空，被切割部分其表面出现的交线称为截交线。常见挖切形式及其三视图见表 1—11。

表 1—11　常见挖切形式及其三视图

圆柱的切割	圆球的切割
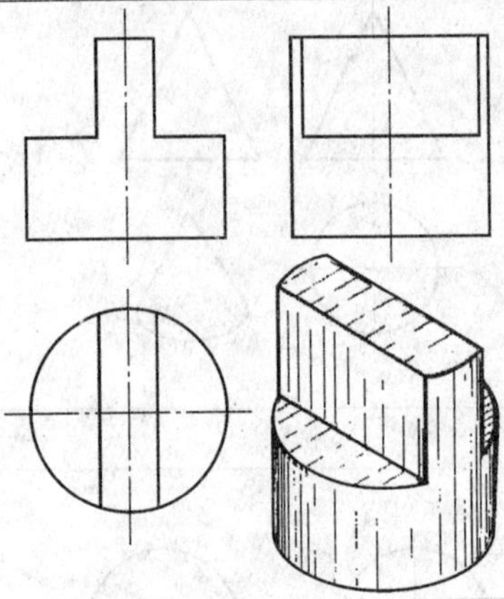	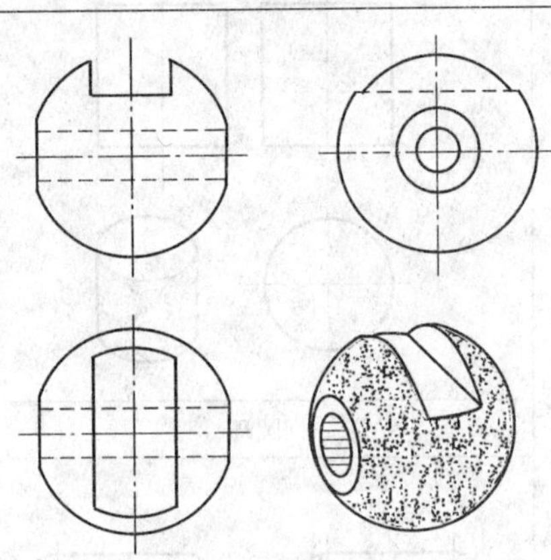
四棱锥的切割	四棱柱的切割
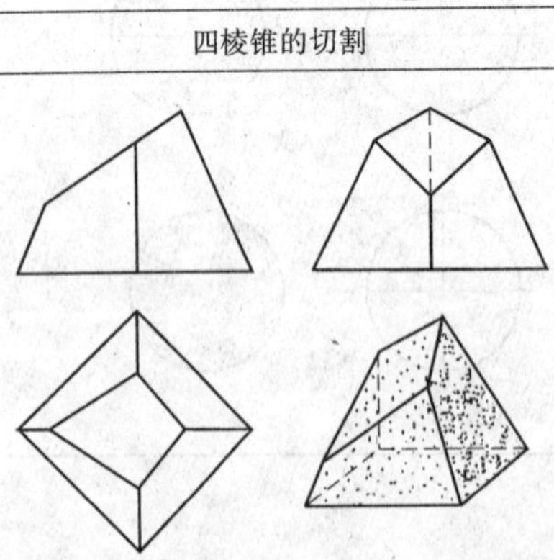	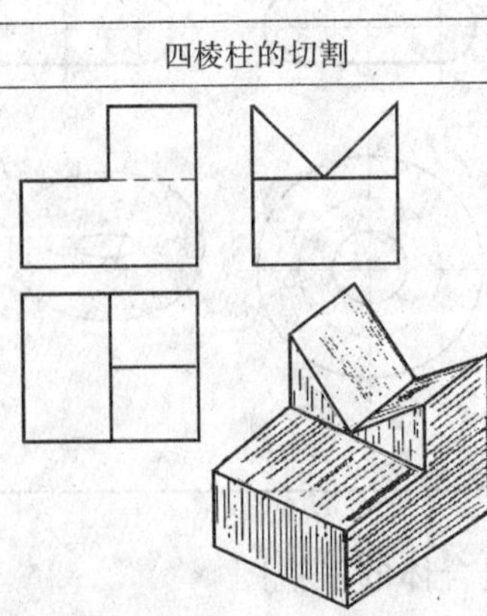

2）叠加。组合体中的基本体组合在一起，按相邻表面相对位置，其连接关系可分为平齐、不平齐、相交、相切，见表 1—12。此外，两回转体相交称为相贯，其交线称为相贯线。

表 1—12　　　　　　　　　　组合体表面的连接关系

项目	实体	正确	错误
两平面平齐	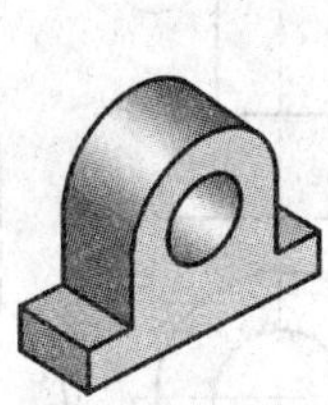	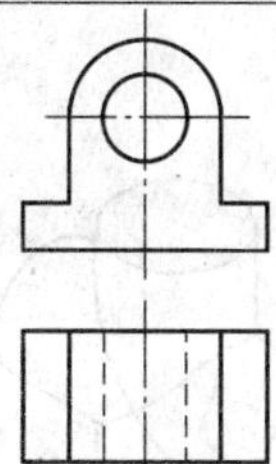	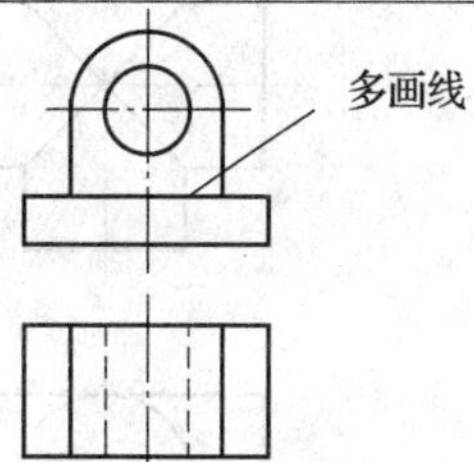
两平面不平齐		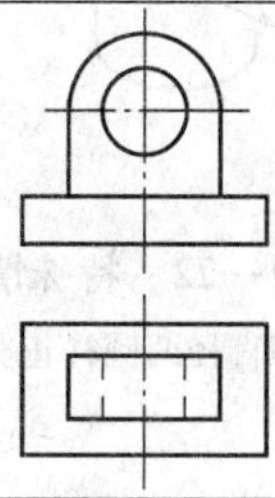	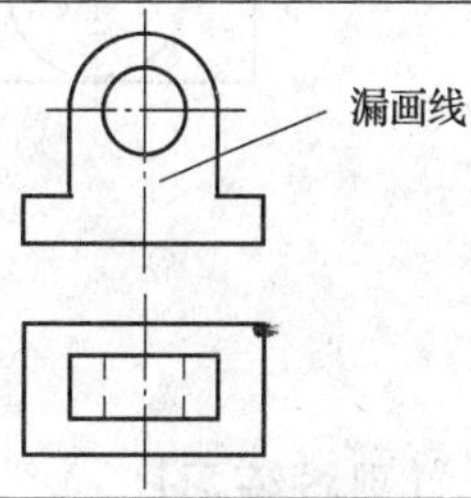
平面与曲面相交		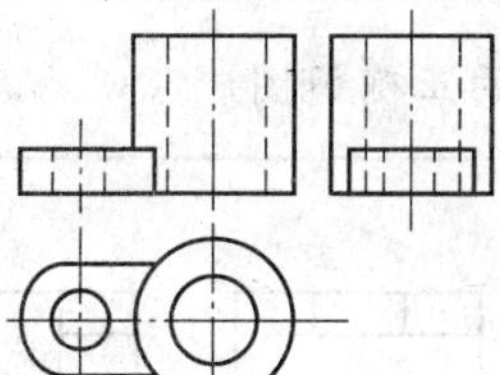	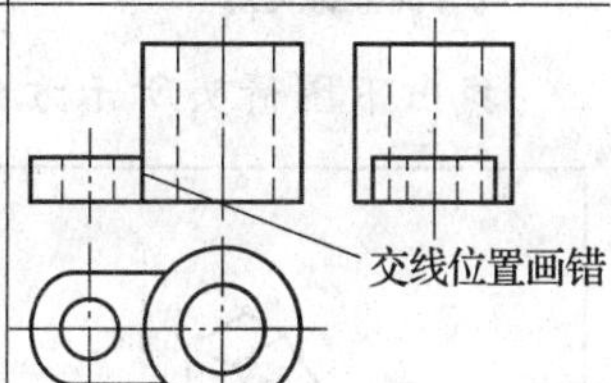
平面与曲面相切		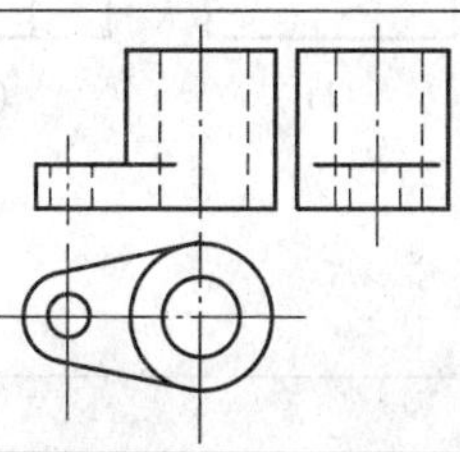	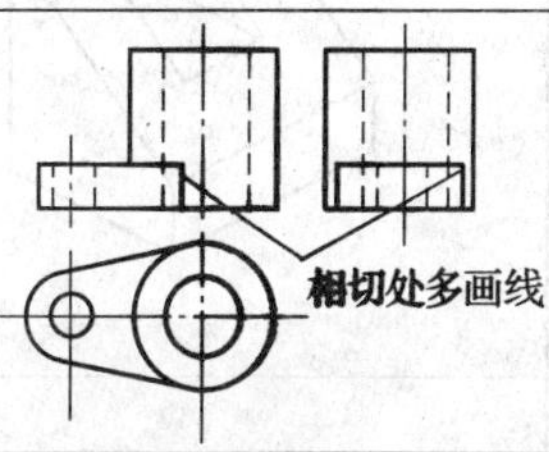

两圆柱相交形成的相贯线如图 1—20 所示。

两个不同直径的圆柱垂直正交，相贯线的简化画法如图 1—21 所示，以 1′为圆心，以 R（大圆柱的半径）为半径画圆弧交小圆柱轴线于 O'；再以 O'为圆心，以 R 为半径画圆弧连接 1′和 2′，即得用近似画法画出的相贯线。特殊情况下相贯线的画法如图 1—22 所示。

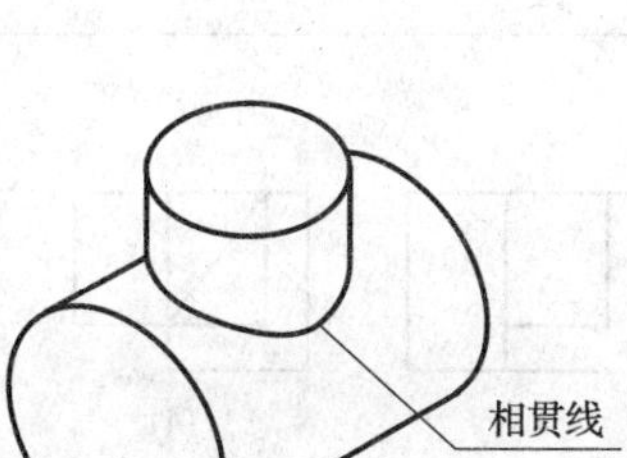

图 1—20　两圆柱相交形成的相贯线

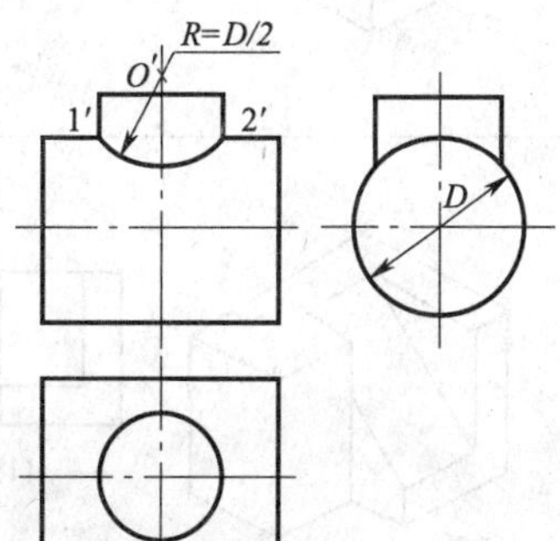

图 1—21　相贯线的简化画法

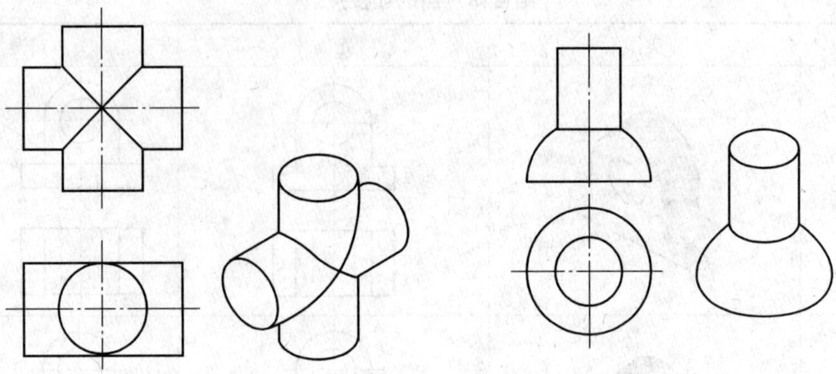

a)　　　　b)

图 1—22　特殊情况下相贯线的画法

a）等直径两圆柱正交　b）圆柱与球体正交

【巩固练习】

找出下图箭头所示方向的正确视图。

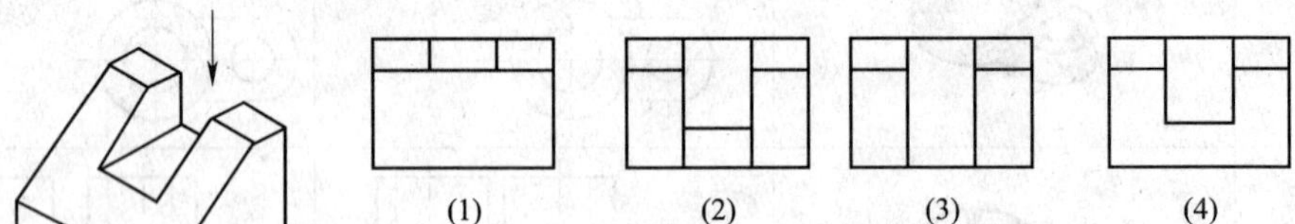

a)

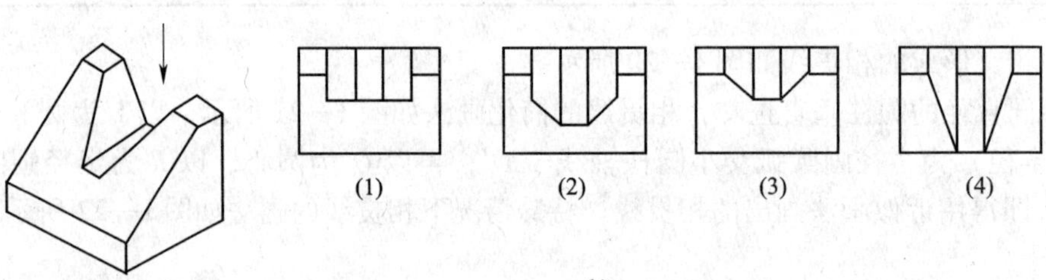

b)

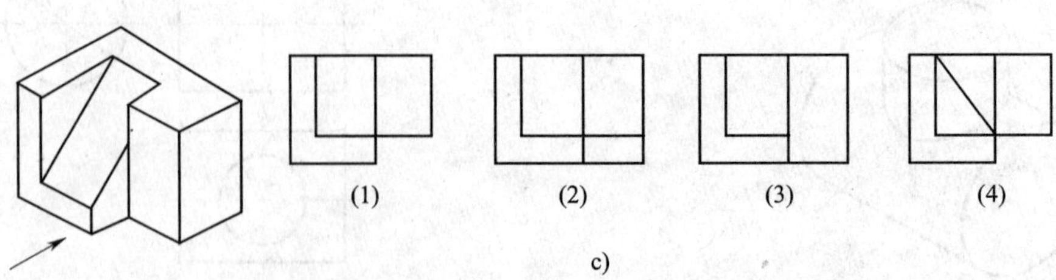

c)

二、图样的表达方法

在实际工程中，由于使用场合和要求不同，机件的结构形状是多种多样的，仅用三视图已很难将物体的内外形状正确、完整、清晰地表示出来，为此国家标准规定了机件的各种表达方法。

1. 视图

视图主要用来表达机件的外部形状，它分为基本视图、向视图、局部视图和斜视图。

（1）基本视图与向视图

在原有的三个投影面（*V*、*H*、*W*）的基础上，再增加三个投影面，构成正六面体，这六个面称为基本投影面。物体向六个基本投影面投影所得视图，称为基本视图。如图 1—23 所示，所得六个基本视图除了主视图、俯视图、左视图之外，还有从右向左投影得到的右视图、从下向上投影得到的仰视图、从后向前投影得到的后视图。基本视图之间仍然符合“三等”规律。

向视图是指可以自由配置的基本视图。当图纸空间有限时，可把基本视图按向视图配置，但必须标注，通常在其上方用大写英文字母标注，并在相应视图的附近用箭头指明投影方向，并注上相同的字母，如图 1—24 所示。

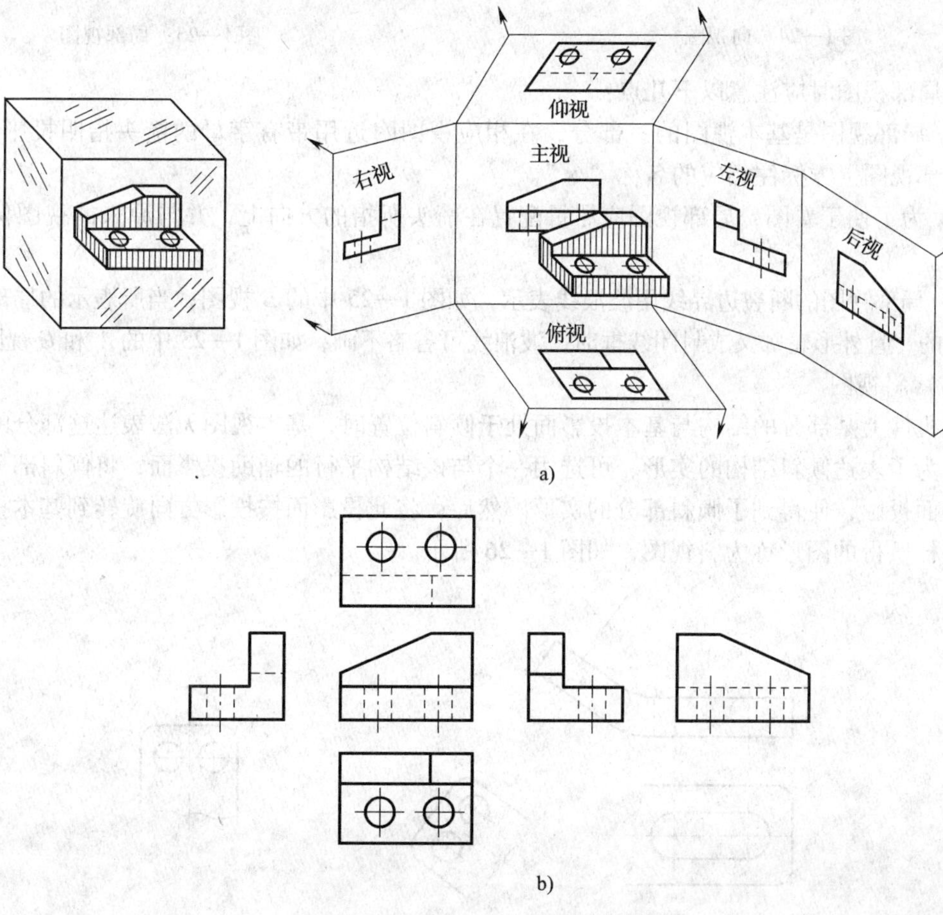

图 1—23　六个基本视图的形成与配置

a）六个基本视图的形成　b）六个基本视图的配置

（2）局部视图

当机件采用一定数量的基本视图后，仍有局部形状尚未表达清楚时，不必再画出完整的基本视图，只需将此部分单独向基本投影面投影，所得到的不完整视图称为局部视图，如图1—25 所示。当画出主视图后，零件右侧的凸台和上下两法兰盘还没有表达清楚。若用基本视图表示，不但画图困难且不便于看图。因此，用局部右、左视图和局部仰视图分别表达右侧凸台和上、下面法兰盘的结构。

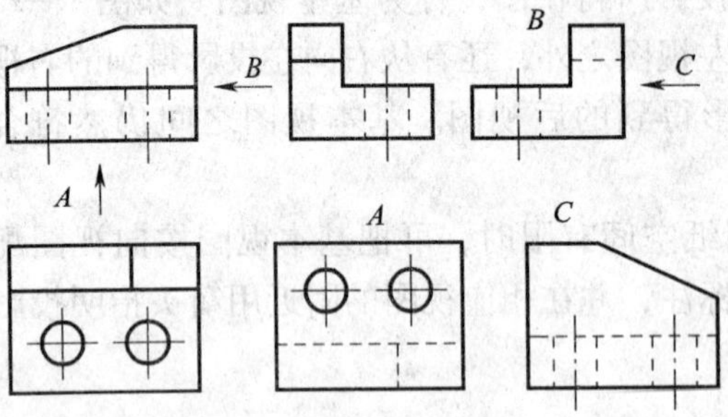

图 1—24　向视图

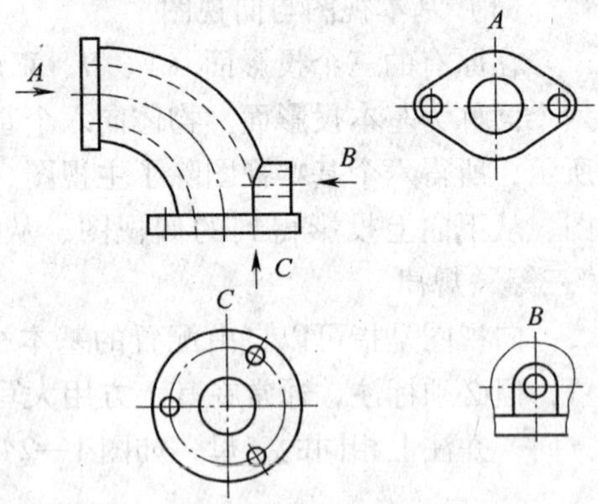

图 1—25　局部视图

画局部视图时应注意以下几点：

1）局部视图是基本视图的一部分，在相应视图附近用带有字母的箭头指明投影方向，并在局部视图上方标注相应的名称“×”。

2）为了便于看图，局部视图应尽量配置在箭头所指的方向上，并与原来的视图保持投影关系。

3）局部视图的断裂边界线用波浪线表示，如图 1—25 中的 *B* 视图；当所表示的局部结构是完整的，且外形轮廓又成封闭线框时，波浪线可省略不画，如图 1—25 中的 *A* 和 *C* 视图。

（3）斜视图

当机件上某部分的结构与基本投影面处于倾斜位置时，基本视图无法表达这部分的真实形状。为了表达倾斜结构的实形，可选用一个与该结构平行的辅助投影面，将倾斜部分向辅助投影面投影，便得到了倾斜部分的实形。然后，将此投影面按投影方向旋转到基本投影面上，这样所得的图形称为斜视图，如图 1—26 所示。

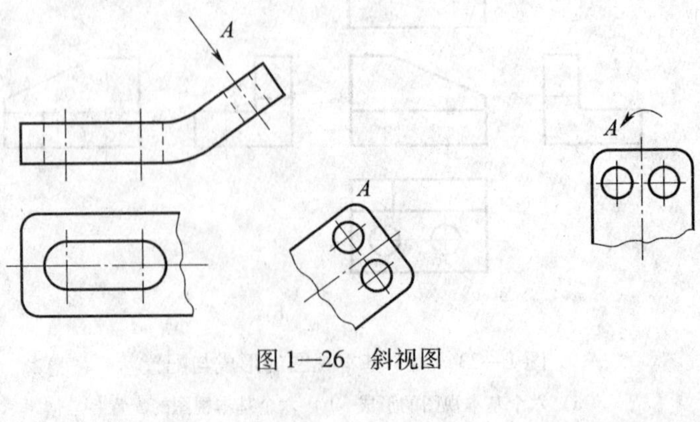

图 1—26　斜视图

画斜视图时应注意以下几点：

1）斜视图要标注。在视图上用带有字母的箭头指明投影方向，在斜视图上方水平注写相同的字母“×”。

2）斜视图一般按投影关系配置，以便于看图和画图。但为了合理布置图面，也可将斜视图配置在其他位置。在不致引起误解时，允许将图形旋转绘制，旋转后的视图应加注旋转符号。旋转符号为半圆形，其半径等于字高。表示视图名称的字母应靠近旋转符号箭头端，也允许在字母之后加注旋转角度。

3）画斜视图时，可将机件上不反映实形的部分用波浪线断开而省略不画。同样，在相应的基本视图中，也可省略倾斜部分的投影。波浪线不应画在图形轮廓外及中空处。

4）若斜视图上所表达的结构是完整的，且外轮廓线又封闭时，波浪线可省略不画。

2. 剖视图

剖视图主要用来表达机件的内部结构形状，剖视图分为全剖视图、半剖视图和局部剖视图三种。

（1）剖视图的形成

机件上不可见的结构形状规定用虚线表示，不可见的结构形状越复杂，虚线就越多，这样读图和标注尺寸都不方便。因此，对机件不可见的内部结构形状经常采用剖视图来表达，如图 1—27 所示。

图 1—27a 是机件的主视图和俯视图，主视图上有多条虚线。

图 1—27b 表示形成剖视图的过程，假想用剖切平面把机件切开，移去观察者与剖切平面之间的部分，将留下的部分向投影面投影，这样得到的图形就称为剖视图，简称剖视，如图 1—27c 所示。

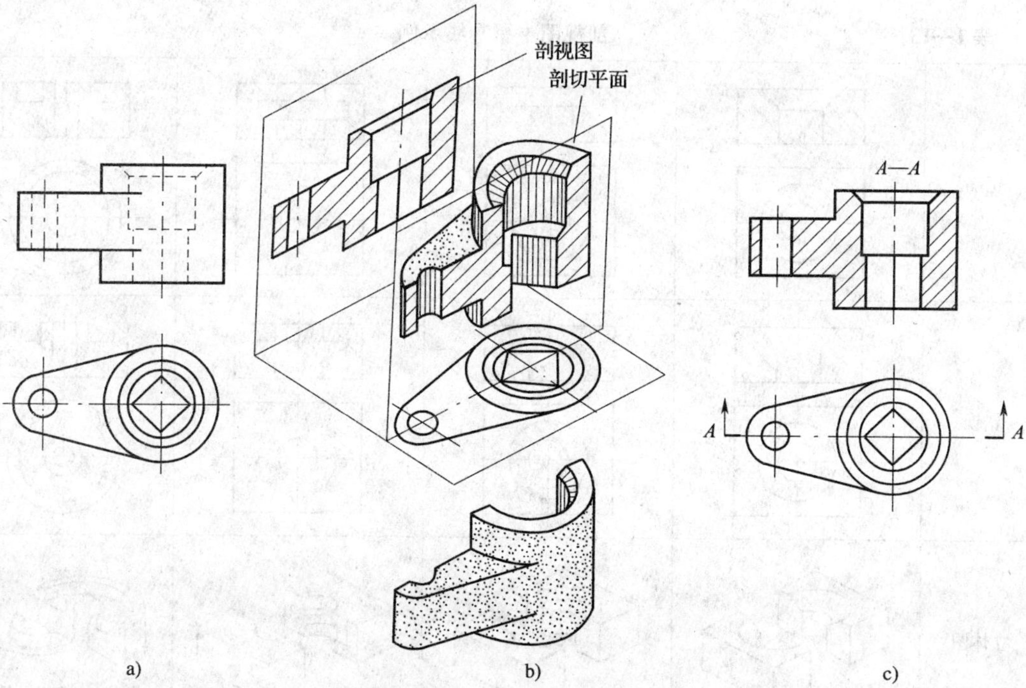

图 1—27　剖视图的形成

剖切平面与机件接触的部分，称为剖面。剖面是剖切平面和物体相交所得的交线围成的图形。为了区别剖到和未剖到的部分，要在剖到的实体部分上画上剖面符号。

画剖视图时应注意以下几点：

1）剖视图是假想的，某个视图采用剖视图后，不影响其他视图的表达。

2）同一零件的各个剖视图的剖面线倾斜方向和间隔应保持一致。

3）在剖视图上一般不画虚线。但若画少量的虚线可省去某个视图，而又不影响图形清晰度时，也可画出这种虚线，如图 1—28 所示。

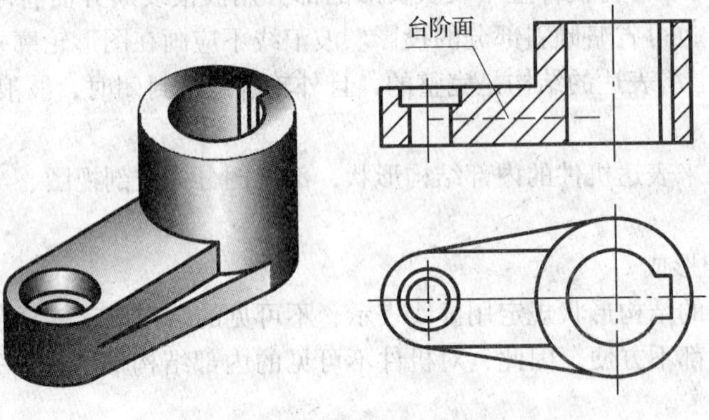

图 1—28　剖视图

4）剖切平面应尽量与机件的对称平面重合，或通过该机件内部结构的孔、沟、槽的轴线，以使该机件的内部结构在剖视图上反映实形。

5）画剖视图时，在剖切平面后的可见轮廓线应全部画出，不能遗漏，见表 1—13。

表 1—13　　**剖视图中易漏线示例**

正确	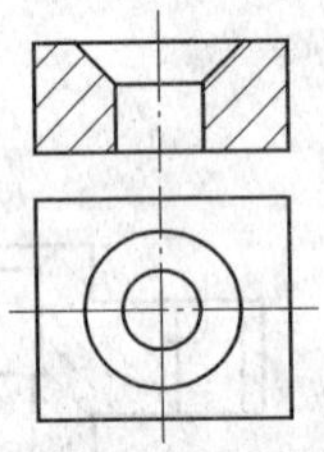	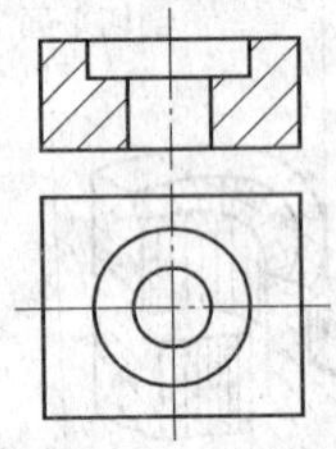	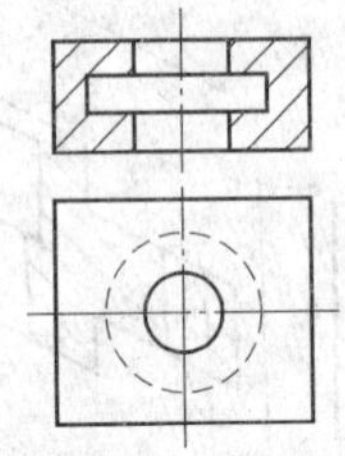	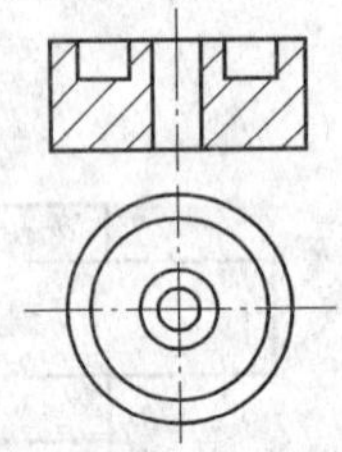
错误	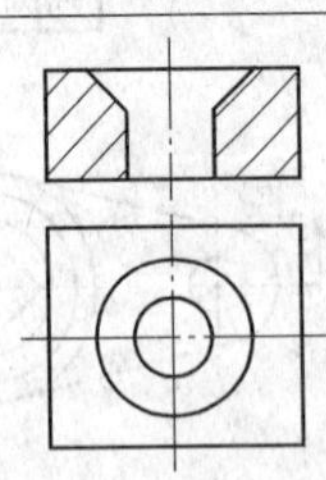	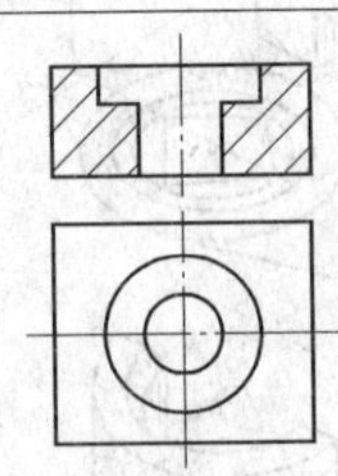	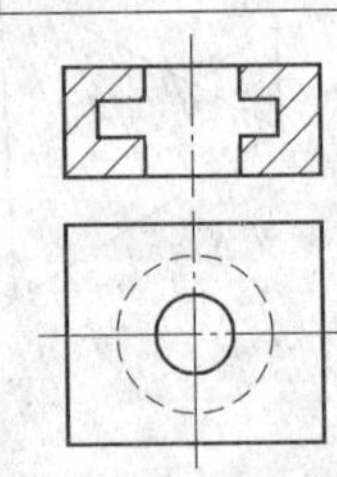	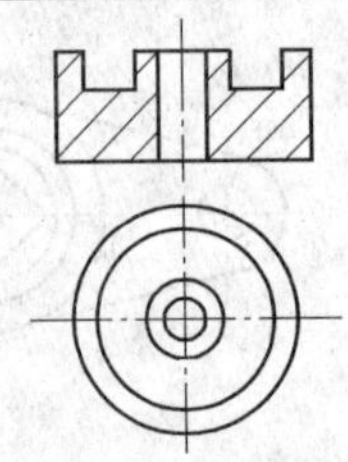
立体图	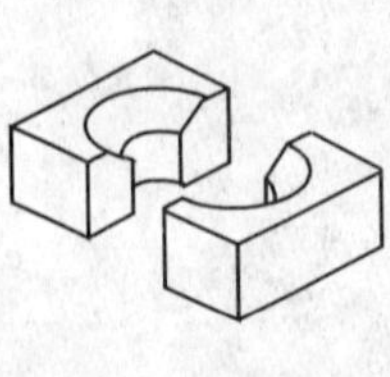	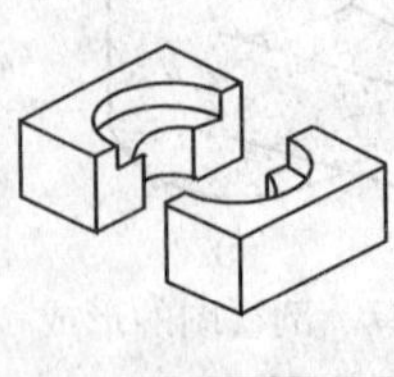	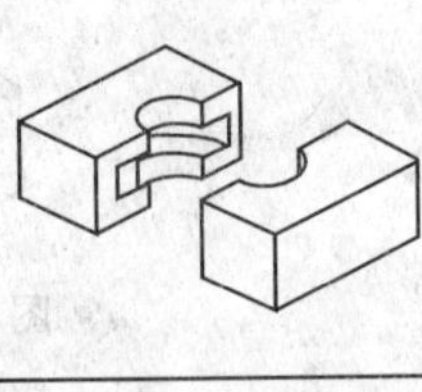	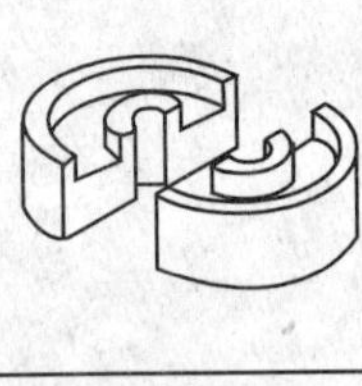

（2）剖视图的种类

1）全剖视图。用剖切平面完全地剖开机件后所得到的剖视图，称为全剖视图。全剖视图用于表达内部结构复杂又无对称平面的机件，对于外形简单，且具有对称平面的机件也常采用全剖视图，如图 1—28 所示。

2）半剖视图。当机件具有对称平面，向垂直于对称平面的投影面上投影时，以对称中心线（细点画线）为界，一半画成基本视图用以表达外部结构形状，另一半画成剖视图用以表达内部结构形状，这样组合的图形称为半剖视图，如图 1—29 所示。

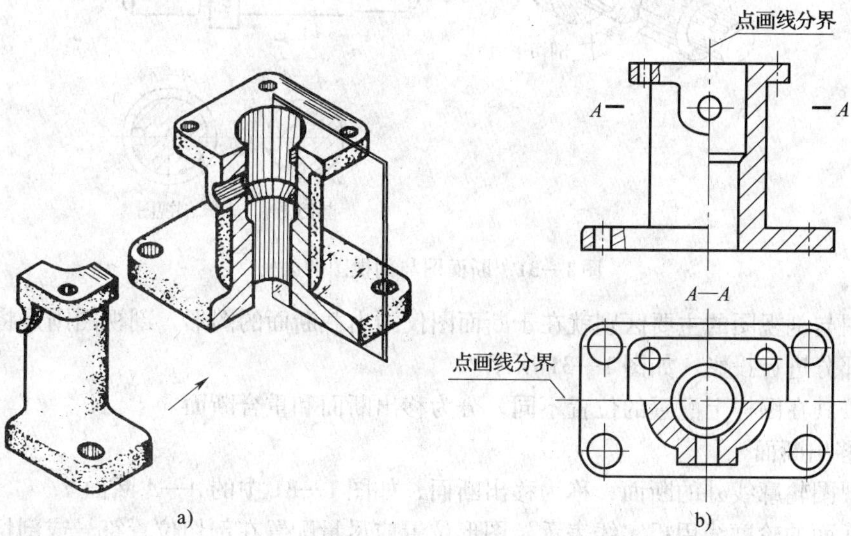

图 1—29　半剖视图

3）局部剖视图。当机件还有部分内部结构形状未表达清楚，但又不适合作全剖视或半剖视时，可用剖切平面局部地剖开机件，所得的剖视图称为局部剖视图，如图 1—30 所示。局部剖切后，机件断裂处的轮廓线用波浪线表示。为了不引起读图的误解，波浪线不要与图形中的其他图线重合，也不要画在其他图线的延长线上。

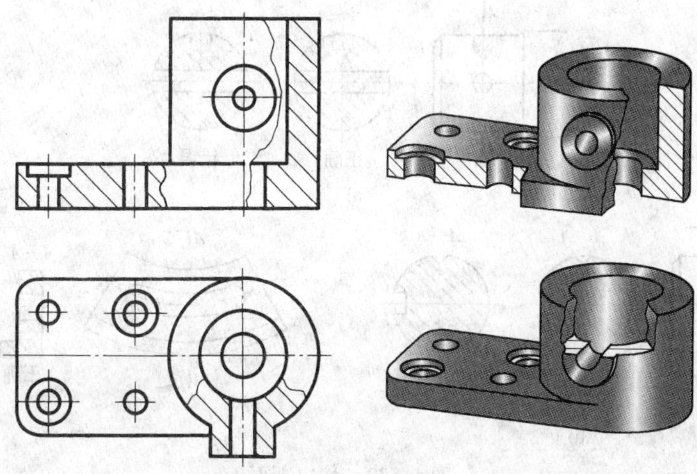

图 1—30　局部剖视图

3. 断面图

断面图主要用来表达机件某部分断面的结构形状。假想用剖切平面把机件的某处切断，仅画出该剖切平面与物体接触部分的图形，此图形称为断面图，如图 1—31 所示。切断时，剖切平面应与被切断处的中心线或主要轮廓线垂直。

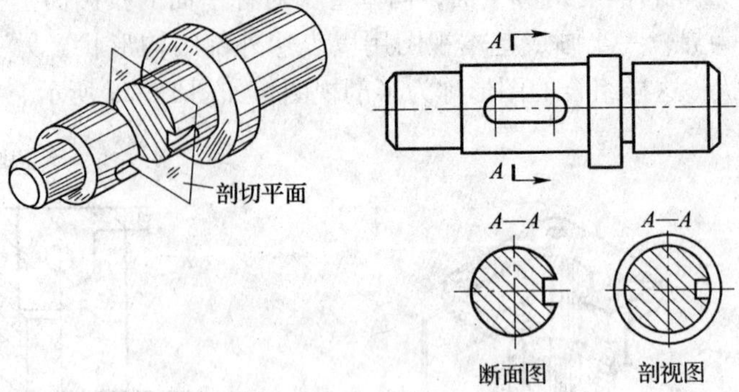

图 1—31　断面图与剖视图的区别

断面图与剖视图的主要区别就在于断面图仅画出截断面的图形，剖视图则是将截断面连同其后面部分进行投影，如图 1—31 所示。

断面按其在图样上配置的位置不同，分为移出断面和重合断面。

(1) 移出断面

画在视图轮廓线外的断面，称为移出断面，如图 1—31 中的 A—A 断面。

移出断面的轮廓线用粗实线表示，图形位置应尽量配置在剖切位置符号或剖切平面迹线的延长线上（剖切平面迹线是剖切平面与投影面的交线），也允许放在图上任意位置，但必须标注清楚。

一般情况下，画断面时只画出剖切的断面形状，但当剖切平面通过机件上回转面形成的孔或凹坑的轴线时，这些结构按剖视画出，如图 1—32a、b 所示。当剖切平面通过非圆孔会导致出现完全分离的两个断面时，这些结构也应按剖视画出，如图 1—32c 所示。

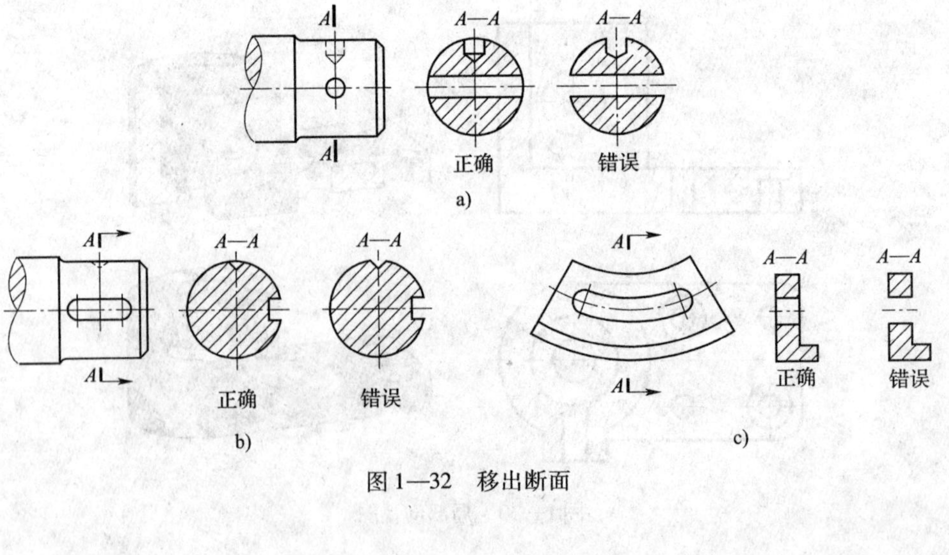

图 1—32　移出断面

（2）重合断面

画在视图轮廓线内部的断面，称为重合断面，如图 1—33 所示。

重合断面的轮廓线用细实线绘制，断面线应与断面图形的对称线或主要轮廓线成 45°角。当视图的轮廓线与重合断面的图线相交或重合时，视图的轮廓线仍要完整地画出，不得中断。重合断面适用于断面形状简单且不影响图形清晰度的情况。

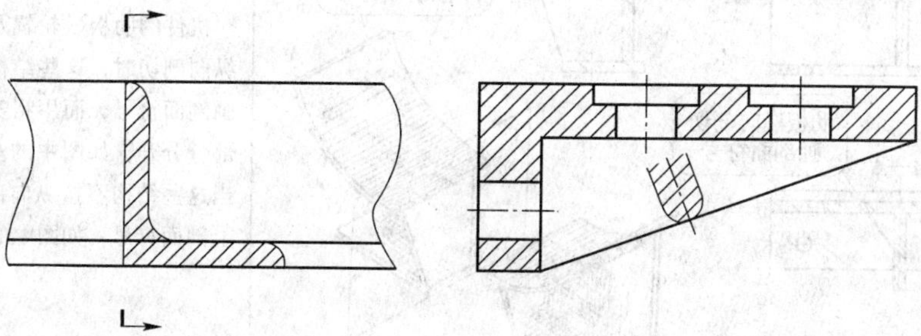

图 1—33　重合断面

4. 其他规定画法和简化画法

（1）局部放大图

将图样中机件的部分结构用大于原图形所采用的比例画出来的图形，称为局部放大图，如图 1—34 所示。

局部放大图可以视需要画成视图、剖视图、断面图，而与被放大部分原来的表达方式无关。如图 1—34 中的“*II*”是外形视图，放大时可画成剖视图形式。

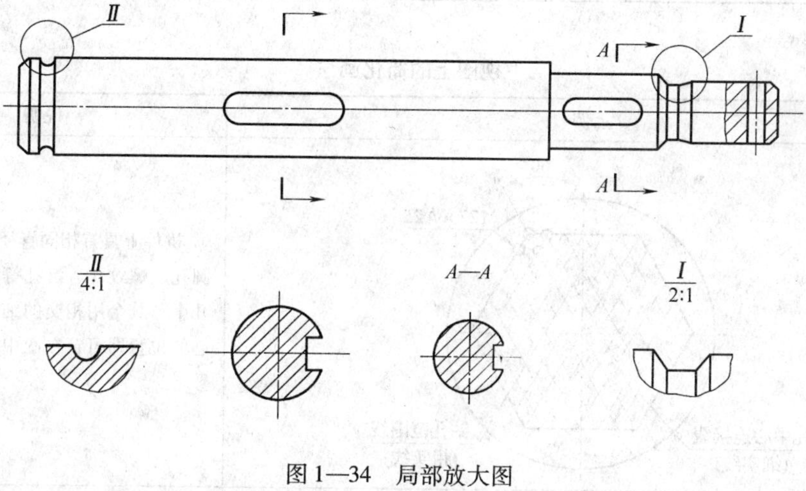

图 1—34　局部放大图

绘制局部放大图时，应用细实线圈出被放大部位，并尽量把局部放大图配置在被放大部位附近。当同一机件上有几个需要放大的部位时，必须用罗马数字依次标明放大部位，并在局部放大图的上方标注出相应的罗马数字和采用的比例。

（2）简化画法

简化画法包括规定画法、省略画法、示意画法等，为了简化作图，国标对机件的某些常见结构规定了画法，见表 1—14 和表 1—15。

表 1—14 剖视图上的简化画法

示例	说明
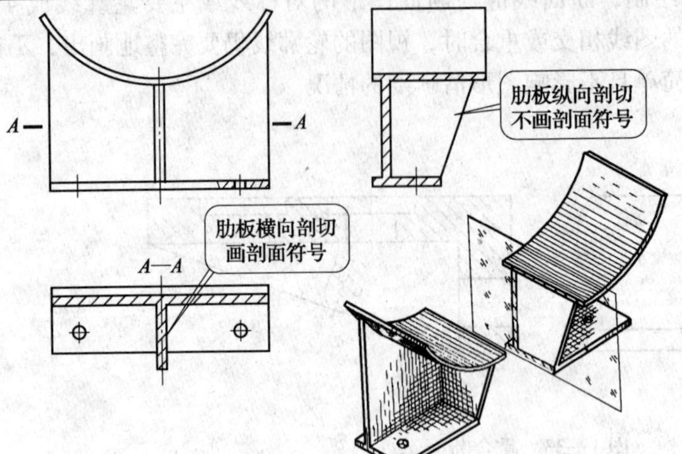	机件的肋板、轮辐及薄板等，如按纵向剖切时，这些结构在剖视图中不画剖面符号，而用粗实线将它与邻接部分分开，如图中的左视图所示。但当这些结构不按纵向剖切时，则应画上剖面符号，如图中的俯视图所示
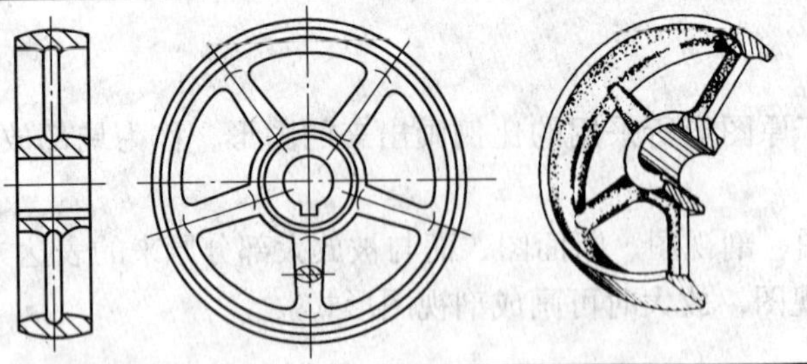	当回转体上均匀分布的肋、轮辐、孔等结构不处于剖切平面上时，可将这些结构旋转到剖切平面上画出

表 1—15 视图上的简化画法

示例	说明
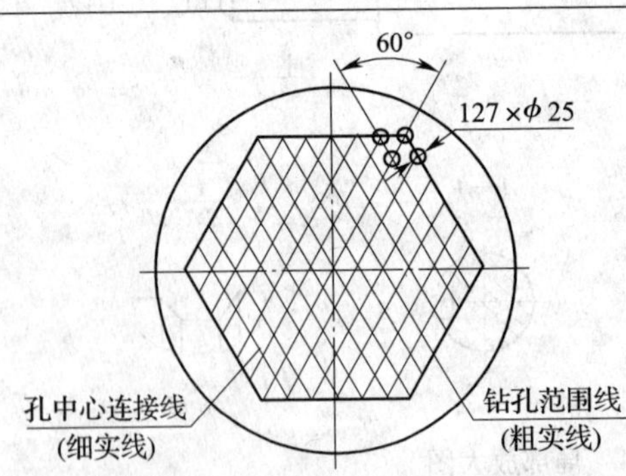	机件上具有相同直径且规律分布的圆孔、螺纹孔、沉孔等，可以仅画出几个，其余用相交的细实线表示出中心的位置即可，在图中应注明孔的总数
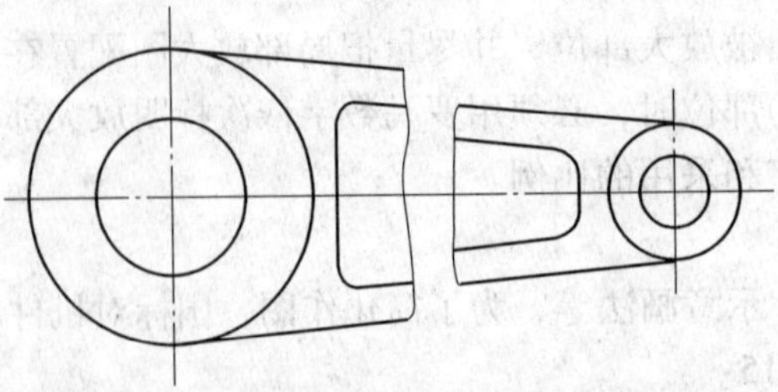	较长的机件，如轴、杆、连杆等，其长度方向形状一致或按一定规律变化，可以断开后缩短画出

示例	说明
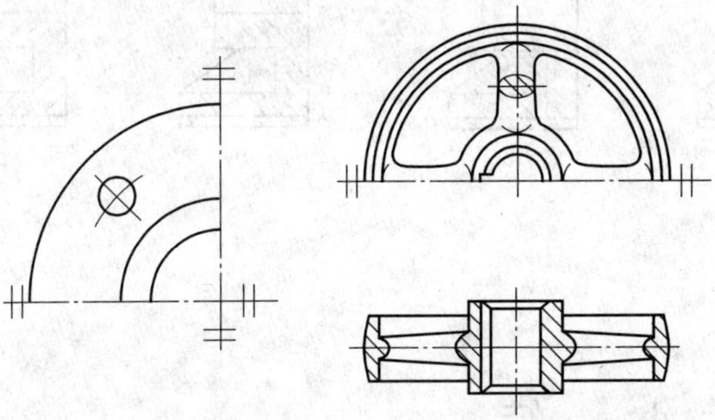	在不致引起误解时，对称机件的视图可只画一半或四分之一，并在对称中心线的两端画出对称符号（两条与中心线垂直的平行细实线）
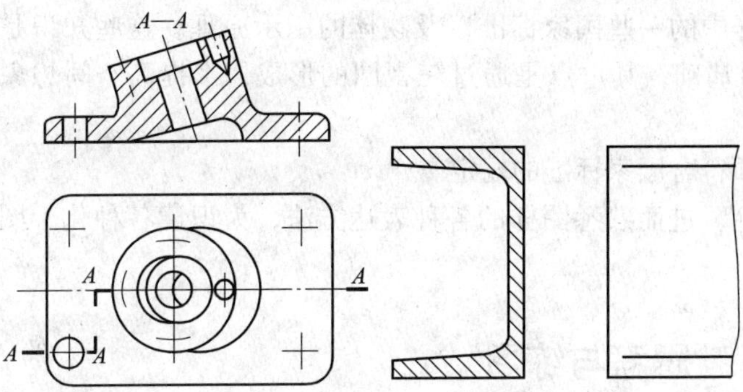	机件上斜度不大的结构，如在一个图形中已表达清楚时，其他图形可按小端画出
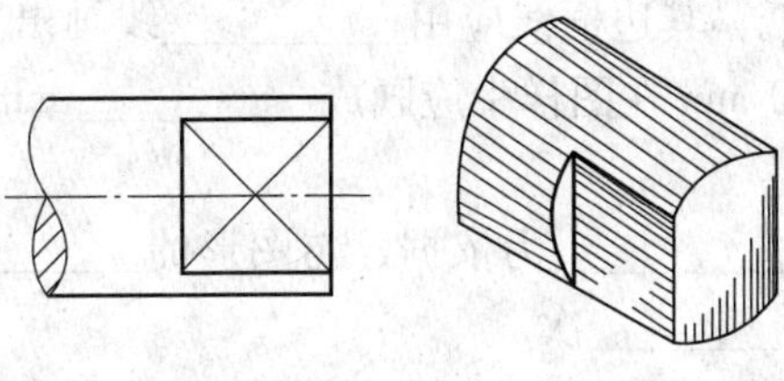	当机件上的平面在图样中不能充分表达时，可用符号（相交的细实线）表示

【巩固练习】

选出正确的剖视图。

1.

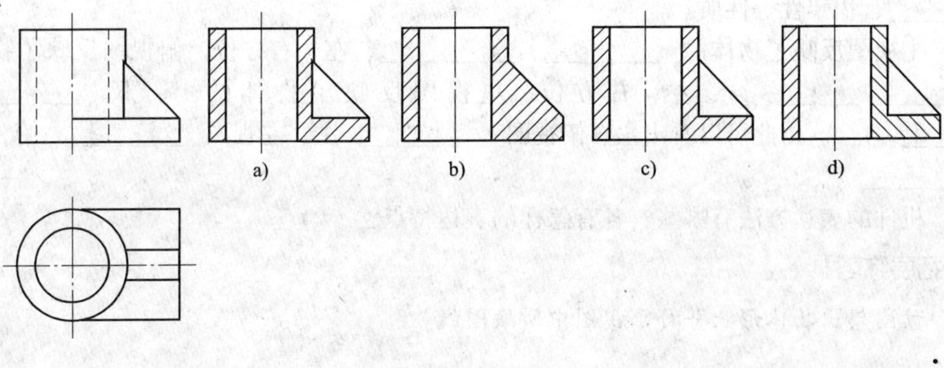

2.

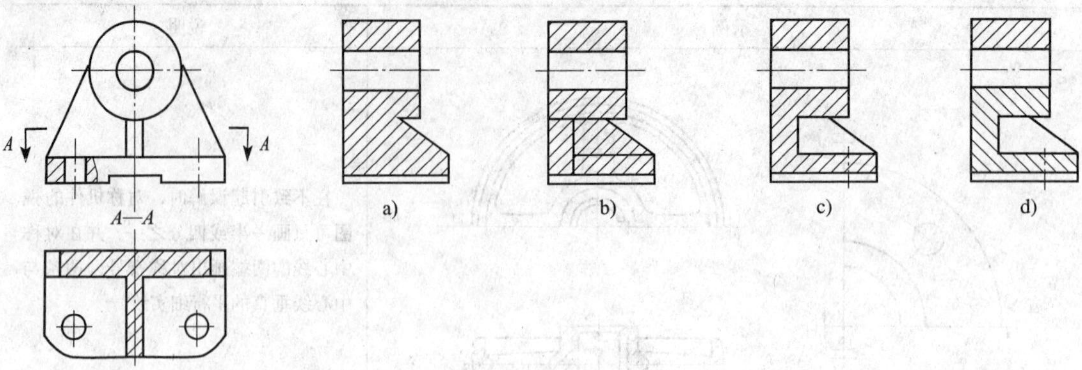

小　　结

1．本模块主要介绍了工程图样中的一些国家标准以及物体的图示原理。这些知识是识读化工设备图以及其他化工图样的基础，其重点是通过三视图的形成，来提高空间想象能力，进而提高识读图样的能力。

2．要注意各种图线的使用必须符合国家标准的规定。

3．熟练掌握三视图的图示原理，进而熟悉图样的各种表达方法，为识读各种化工图样打下良好的基础。

思考与练习

1．A0 图纸可分为__________张 A3 图纸，其边框线应用__________线画出。

2．如图样采用比例 1:2，则物体尺寸 80 mm 在图样中应画成__________ mm，并标注为__________。

3．机件的真实大小应以图样上所注的__________为依据，与图形的__________及绘图的__________无关。每一尺寸一般只标注__________次。

4．一个完整的尺寸标注应由__________、__________和尺寸数字三个要素组成。

5．尺寸线用__________绘制。尺寸线必须__________画出，不能与__________重合或在其延长线上。

6．正投影法的投射线__________且__________于投影面，其投影具有__________、__________、积聚性等性质。

7．主视图反映了物体的__________、__________、左、右方位，俯视图反映了物体的__________、__________、左、右方位，左视图反映了物体的上、下、__________、__________方位。由此可以看出主、俯视图__________，主、左视图__________，俯、左视图__________。

8．机件的表达方法有哪些？各有怎样的表达特点？

【拓展练习】

1．读图想出物体形状并补画视图中所缺图线。

（1）

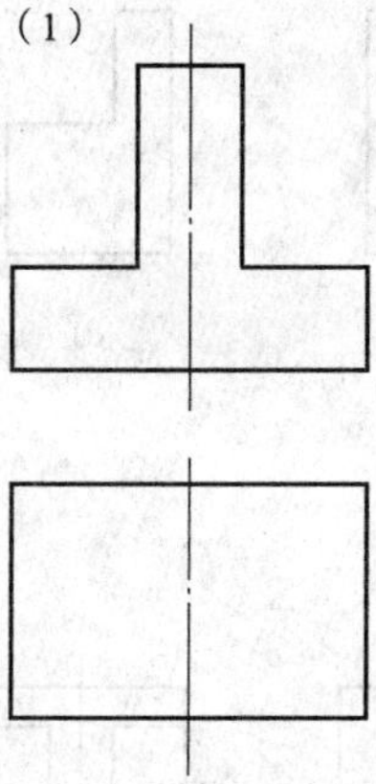

（2）

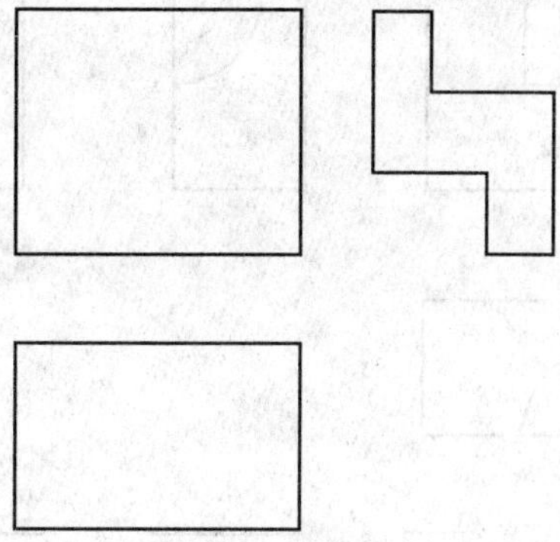

（3）

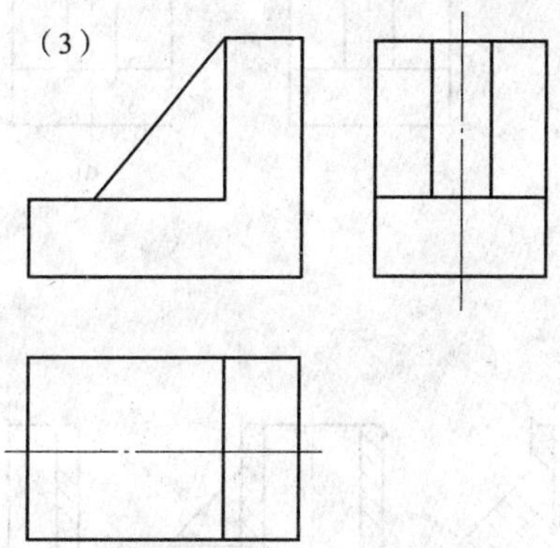

（4）

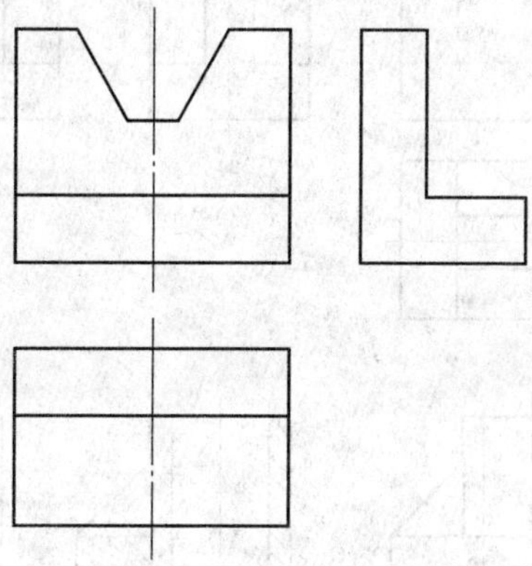

2. 补全被切割几何体的三视图。

（1）

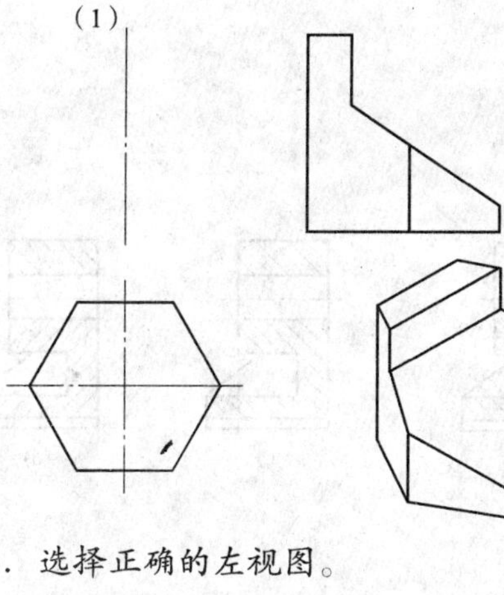

（2）

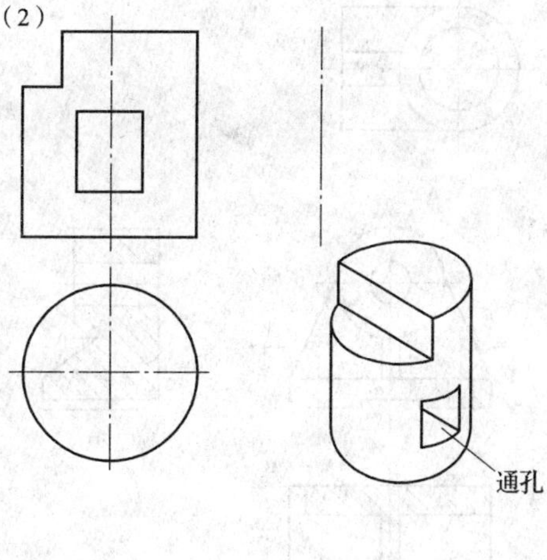

3. 选择正确的左视图。

（1）

(2)

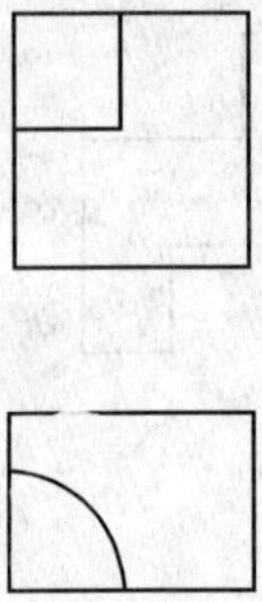

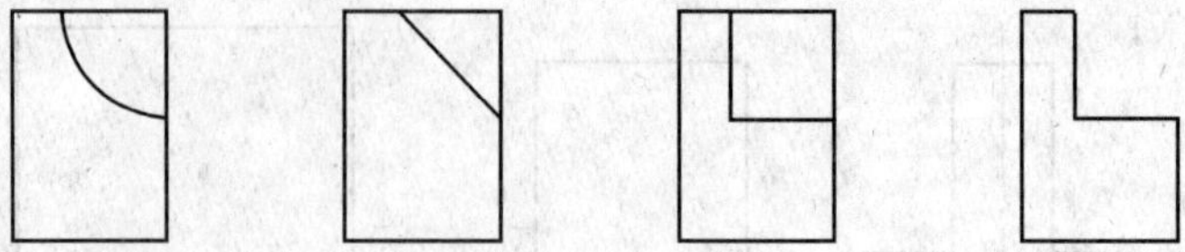

a)　　b)　　c)　　d)

(3)

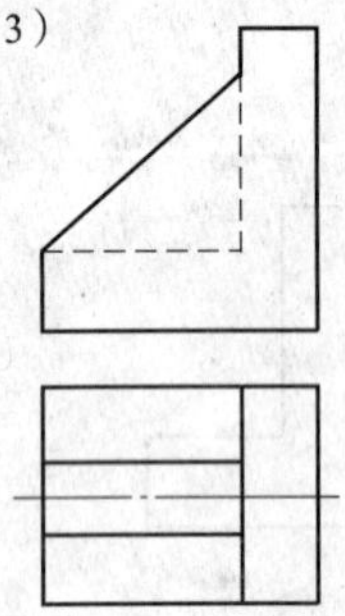

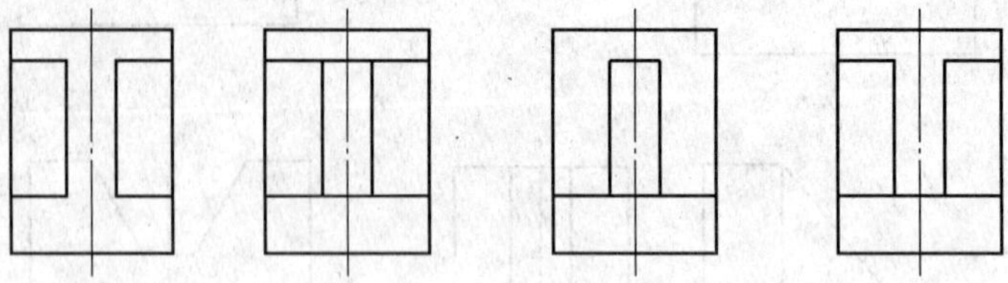

a)　　b)　　c)　　d)

(4)

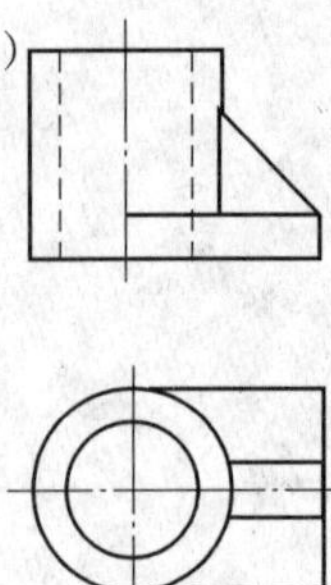

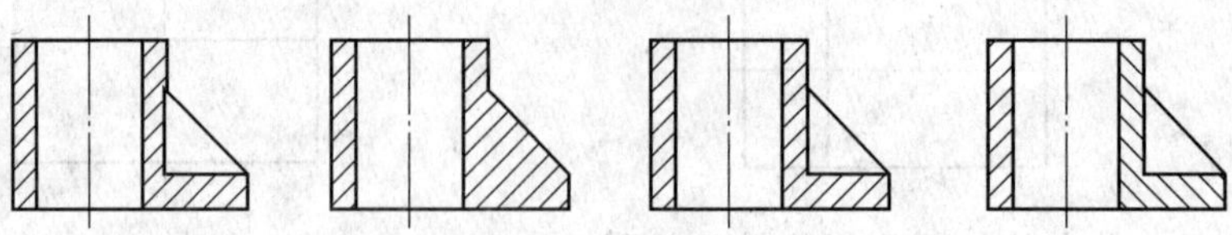

a)　　b)　　c)　　d)

(5)

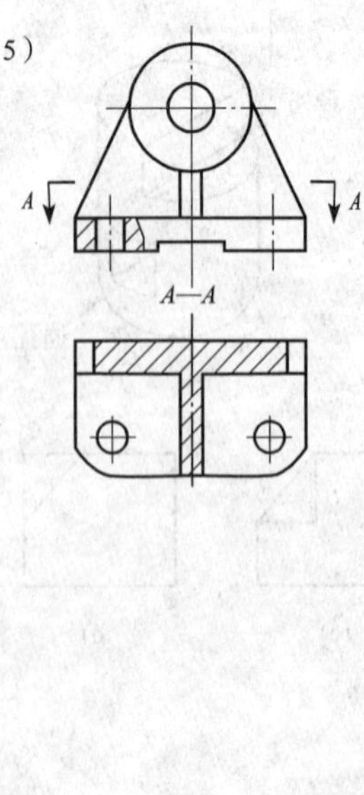

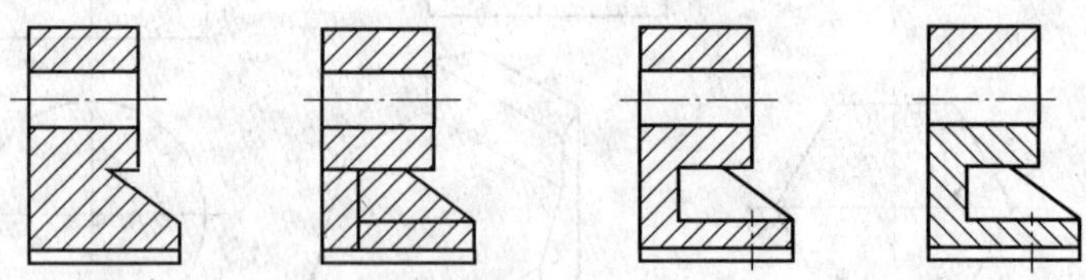

a)　　b)　　c)　　d)

模块二　工艺流程图的绘制与识读

课题一　工艺方块图的绘制与识读

学习目标

通过本课题的学习，要求了解化工的概念及化工生产的基本过程，了解工艺方块图的内容和作用，掌握工艺方块图的绘制与识读方法。

一、化工生产概述

化工是化学工业的简称，包括基本化学工业、石油化工、精细化工、煤化工、制药工业、染料工业等，泛指利用化学反应改变物质结构、成分、形态等生产化学产品的部门。一种产品的生产过程从原料到成品，往往需要几个或几十个加工工序，其中除了化学反应外，还有大量的物理加工，所以化工是将自然界的各种物质，经过化学和物理方法处理，制造成生产资料和生活资料的工业。

化工产品的生产工序多，过程复杂，随着社会对产品数量和品种的需求日益增大，迫使化工企业向着大型现代化联合企业方向发展，以提高加工深度，综合利用资源，进一步扩大经济效益。

1. 化工生产简介

化工生产过程如图 2—1 所示，它包括以下过程：

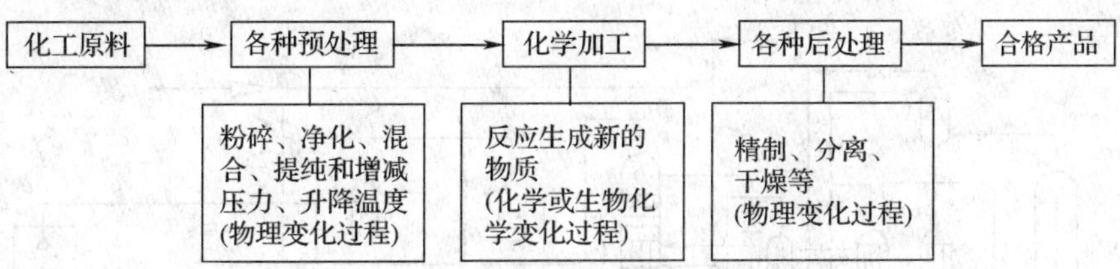

图 2—1　化工生产过程

（1）化工原料的预处理

不同的原料需要经过粉碎、净化、混合、提纯和增减压力、升降温度等预处理，使原料符合生产所要求的规格和状态。

（2）原料的化学加工

经过预处理的化工原料，在一定的温度、压力等条件下进行化学加工（如氧化、还原、复分解、取代、聚合等），每一步都需在特定的设备中、一定的操作条件下完成化学反应，以达到所要求的反应转化率和收率，获得目的产物或其混合物。

（3）后处理

将目的产物与其混合物分离，除去副产物或杂质（如精制、分离、干燥等），以获得符合规格的产品。

2. 化工单元操作

化工单元操作是指经过一系列物理加工和化学处理将原料转变成产品的工艺过程，如流体输送、搅拌、沉降、过滤、热交换、蒸发、结晶、吸收、蒸馏、萃取、吸附和干燥等。例如，乙醇、乙烯及石油产品等的生产过程中，都采用蒸馏操作分离液体混合物，所以蒸馏为一基本操作过程。这些基本操作过程称为化工单元操作，任何一种化工产品的生产过程都是由若干化工单元操作及化学反应过程组合而成的。每个单元操作都是在一定的设备中进行的。例如，吸收操作是在吸收塔内进行的，干燥操作是在干燥器内进行的。

二、化工工艺流程图

1. 化工工艺流程图的内容及作用

化工工艺流程图是工艺安装和指导生产的重要技术文件，化工工艺流程图的设计及绘制是工艺人员进行工艺设计的主要内容。

化工工艺流程图是表示由原料到成品的过程中物料和能量发生的变化及其流向的流程图，是按工艺过程顺序将设备和工艺流程管线自左至右地展示在同一平面上的示意图，可以表达一个工厂、一个车间或一个工序。一般含有如下内容：设备的简单图形，管道、阀门、管件、仪表控制点等图形符号，设备位号及名称、管道编号、物料走向、仪表控制点代号、图例说明和标题栏等。化工工艺流程图一般以工艺装置的主项（工段或工序）为单元绘制，也可以车间为单元绘制。

化工工艺流程的质量直接影响到产品的质量、产量、成本、生产能力、操作条件等问题。因此，化工工艺流程的确定是化工工艺设计中最主要的一个环节。化工工艺流程图是工艺设计的关键文件，它是管道、仪表、设备设计和装置布置等专业设计的基础，是设备布置图和管道布置图的设计依据，也是施工、操作、运行及检修、拟订操作规程和培训工人的指南。阅读图样后，可对该工艺设计的总体部分有一个大致的印象。

如图 2—2 所示为简易 ACES 尿素生产工艺流程图。

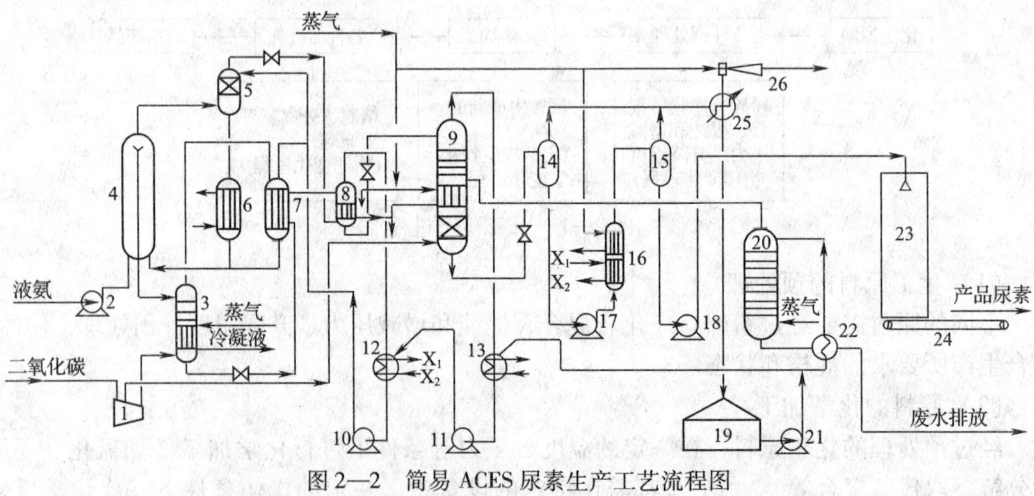

图 2—2　简易 ACES 尿素生产工艺流程图

1—CO_2 压缩机　2—液氨泵　3—气提塔　4—合成塔　5—洗涤塔　6—第一甲铵冷凝器　7—第二甲铵冷凝器　8—中压分解塔　9—低压分解塔　10—甲铵泵　11—中压吸收泵　12—中压吸收塔　13—低压吸收塔　14—真空浓缩器　15—蒸发分离器　16—蒸发加热器　17—尿素溶液泵　18—熔融尿素泵　19—工艺冷凝液槽　20—解吸塔　21—工艺冷凝液泵　22—解吸塔换热器　23—尿素造粒塔　24—皮带　25—表面冷凝器　26—真空喷射器

【知识链接】

ACES 尿素生产工艺流程简介

ACES 是 Advanced Cost Energy Saving Process 的缩写，意思是“节约投资降低能耗”的工艺。如图 2—2 所示，液氨用液氨泵 2 加压，经氨预热器预热后，送入合成塔 4。由界区外来的 CO_2在加入防腐用的空气后，进入 CO_2 压缩机 1，大部分二氧化碳用作气提剂，由 CO_2压缩机 1 送到气提塔 3 的底部。另一部分 CO_2 则从压缩机段间抽出，送往低压分解塔 9，其作用是调节氨碳比，使低压分解更完全，便于之后的吸收操作。反应后的尿素溶液经合成塔上部的溢流管从塔底出来，进入气提塔 3 的顶部。气提塔采用特殊设计，它分为上下两段，上段是三块筛板，下段为降膜式加热器。尿素溶液先在上段筛板上与塔底进入的气体逆流接触，进行绝热气提，使尿素溶液中的大部分过量氨解吸出来。尿素溶液因重力作用，流入下段降膜式加热器。在下段降膜式加热器内通过 CO_2 的气提和壳侧蒸气加热的共同作用，使尿素溶液中的甲铵发生分解，残余氨和二氧化碳解吸出来。从气提塔 3 底部出来的尿素溶液，经减压和第二甲铵冷凝器 7 加热后，进入中压分解塔 8。在中压分解塔 8 内，利用蒸气加热和从洗涤塔 5 来的气体，促使尿素溶液中的甲铵分解，氨和二氧化碳解吸出来。尿素溶液从中压分解塔 8 的塔底出来，经减压后进入低压分解塔 9。在低压分解塔 9 中同样是利用蒸气加热、解吸塔 20 来的气体及 CO_2 压缩机 1 中段抽出的二氧化碳气体，使尿素溶液中的甲铵继续分解，氨和二氧化碳解吸出来。尿素溶液从低压分解塔 9 的底部出来，经减压后进入真空浓缩器 14，开始闪蒸，尿素溶液浓度升高。尿素溶液从真空浓缩器 14 的底部出来，经尿素溶液泵 17 送入蒸发加热器 16，利用中压吸收塔副产蒸气和低压蒸气加热尿素溶液。被加热后的尿素溶液进入蒸发分离器 15，浓度达到 99.5% 的熔融尿素从蒸发分离器 15 的底部出来，经熔融尿素泵 18 送入尿素造粒塔 23 造粒，得到成品尿素，至包装工序。由真空浓缩器 14 和蒸发分离器 15 顶部排出的气体，经表面冷凝器 25 冷凝，冷凝液送入工艺冷凝液槽 19，未被冷凝的气体被真空喷射器 26 抽出。工艺冷凝液槽 19 中的冷凝液由工艺冷凝液泵 21 加压后，分成两部分，一部分经解吸塔换热器 22 升高温度后，送入解吸塔 20，在解吸塔底部通入蒸气，促使冷凝液中氨与二氧化碳解吸，并从塔顶排出，去低压分解塔 9，而从解吸塔 20 底部排出的液体，在解吸塔换热器 22 中预热，之后排放或去水解系统；另一部分冷凝液则去低压吸收塔 13，吸收由低压分解塔 9 顶部出来的气体。因在吸收过程中伴有氨和二氧化碳的反应而放出反应热，所以在吸收时要移走热量。经吸收冷凝后，从低压吸收塔 13 塔底排出稀甲铵液。稀甲铵液经中压吸收泵 11 加压后，送入中压吸收塔 12，吸收从中压分解塔 8 顶部出来的气体。该过程与低压吸收塔一样，要移走热量。从中压吸收塔 12 底部出来的浓甲铵液分为两部分，一部分进入第二甲铵冷凝器 7，用于吸收冷凝气；另一部分进入洗涤塔 5，用于吸收合成塔顶部排出的气体。

2. 化工工艺流程图分类

根据工艺设计的不同阶段，化工工艺流程图可分为工艺方块图（方案流程图）、物料流程图和施工流程图。

这几种图的要求不同，其内容和表达的重点也不同，但它们之间有着密不可分的联系。在初步设计阶段，所绘制的流程图称为工艺方块图（方案流程图）。在工艺计算阶段，所绘制的流程图称为物料流程图。在施工设计阶段所绘制的流程图称为施工流程图，施工流程图又称为安装流程图或带控制点管路安装流程图。

3. 化工工艺流程图基本绘制过程

化工工艺流程图是按照工艺流程的顺序，将设备和工艺流程线自左至右地展开画在一个平面上，并加以必要的标注和说明。化工工艺流程图的绘制主要涉及设备画法及标注、工艺流程线（即管线或物料线）的画法及标注、管件的画法及标注和仪表的画法及标注。

绘制工艺流程图一般采用绘图软件 AutoCAD，但企业及设计院使用的是在 AutoCAD 平台上二次开发的软件，如国产 PIDCAD 工艺流程图设计软件等。

三、认识工艺方块图

工艺方块图又称为方框图，是用矩形方块及文字表示的工艺过程及设备，用箭头表示物料流动方向，把从原料到产品（或中间产物）所经过的生产过程以图示的方式表达出来的图样。工艺方块图概括反映设计人员的设计意图，是进行工艺流程交流的重要工具，也是进行设备安装、了解工艺过程和指导生产所依据的技术文件之一。作为一线生产者，需要掌握绘制与识读工艺方块图的方法，由此了解整个化工生产的工艺流程。

由于不同的化学工业所用的原料与所得的产品不同，所以各种化工生产过程的差别很大，工艺流程各有不同。生产路线确定后，在物料衡算工作之前，为了表示生产工艺过程，需绘制工艺方块图，以便于方案比较和物料衡算，选择最优的生产方案。图 2—3 为复混肥造粒返料回路工艺方块图。

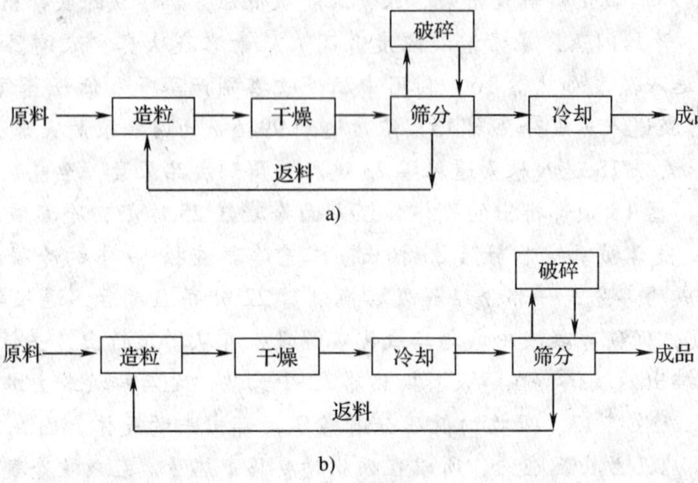

图 2—3　复混肥造粒返料回路工艺方块图

a）热返料　b）冷返料

在复混肥生产的造粒工段中，返料回路有两种，一种是热返料回路，另一种是冷返料回路。热返料回路是在造粒、干燥、筛分后冷却、返料，冷返料回路是在造粒、干燥、冷却、筛分后返料。可见冷、热返料回路能量消耗不同，可综合考虑设备投资与能耗等方面选择最优的生产方案。

1. 工艺方块图的内容

（1）反映单元操作、反应过程或车间、设备的矩形方块。

（2）物料由原料变成半成品或成品的运行路线（即带箭头的工艺流程线）。

（3）物料在流程中的某些参数（温度、压力、流量等）也可在工艺流程线旁标注出来。

2. 工艺方块图的作用

工艺方块图属于原理图，对任何化工产品生产流程或其他各类产品生产流程，都可以通过方块图进行描述。工艺方块图是化工工艺流程图中最简单、最粗略的一种表述方式，它是生产工艺的示意图，通常在生产设计的初期绘制，只能定性地描绘出由原料到产品所经过的化工过程或生产设备的主要流程路线，对于可以通过多种方案制取的化工产品，通过对方块图进行比较来选择较优的生产方案非常方便。一个方块可以是一个设备或工段，也可以是一个操作单元、一个车间或系统，方块之间用带箭头的直线连接，表示车间或设备之间的管线连接，因方块图绘制方便快捷，表述流程既简单明了，又直观清晰，所以它是设计人员表述流程的常用方法之一，无论是化工生产、企业管理或产品研发和技术革新，都能用方块图进行各种衡算，因此学会绘制与识读方块图具有重要意义。具备绘制与识读工艺方块图的技能，也是技术工人了解工艺流程的重要环节之一。

3. 工艺方块图实例

如图 2—4 所示是固体原料制气工艺方块图，固体原料制气过程是以煤或者焦炭为原料，富氧空气—水蒸气混合气为汽化剂，在煤气发生炉内经过一系列反应生成一氧化碳、二氧化碳、氢气、氮气及甲烷等混合气体的过程。合成氨生产中将这一过程称为造气。

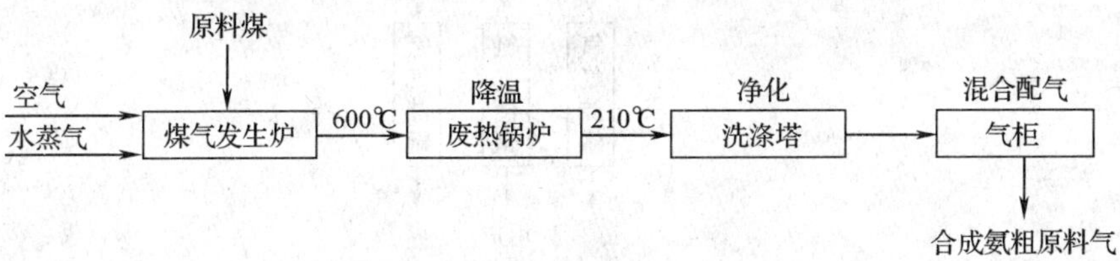

图 2—4　固体原料制气工艺方块图

【知识链接】

上述汽化过程中所产生的煤气组分，随汽化时所用固体原料的性质、汽化剂的类别、汽化过程的条件和煤气发生炉的结构不同而有所不同。根据所用汽化剂的不同，工业煤气可分为以下四种。

空气煤气：以空气为汽化剂所制得的煤气，其主要成分为 CO 和 N_2，合成氨生产中也称吹风气。

水煤气：以水蒸气为汽化剂所制得的煤气，其主要成分为 CO 和 H_2。

混合煤气：以空气和适量的水蒸气为汽化剂所制得的煤气，其主要成分为 CO、H_2 和 N_2，这种煤气一般用作燃料。

半水煤气：指气体组成符合（$CO + H_2$）与 N_2 体积之比为 3.1～3.2 的混合煤气，通常作为合成氨原料气。半水煤气可用水煤气与部分吹风气混合配制而成，也可用水蒸气加适量空气（或富氧空气）同时作为汽化剂而制得。对制取合成氨来说，半水煤气中的氮是必不可少的一种气体。但由于氮在半水煤气制造过程中比较容易获得，而且它不与碳发生反应，因此半水煤气的有效成分不是氢和氮，而是氢和一氧化碳，因为一氧化碳可以通过变换生成氢气。生产上要求有效成分的含量要尽量高，并且能满足（$CO + H_2$）与 N_2 的体积之比为 3.1～3.2。

四、分析工艺方块图

如图2—5所示为空分制氧系统工艺方块图，对此系统工艺方块图进行识读分析，该工艺流程中，原料空气经空气过滤器除去杂质，进入空气压缩机提高压力，经空冷及水冷使空气降温并分离冷凝水，进入分子筛净化处理，而后进入冷箱系统进行氧气分离，得到氧气，由氧气压缩机送入氧气储罐备用。

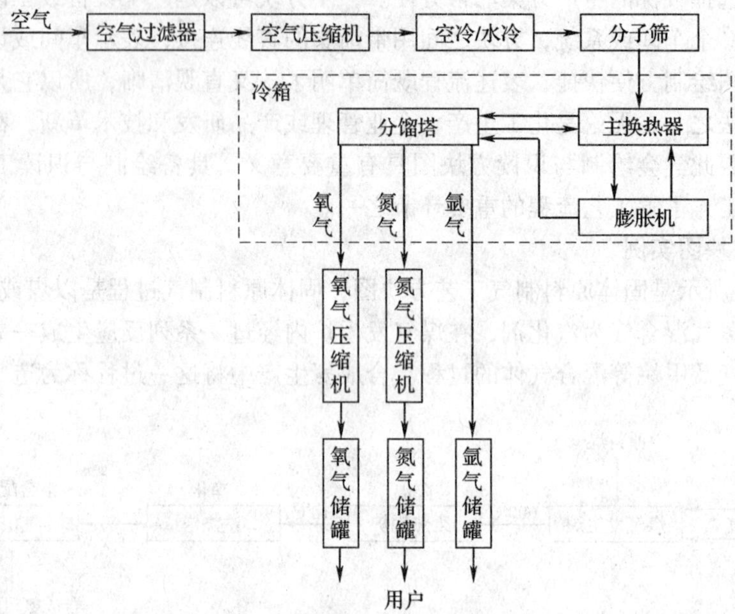

图2—5　空分制氧系统工艺方块图

1. 从图中可以看出该工艺流程原料为空气，产品为氧气，副产品是氮气及氩气。

2. 空分制氧系统设备包括空气过滤器、空气压缩机、空冷/水冷装置、分子筛、冷箱系统（主换热器、膨胀机、分馏塔）、氮气压缩机、氧气压缩机及储罐。

3. 空分制氧系统各设备作用说明

（1）空气过滤器

空气过滤器用于过滤空气中的杂质（灰尘、悬浮物等）。

（2）空气压缩机

空压机为制氧系统提供原料——压缩空气。

（3）空气冷却系统

空气冷却系统利用空冷/水冷装置使空气降温并分离冷凝水。

（4）分子筛

分子筛属于压缩空气净化系统。压缩空气净化系统由油水分离过滤器、冷冻干燥机、精过滤器、超精过滤器、大容量活性炭除油器、自动排污阀等组成，以便充分除去油、水、杂质，减轻后续氧氮分离装置的负荷。

（5）冷箱系统

冷箱系统由主换热器、膨胀机、分馏塔组成，其中分馏塔是进行氧气分离的关键设备。

（6）氧气压缩机

氧气压缩机将分馏得到的氧输入氧气储罐。

（7）氧气储罐

氧气储罐的作用主要是存储氧气，其次是降低气流脉动，起缓冲作用，从而减小系统压力波动。

（8）氮气压缩机、氮气储罐

氮气压缩机将分馏得到的副产品氮输入氮气储罐。

（9）氩气储罐

分馏得到的氩气输入氩气储罐。

从图中可以看出，主流程有7个方块，即空气过滤器、空气压缩机、空冷/水冷、分子筛、冷箱、氧气压缩机、氧气储罐；副流程有3个方块，即氮气压缩机、氮气储罐、氩气储罐。

【知识链接】

空分制氧系统中分馏塔（精馏塔）分离氮气与氧气的原理简介

精馏塔是一种采用精馏的方法，使各组分分离，从而得到高纯度组分的设备。空气被冷却至接近液化温度后送入精馏塔的下塔，空气自下向上与温度较低的回流液体充分接触进行传热，使部分空气冷凝为液体。由于氧是难挥发组分，氮是易挥发组分，在冷凝过程中，氧比氮较多地冷凝下来，使气体中氮的纯度提高。同时，气体冷凝时要放出冷凝潜热，使回流液体一部分汽化。由于氮是易挥发组分，因此，氮比氧更多地蒸发出来，使液体中氧的纯度提高。就这样，气体由下向上与每一块塔板上的回流液体进行传热传质，而每经过一块塔板，气相中氮的纯度就提高一次，当气体到达下塔顶部时，绝大部分氧已被冷凝到液体中，使气相中氮的纯度达到99.999%。一部分氮气进入冷凝蒸发器中，冷凝成液氮，作为下塔回流液。同时，上塔底部的液氧汽化，作为上塔的上升气体，参与上塔的精馏。将下塔底部得到的含氧38%~40%的富氧液体节流后送入上塔，作为上塔的一部分回流液与上升气体接触传热，部分富氧液体汽化。由于氧是难挥发组分，氮是易挥发组分，因此，氮比氧更多地蒸发出来，使液体氧纯度提高。液体由上向下与上升气体多次传热传质，液相中氧的纯度不断提高，当液体到达上塔底部时就可得到99.6%的液氧。

五、绘制工艺方块图

1. 工艺方块图绘制步骤

（1）根据原料转化为产品的顺序，从左到右或从上到下用细实线绘制反映单元操作、反应过程或车间、设备的方块（次要车间或设备可以忽略）。要保持它们的相对大小，以在方块内能标注该单元操作、反应过程或车间、设备的名称为宜，同时各方块间应保持适当的距离，以便布置工艺流程线。

（2）用带箭头的细实线在各方块间绘出物料的工艺流程线，箭头的指向要与物料的流向一致，先绘制主流程线，再绘制副流程线。

（3）若两条工艺流程线在图上相交而实际并不相交，应在相交处将其中一条工艺流程线断开绘制。

（4）工艺流程线可加注必要文字说明，如原料来源、产品、中间产品、废物去向等。

（5）工艺方块图绘制时要注意：图的整体布置合理、分布均匀，一般按工艺流程次序，依次从左向右（或从上至下）布置方块，先原料后产品。

2. 工艺方块图绘制实例

已知某中型合成氨厂合成氨生产的工艺流程如下：原料（煤、水、空气）——造气（制造半水煤气，温度 1 000 ~ 1 200℃）——脱硫（脱除硫化物）——CO 变换（一氧化碳转化为二氧化碳）——脱碳（脱除二氧化碳，用氨吸收二氧化碳生成碳酸氢铵）——铜洗（除去微量有害气体）——压缩（提高压力）——氨合成（温度 400 ~ 500℃，压力 30 ~ 32 MPa）——液氨。绘制合成氨生产工艺方块图的步骤如下：

（1）首先用细实线绘制方块，每个方块间要有一定间隔，以便标注流程线，如图 2—6a 所示。

（2）在方块内标注单元操作（或工段、设备）名称，如图 2—6b 所示。

（3）用带箭头的细实线绘制出物料的工艺流程线，当工艺流程线交叉时其中一个要断开，如图 2—6c 所示。

（4）标注物料在流程中的参数（压力、温度），如图 2—6d 所示。

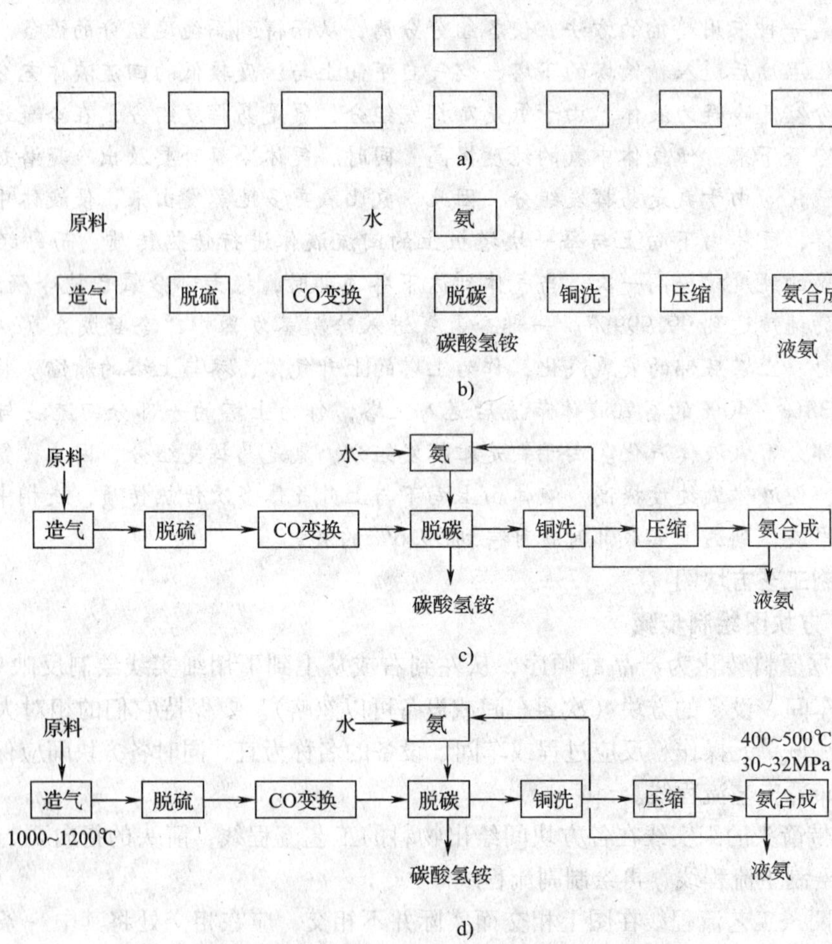

图 2—6　合成氨生产工艺方块图绘制步骤

六、识读工艺方块图

由于离心式压缩机的广泛使用，大型合成氨厂大多采用较低的压力进行氨合成。在这类流程中，采用蒸气透平驱动的带循环段的离心式压缩机，气体中不含油雾，可以直接把它配置于氨合成塔之前。氨合成反应热除预热进塔气体外，还可用于加热锅炉给水或副产高压蒸气，热量回收较好。图 2—7 所示为氨合成系统的工艺方块图。

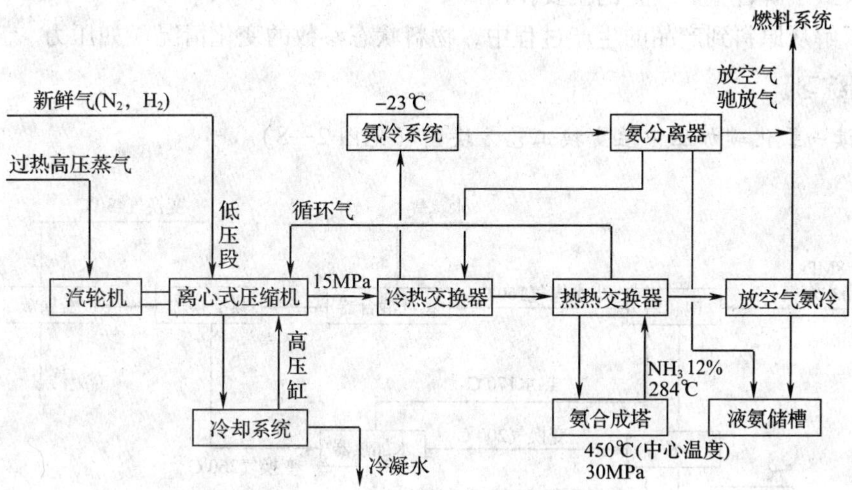

图 2—7　氨合成系统的工艺方块图

1. 识读工艺方块图包含的信息

通过识读图 2—7，可得到如下信息：

（1）该工艺的主线是：甲烷化工序来的新鲜气（氢气、氮气）进入离心式压缩机的低压缸，提高压力，同时温度升高，气体经冷却系统降温，进入离心式压缩机的高压缸，高压气体进入冷热交换器中与氨分离器来的气体换热，温度降低后去氨冷系统，经过氨冷系统气氨大部分冷凝，然后进入氨分离器中液氨与气体分离，由氨分离器出来的气体经冷热交换器进入热热交换器预热，再进入氨合成塔，在高温高压下进行氨合成，合成气体再经热热交换器降温，回到离心式压缩机，与补充的新鲜气在缸内混合，形成循环回路。

（2）氨分离器中液氨与气体分离，得到的液氨去液氨储槽。

（3）为了控制循环气中惰性气体的浓度，在循环气进压缩机前的热热交换器中要排放一部分气体，即放空气。

（4）为了回收放空气中的氨，放空气要氨冷，分离氨后，液氨去液氨储槽，放空气送往燃料系统。

（5）氨分离器中的驰放气与放空气送往燃料系统。

（6）冷却系统将冷凝水分离排放。

（7）在高压缸气体压缩至 15 MPa。

（8）氨冷系统将气体冷却至 −23℃。

（9）合成塔出口气体含氨 12%，温度为 284℃。

（10）离心式压缩机采用蒸气透平驱动。

2. 识读工艺方块图的步骤

通过以上识读合成氨厂氨合成系统工艺方块图包含的信息，总结识读工艺方块图的步骤如下：

(1) 了解工艺主线，如原料、产品的名称或其来源、去向。

(2) 按工艺流程次序，了解从原料到产品（中间产物）所经过的生产装置。

(3) 大致了解各生产装置的主要作用。

(4) 了解从原料到产品的生产过程中，物料状态参数的变化情况（如压力、温度）。

【巩固练习】

1. 识读一氧化碳加压中温变换工艺方块图（见图 2—8）。

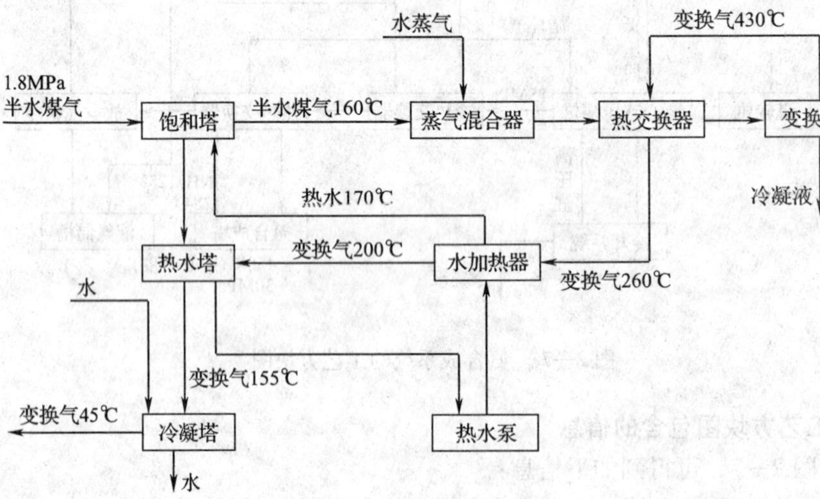

图 2—8　一氧化碳加压中温变换工艺方块图

工艺说明：原料气经脱硫后由压缩机加压至 1.8 MPa，进入饱和塔，与从水加热器来的 170℃左右的热水逆流接触，气体被加热到 160℃左右，并被水蒸气所饱和。在蒸气混合器中加入水蒸气，使 H_2O/CO 比达到 4 左右，进入热交换器的管程。变换气预热到 380℃左右，由变换炉顶进入第一段催化剂层进行反应，气体温度升至 470℃左右。在两段催化剂之间的蒸发器中，喷洒冷凝液对气体进行冷凝，使气体温度降至 400℃左右，同时获得部分蒸气。之后气体进入第二段催化剂层继续进行反应，使气体中残余一氧化碳含量下降到 3% 以下。由第二段催化剂层出来的变换气温度为 430℃左右，进入热交换器的壳程，被管内原料气冷却到 260℃左右，再经水加热器冷却到 200℃左右，进入热水塔。在热水塔内，变换气与塔顶下来的热水逆向接触，温度降至 155℃左右，进入冷凝塔，被冷却水直接冷却到 45℃左右，送往下一工序。

系统中的热水在饱和塔、热水塔及水加热器中循环，定期排污及加水，保持循环水的质量和水量的平衡。

（1）了解工艺主线，按工艺流程次序，了解从原料气到变换气所经过的生产装置。

（2）了解从原料气到变换气进出各装置温度的变化情况（进出装置温度升高还是降低）。

（3）大致了解各生产装置的主要作用。

2. 以氨合成系统的工艺方块图（见图2—7）为例，以主要设备为单元绘制氨合成系统的简易工艺方块图（只绘制循环气主流程线）。

根据图2—7中气体路线，可按以下步骤画出以主要设备为单元的氨合成系统的简易工艺方块图（只绘制循环气主流程线）。

（1）根据设备名称分别画出各方块。

（2）在各方块中注明设备名称。

（3）绘制工艺流程线，根据物料流向连接相应的方块，并用箭头标明物料流向。

（4）标明原料及产品，物料在流程中的某些参数（温度、压力）也可在工艺流程线旁标注出来。

课题二　物料流程图的绘制与识读

学习目标

通过本课题的学习，了解物料流程图（也称PFD图）的内容及作用，能识读较复杂的物料流程图，掌握一般物料流程图的绘制方法和步骤。

化工操作人员为了保证生产线的正常运行、生产优质产品，要严格控制工艺操作指标，配合相关人员，准时、准确地整理并分析数据以完成生产过程，这是化学工艺转化为生产力的重要一环。其首要任务是熟悉该生产的工艺流程和工艺操作指标，所以应具备绘制与识读工艺流程图的技能。通过本课题的学习，首先应了解PFD图绘制的基本知识，熟悉PFD图的图示方法，掌握识读PFD图的能力。通过PFD图可方便快捷地了解该生产的工艺流程，及设备数量、名称和位号。

一、认识PFD图

PFD图是物料流程图，业内人士称为原料流程图，是一种以图形与表格相结合来反映物料衡算的工艺流程图，标明了化工生产装置物料的来源和去向、主要的设备位号，以及物料在设备和管道中的流向。

1. PFD图的作用

PFD图适用于刚刚接触该装置的新学员熟悉工艺流程，是在初步设计阶段完成物料衡算和热量衡算时绘制的，既可为设计审查提供资料，又可为进一步设计提供重要数据，还可供日后的生产操作参考。

2. PFD图的内容

如图2—9所示是固定床连续汽化法造气工段的部分PFD图，固定床煤气发生炉（鲁奇炉），以富氧空气（或氧气）与水蒸气的混合气为汽化剂，连续通入炉内进行汽化制气，称为固定床连续汽化法。这种方法的特点是生产能力较高，操作较简单，但需在后续工序中加入纯氮，而且还必须配备制氧设备。工业生产上，通常使用空分装置进行空气分离来满足生产上氮气和氧气的需求。固定床连续汽化法的原理是将原料煤由鲁奇炉顶部加入炉内，经过干燥层、干馏层、汽化层、燃烧层和灰渣层，灰渣由转动的炉算不断排入灰锁，再定期排出。汽化剂（富氧空气和水蒸气的混合物）由炉底连续通入燃料层，进行逆流汽化，生成的粗煤气（680℃）由煤气发生炉上部连续排出，粗煤气进入中间冷却器（这里未画出），降温后进入废热锅炉，温度降至180℃送后工段。

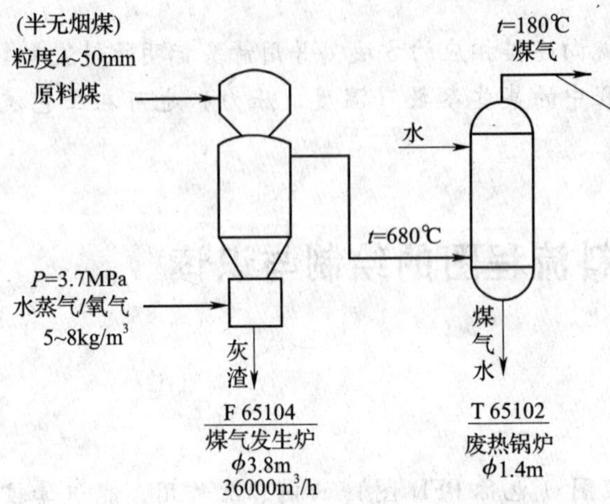

序号	物料名称	流量 (kmol/h)	含量 (%)
1	H_2	0.64	40.5
2	CO	0.37	23.4
3	CO_2	0.38	24.1
4	CH_4	0.12	7.6
5	其他	0.07	4.4
6	合计	1.58	100

图2—9　固定床连续汽化法造气工段的部分PFD图

以上固定床连续汽化法造气的部分PFD图的内容如下：

（1）若干代表生产设备的外形轮廓图，带流向的流程线、物料说明表（包括物料名称、流量、含量）及标题栏。

（2）除了标注设备名称及位号外，还标注设备性能参数。如图2—9中设备名称为煤气发生炉，位号65104，直径3.8 m，废热锅炉直径1.4 m。

（3）标注物料状态参数，如原料煤粒度4～50 mm，蒸汽氧比为5～8 kg/m³，煤气出煤气发生炉温度680℃，煤气出废热锅炉温度180℃等。

3．PFD图与工艺方块图的对比

如图2—10所示为二甲苯、乙苯分离工艺方块图，如图2—11所示为二甲苯、乙苯分离PFD图，对比图2—10及图2—11，二甲苯、乙苯分离的工艺流程如下：混合二甲苯原料（含乙苯、邻二甲苯、对二甲苯和间二甲苯）由储槽经原料泵送入1号乙苯塔，再进入2号乙苯塔分离，分离出乙苯，再进入3号邻苯塔，分离邻二甲苯、对二甲苯和间二甲苯，进一步提高乙苯的浓度。由塔顶得到较纯的乙苯，经冷却器进入乙苯槽。由塔釜分离出含乙苯较低的邻二甲苯、对二甲苯和间二甲苯混合液；经冷却器进入二甲苯槽，从而达到提纯乙苯的目的。

图2—11是在图2—10中加入了物料说明表、设备性能参数及物料状态参数。

两图对比，可见在工艺方块图中加入物料说明表、设备性能参数及物料状态参数即为PFD图，所以PFD图是由若干代表生产设备的外形图、装置的名称及位号、带流向的流程线、物料说明表、物料状态参数构成的。

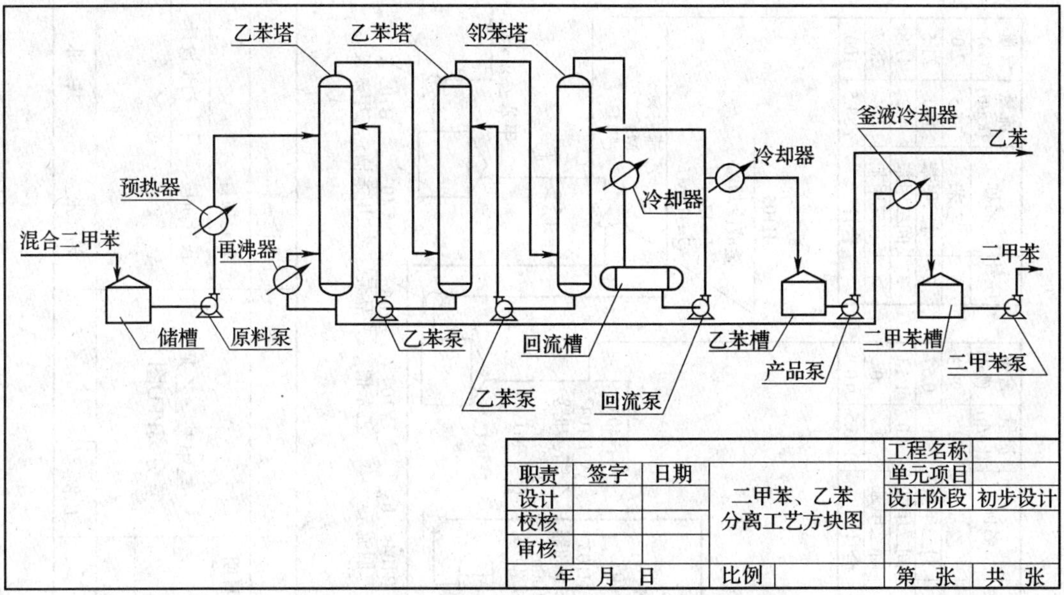

图 2—10 二甲苯、乙苯分离工艺方块图

二、分析 PFD 图

下面以图 2—12 所示的空压站 PFD 图为例进行分析。

1. PFD 图的内容及标注方式

（1）该 PFD 图由若干代表生产设备的外形轮廓图、装置的名称及位号、带流向的流程线、物料说明表、物料状态参数及标题栏构成。

（2）在设备的外形图下方，除了注明设备名称、位号之外，还注明了一些设备的特性参数，如干燥器的换热面积（设备 E0602 换热面积 $F=58\ m^2$）、后冷却器的高度（E0601 塔高 $H=9\ 860\ mm$）、储气罐的容积（设备 V0603 容积 $V=100\ m^3$）、空压机的型号（L－15/50）等。

（3）物料组分标注在流程的起始部位以及组分变化后的部位，注明物料变化前后组分的名称、流量（kmol/h）、含量（%）等参数及每项的总和，用表格的形式绘出。

（4）PFD 图中物料的工艺参数，如温度、压力等在流程线旁注出。

2. PFD 图的标注特点

（1）标注装置或工段的名称及位号、特性参数（面积、直径、容积、型号等）。

（2）标注带流向的流程线，在流程线旁标注物料的状态参数（压力、温度等）。

（3）对于物料发生变化的设备，要从其流程线上引线，对物料组分列表说明，表示该处物料组分发生了变化（名称、流量、含量等），每项均应标出合计数。

三、绘制 PFD 图

1. 绘制规定

绘制 PFD 图时，一般以车间、工段或设备装置为单元进行绘制，设备外形不一定按比例绘制，可仅画出设备的外形轮廓，采用加长 2 号或 3 号幅面长边的图幅，也可以采用其他图幅。常见管道流程线的画法见表 2—1。

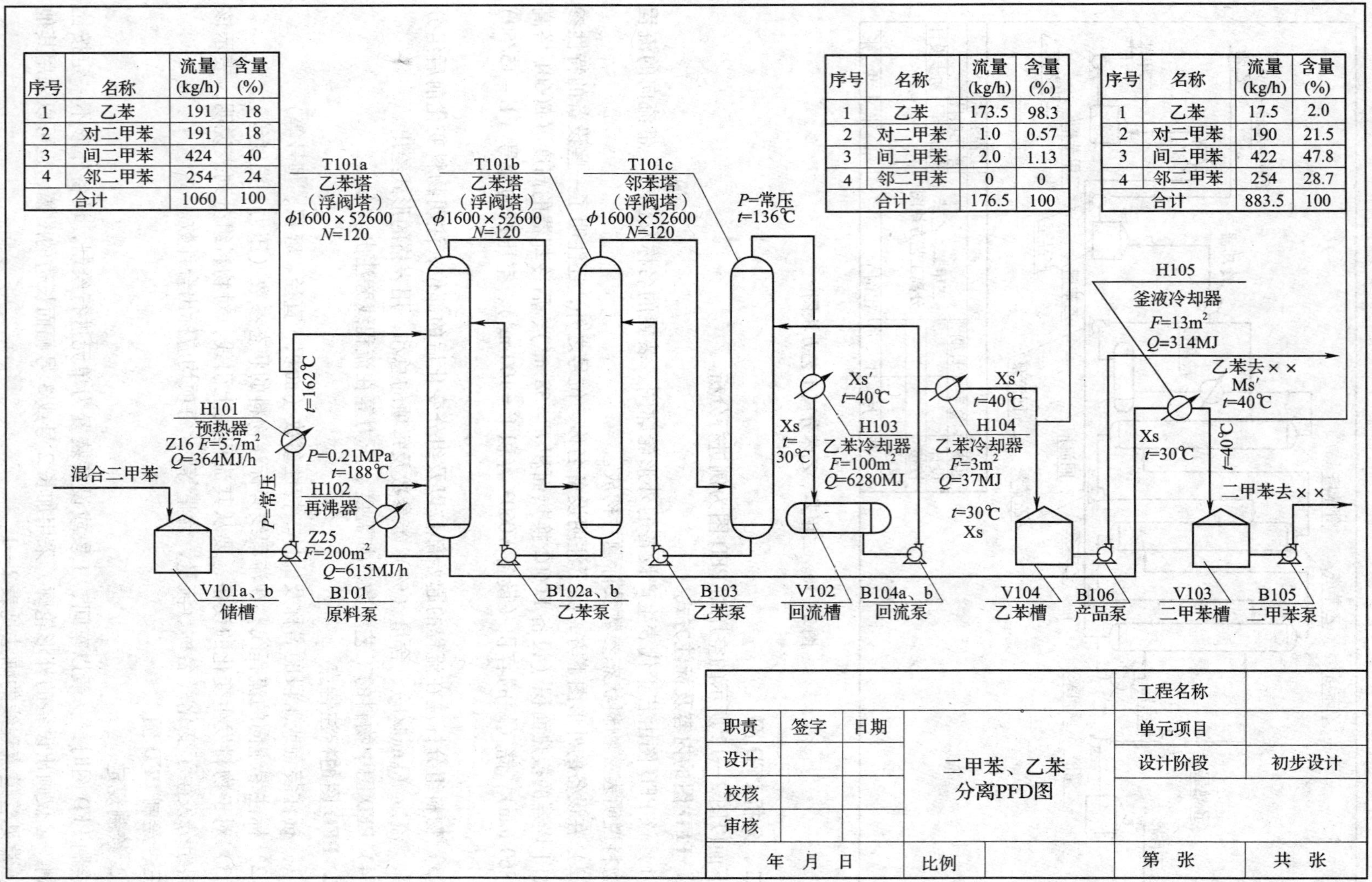

序号	名称	流量 (kg/h)	含量 (%)
1	乙苯	191	18
2	对二甲苯	191	18
3	间二甲苯	424	40
4	邻二甲苯	254	24
合计		1060	100

序号	名称	流量 (kg/h)	含量 (%)
1	乙苯	173.5	98.3
2	对二甲苯	1.0	0.57
3	间二甲苯	2.0	1.13
4	邻二甲苯	0	0
合计		176.5	100

序号	名称	流量 (kg/h)	含量 (%)
1	乙苯	17.5	2.0
2	对二甲苯	190	21.5
3	间二甲苯	422	47.8
4	邻二甲苯	254	28.7
合计		883.5	100

图 2—11　二甲苯、乙苯分离 PFD 图

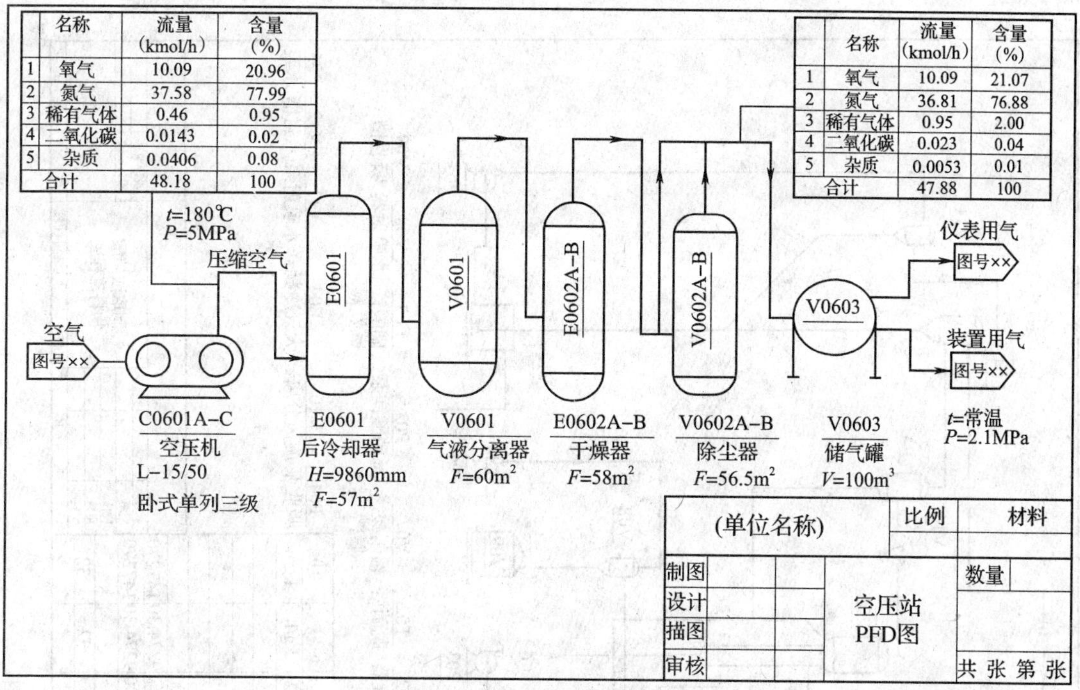

图 2—12　空压站 PFD 图

表 2—1　　**常见管道流程线的画法**

名称	图例		
	名称	线型	线宽
主要物料管线	粗实线	————————	*d*
主要物料埋地管线	粗虚线	- - - - - - - -	*d*
辅助物料及公用系统管线	细实线	————————	(1/2 ~2/3) *d*
辅助物料及公用系统埋地管线	细虚线	- - - - - - - -	(1/2 ~2/3) *d*
仪表管线	细虚线	- - - - - - - -	*d*/3
原有管线	粗双点画线	——··——	*d*

实际工程制图中，主要管线用粗实线（0. 8 ~1. 2 mm）绘制，辅助管线用细实线（0. 4 ~0. 8 mm）绘制。

2. 绘制步骤

以某车间制取浓硝酸 PFD 图（见图 2—13）为例，PFD 图的绘制步骤如下：

（1）按照确定的工艺路线以及设备外形，从左至右先画出设备及装置外形图，设备之间留有适当间隙，用以标注设备的名称、位号以及布置流程线和标注物料性能参数。

（2）主要物料管线用粗实线，辅助物料管线用细实线表示，物料的流向用箭头表示。

（3）设备状态参数的引线以及表格线用细实线表示。

（4）当物料组分复杂、数据多，在流程图中列表有困难时，也可在流程图的下部，按流程图的顺序自左至右列表，用“○”或“◇”表示，并编排顺序号，如①、②、③等。

绘制 PFD 图时应注意以下几点：

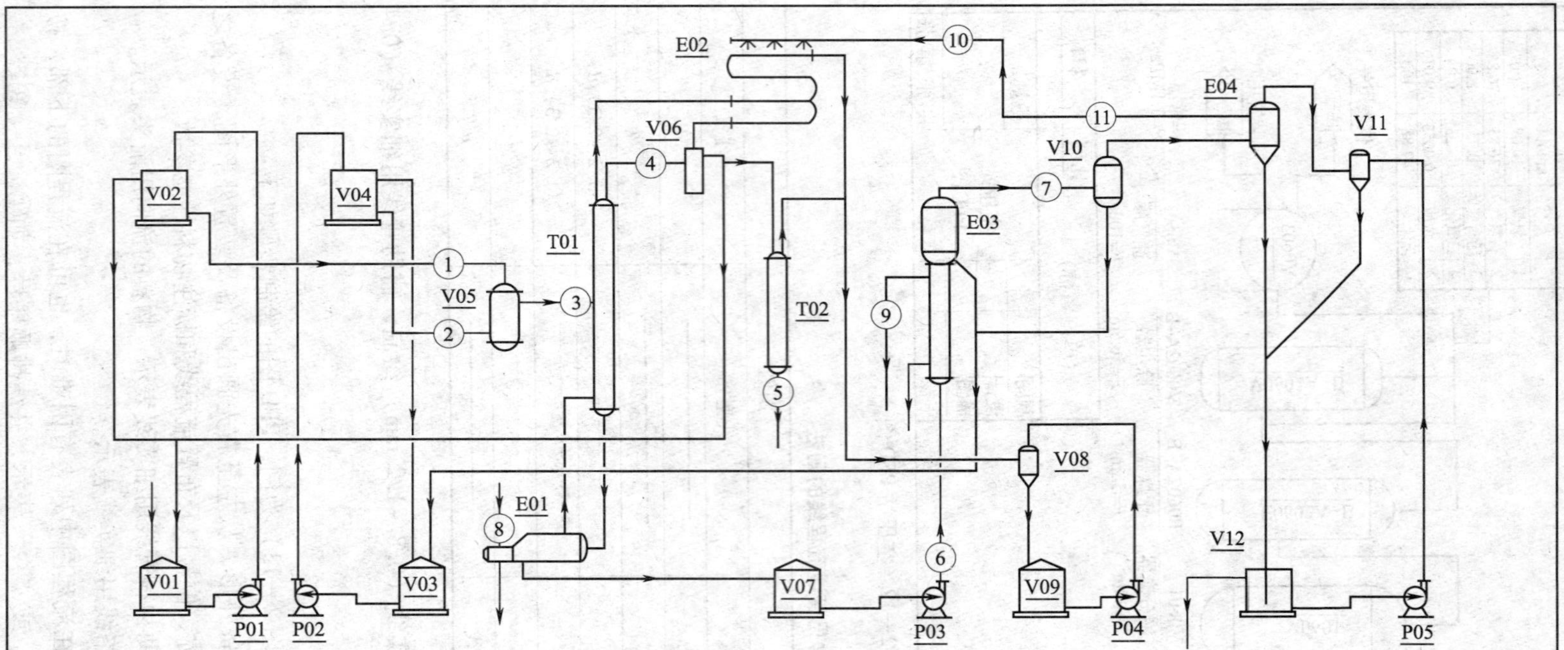

V01 稀硝酸储槽 V02 稀硝酸高位槽 P01 稀硝酸泵 P02 浓硝酸镁泵 V03 浓硝酸镁储槽 V04 浓硝酸镁高位槽 V05 混合分配器 E01 硝酸镁加热器 T01 浓缩塔 V06 稀硝酸储槽 E02 冷凝器 T02 脱硝塔 V07 稀硝酸镁储槽 P03 稀硝酸镁泵 E03 硝酸镁蒸发器 V08 水喷射器 V09 吸收槽

P04 吸收泵 V10 旋风分离器 E04 大气冷凝器 V11 水喷射泵 V12 水封槽 P05 水泵

物流号		①	②	③	④	⑤	⑥	⑦	⑧	⑨	⑩	⑪
单位		kg/h	kg/h	kg/h	kg/h	kg/h	kg/h	kg/h	kg/h	kg/h	kg/h	kg/h
组分	HNO_3	1024.97		1024.97	2000.00	1000.00	12.60					
	$Mg(NO_3)_2$		8199.72	8199.72			8199.40					
	H_2O	1252.73	3188.78	4441.51	40.00	20.00	4434.50					
	N_2O_4				2.10							
	蒸气							1232.80	1628.00	1034.00		
	循环水										9274.30	147270
	总计	2277.70	11388.50	13666.20	2042.10	1020.00	12646.50	1232.80	1628.00	1034.00	9274.30	147270
压力（绝对）		常压	常压	常压			常压					
温度（℃）		20	140	110	40	35	170	160	194	194	32	32
真空度					>100mmHg	>100mmHg			550~700mmHg			

设计			制取浓硝酸 物料流程图	设计项目	
制图				设计阶段	
校核					
审核					
审定					
年 月 日			比例　专业　工艺	第1张	共1张

图2—13 某车间制取浓硝酸PFD图

（1）为了流程图的美观，应考虑总体布局合理。

（2）所有流程线均不可穿越设备。

（3）流程线应尽量避免交叉。遇到流程线交叉时，一般遵循的原则是，主物料流程线优先，然后是辅助物料流程线，当同类物料流程线交叉时，要统一画法，即全部横让竖（断开横线）或竖让横（断开竖线）。

（4）绘制流程线时，要预先考虑标注位置的预留，如标注设备位号、管道号、仪表及取样点等，以免造成返工。

（5）为确保流程图图面整洁，所有流程线先用细实线画出，待图样标注完成后，再对管线加深。

（6）管道及附件的画法按照《管道及仪表流程图中管道、管件、阀门及管道附件图例》的规定执行（参见本书附表 1）。

3. PFD 图的绘制实例

以残液蒸馏系统物料流程图的绘制为例进行说明，物料残液进入蒸馏反应釜 R0601 中，用蒸气加热汽化物料残液，汽化后的物料进入冷凝器 E0601 被冷凝为液态，该液态物料流经真空受槽 V0605AB 排出到物料储槽。蒸馏反应釜 R0601 底部蒸馏残液去残渣受槽。

（1）选择合适的图纸，先用细实线划分图中各区域（流程图绘制区、设备位号及名称标注区等），按照流程的先后顺序画出各设备，如图 2—14 所示。《管道及仪表流程图中设备、机器图例》参见本书附表 2。

（2）用细实线按照流程顺序和物料种类，逐一画出各流程线。交叉的流程线绘制时要有一方断开，如图 2—15 所示。

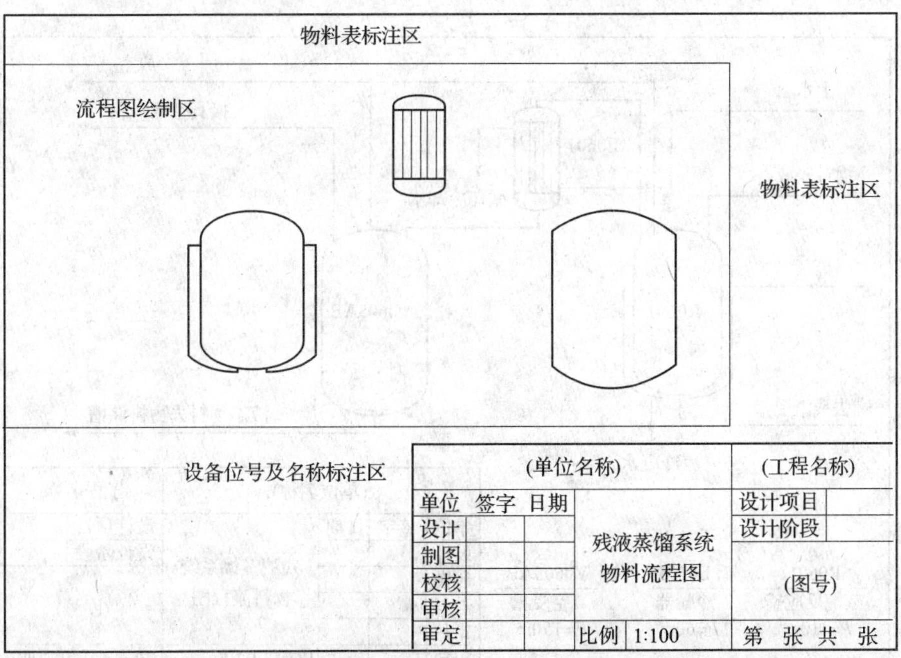

图 2—14 残液蒸馏系统物料流程图绘制步骤一

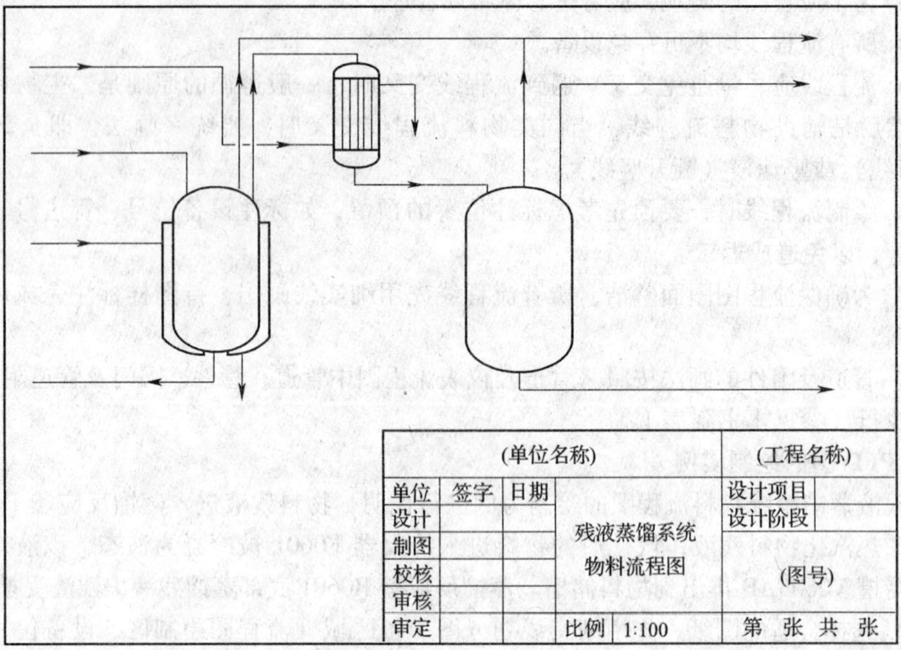

图 2—15　残液蒸馏系统物料流程图绘制步骤二

（3）按照绘制顺序，详细检查流程图，对错画、漏画处进行修改或补画，并将主物料管线加粗为粗实线和画出流程线箭头，辅助物料管线用细实线。标注各物料来源及去向，标注各设备名称、位号及物料特征参数，如图 2—16 所示。

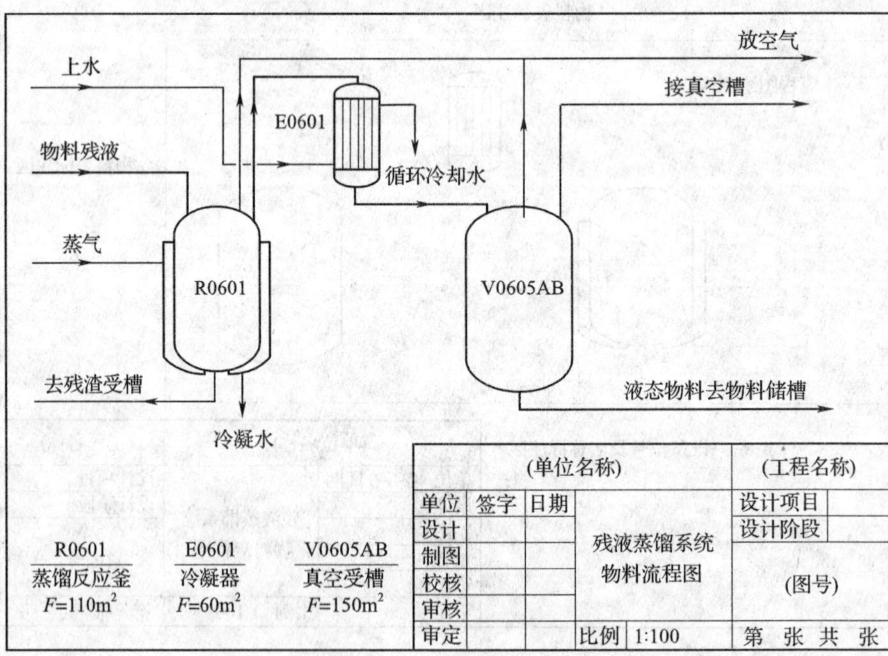

图 2—16　残液蒸馏系统物料流程图绘制步骤三

（4）最后绘制物料表，填写标题栏，并加注相应的文字说明，即完成残液蒸馏系统物料流程图的绘制，如图 2—17 所示。

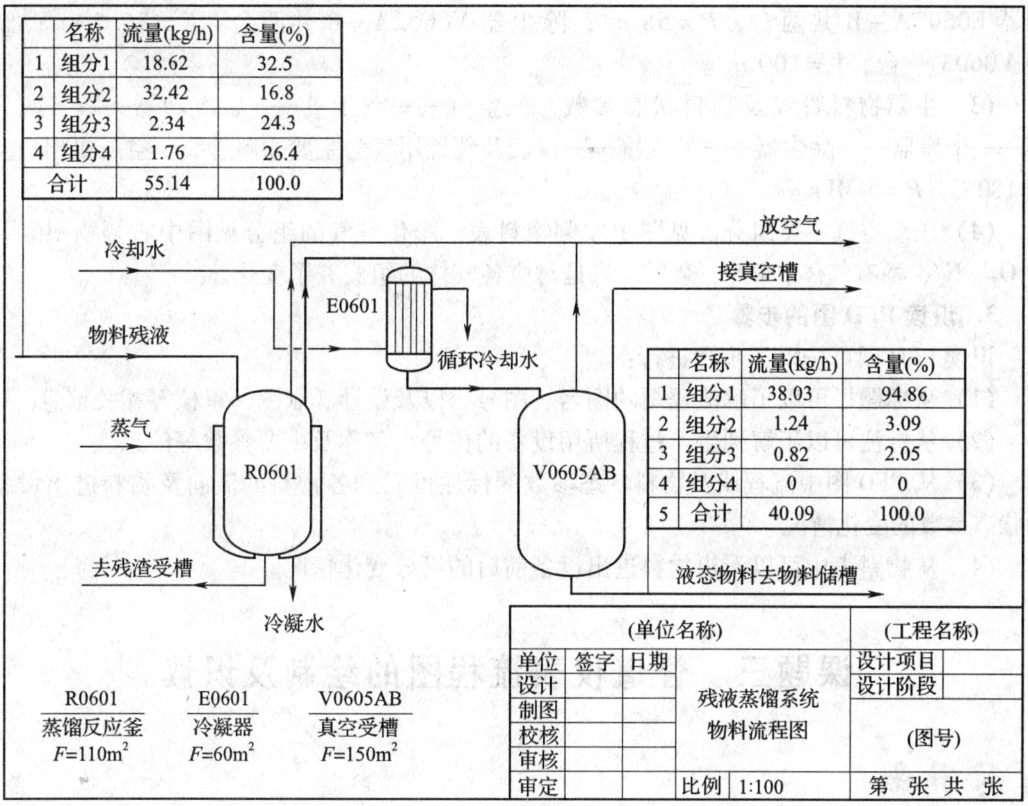

图 2—17　残液蒸馏系统物料流程图绘制步骤四

四、识读 PFD 图

1. 识读 PFD 图的注意事项

（1）识读标题栏，了解单位名称、图样名称、图号、设计阶段等信息。

（2）了解主要物料、辅助物料、产品、副产品的情况。

（3）了解工艺流程中主要设备或装置的名称、位号及物料走向。

（4）了解物料进入各装置或设备前后的组分、温度、压力等状态参数的变化情况。

（5）了解需用的公用物料的要求，如冷却剂、加热剂、空气等的正常使用量、最大或最小使用量，以及用后的去向及状态。

（6）PFD 图有时将同类型设备只画出一台，故 PFD 图只表示物料通过这类设备或装置的物料量，而不能表明设备或装置的数量。

（7）PFD 图上物料流量或其他参数指的都是正常工艺控制指标，不包括开车时的物料量等参数。

2. PFD 图识读实例

以空压站 PFD 图（见图 2—12）为例，识读空压站 PFD 图得到如下信息：

（1）图样名称为空压站 PFD 图，以及相关信息（设计、制图、审核等）。

（2）PFD 图中主要设备名称、位号及性能参数，如卧式单列三级空压机 C0601A－C 共三台；后冷却器 E0601 一台，$F=57\ m^2$；气液分离器 V0601 一台，$F=60\ m^2$；干燥器 E0602A－B 共两台，$F=58\ m^2$；除尘器 V0602A—B 共两台，$F=56.5\ m^2$；储气罐 V0603 一台，$V=100\ m^3$。

（3）主要物料管线及物料状态参数，如空气——空压机——后冷却器——气液分离器——干燥器——除尘器——储气罐——仪表及装置用气为主要物料管线，空压机出口空气 $t=180℃$、$P=5$ MPa 等。

（4）压缩空气主要组分。见图中左侧物料表，净化空气的组分见图中右侧物料表，均为 O_2、N_2、稀有气体、CO_2、杂质，只是对应各气体的组成有了变化。

3. 识读 PFD 图的步骤

识读 PFD 图可按以下步骤进行：

（1）从标题栏可以了解流程图的图名、图号，以及设计、制图、审核等相关信息。

（2）从标注可以了解到生产过程所用设备的位号、名称及主要参数等信息。

（3）从 PFD 图中流程线及物料状态参数的标注可看到各物料的流向及物料进出设备前后状态参数的变化情况。

（4）从物料表中可以看出物料进出设备前后的组分变化情况。

课题三　管道仪表流程图的绘制及识读

学习目标

通过本课题的学习，了解管道仪表流程图（也称 PID 图）的内容及作用，能识读较复杂的管道仪表流程图，掌握一般管道仪表流程图的绘制方法和绘制技巧。

一、认识 PID 图

PID 图即管道仪表流程图，又称带控制点的工艺流程图，由工艺流程图加仪表控制点及管道编号等组成，是在完成设备设计、流程控制系统确定后绘制的。PID 图是绘制设备布置图和管道布置图的依据，是企业管理、试运转、操作、维修和开停车等所需的完整技术资料的重要组成部分，也是指导施工、操作、运行及检修的指南，PID 图适用于技术工人及技术员对该装置全面了解和掌握。PID 图是包括所有装置的流程图，流程图中包括所有设备、管道、仪表、阀门、分析取样点等。

1. PID 图的主要内容

以图 2—18 为例，PID 图的主要内容如下：

（1）标题栏，包括单位名称、图样名称、图号、设计阶段等。

（2）全部设备的示意图，以及设备类型、数量、名称及位号。

（3）各管道的编号（物料代号、公称直径、公称压力、材料、隔热、保温）及物料流向等。

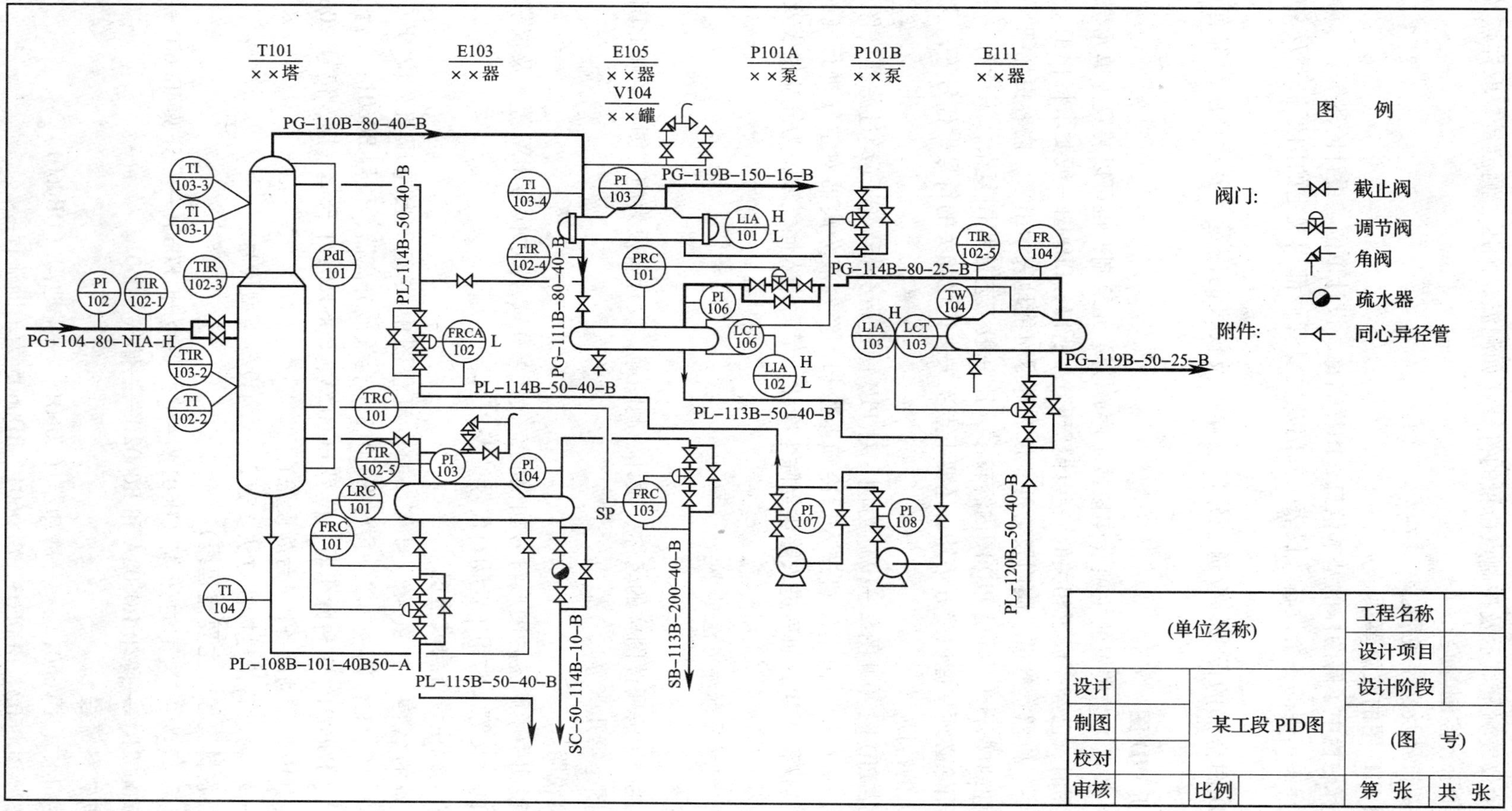

图 2—18 某工段 PID 图

（4）各种仪表测量显示及控制点位置的符号（如测温、测压、测流量、取样点及温度、压力、流量显示、控制等）。

（5）图例符号及文字说明。

2. 认识 PID 图的注意事项

（1）从标题栏中了解图样的基本信息，图样名称、设计单位、设计阶段等。

（2）图样中出现的各个设备、仪表、阀门及主要管件都用规定的图形符号及文字代号绘制。

（3）PID 图全部的设备、管道、分析取样点及仪表的测量、显示、控制都有详细的标注。

二、分析 PID 图

PID 图一般以工艺装置的主项（工段或工序）为单元绘制，也可以装置为单元绘制。由于绘制 PID 图时，已经完成了相关的一些计算环节，所以，PID 图一般要求将化工工艺和所需的全部设备、机器、管道、阀门及管件、仪表等尽可能地表示出来，内容更详细，但仍然是一种示意性的展开图。可见 PID 图内容较多，比一般工艺流程图复杂，识读有一定难度，要学好 PID 图除必须掌握识读方法外，还要下点工夫去记忆相关的符号、代号等，这对学习 PID 图有很大的帮助。

以空压站 PID 图（见图 2—19）为例，对 PID 图进行分析：空气经过滤器（图中未画出）进入空压机压缩，由空压机进入后冷却器冷却，经气液分离器对空气进行气液分离。再进入干燥器进行干燥，而后进入除尘器除尘净化，最后进入储气罐，为气动仪表及生产装置供气。

PID 图的图示及标注方法如下：

1. 标题栏

从标题栏中了解所读图样的名称、设计、制图等，设计阶段为施工图，了解此图样共分为几张，此图是第几张等。

2. 图例说明

从图例说明中了解各种图形符号如仪表空气代号 IA、原水代号 RW 等，及仪表、阀门与其他代号的意义等。常用工业物料代号见表 2—2。

3. 整个流程中设备构成情况

了解设备的名称、数量及位号等，如本流程图中共有 3 台空压机，位号 C0601A、C0601B、C0601C；1 台后冷却器，位号 E0601；1 台气液分离器，位号 R0601；2 台干燥器，位号 E0602A、E0602B；2 台除尘器，位号 R0602A、R0602B；1 台储气罐，位号 V0601，共 10 台设备（其中 3 台动设备，7 台静设备）。

如图 2—20 为设备位号标注方法。表 2—3 为设备类型代号。

4. 主要物料流程（主要流程线）

主要流程线为：空气的压缩 C0601A－C——冷却 E0601——分离 R0601——干燥 E0602A 和 E0602B——除尘 R0602A 和 R0602B——储气 V0601。

5. 辅助物料流程

（1）冷却水（RW0601）——冷却器（E0601）—排地沟（DR0601）。

（2）排污 BD0602、BD0603、BD0604、BD0605 为辅助流程线。

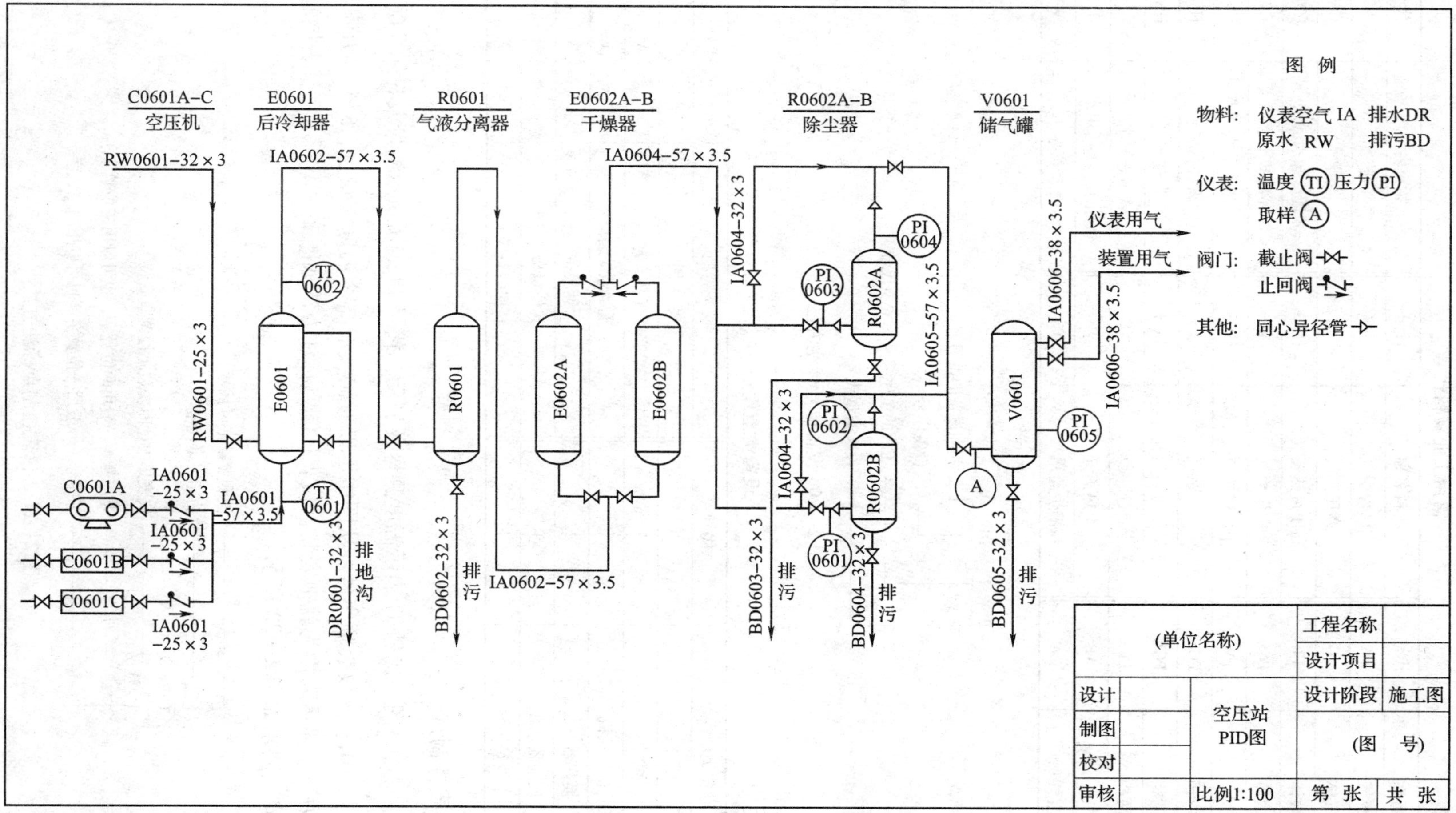

图 2—19 空压站 PID 图

表 2—2　　　　　　　　　　　　　**常用工业物料代号**

物料名称	代号	物料名称	代号	物料名称	代号
工艺空气	PA	仪表空气	IA	消防水	FW
工艺气体	PG	高压蒸气	HS	化学水	CSW
工艺液体	PL	高压过热蒸气	HUS	循环冷却水回水	CWR
工艺固体	PGS	中压蒸气	MS	循环冷却水上水	CWS
工艺水	PW	中压过热蒸气	MUS	热水回水	HWR
气固两相	PGS	低压蒸气	LS	热水上水	HWS
气液两相	PGL	低压过热蒸气	LUS	脱盐水	DNW
液固两相	PLS	蒸气冷凝水	SC	软水、原水	SW、RW
空气	AR	半热蒸气	TS	饮用水、生活用水	DW
压缩空气	CA	锅炉给水	BW	生产废水	WW

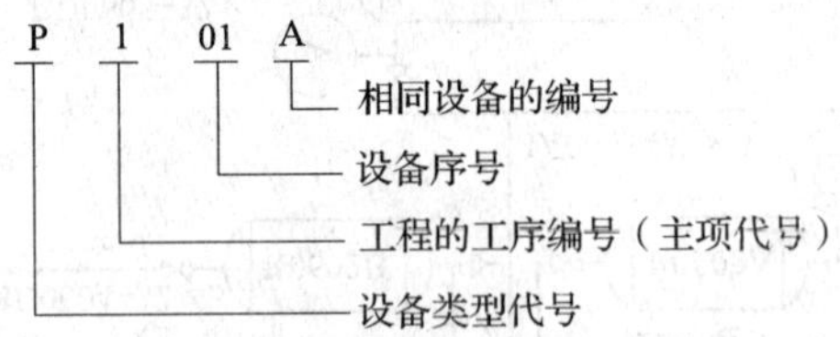

图 2—20　设备位号标注方法

表 2—3　　　　　　　　　　　　　**设备类型代号**

设备类型	代号	设备类型	代号
塔	T	火炬、烟囱	S
泵	P	容器（槽、罐）	V
压缩机、风机	C	起重运输装备	L
换热器	E	计量装备	W
反应器	R	其他机械	M
工业炉	F	其他装备	X

6. 仪表控制点

如(TI 0601)(PI 0601)，图中代号 TI 表示温度测量及显示，代号 PI 表示压力测量及显示，06 表示仪表工序号，01 表示仪表顺序号。从图中可以看出共有 2 个温度测量点，5 个压力测量点，温度及压力测量显示表均为就地安装。仪表控制点标注方法如图 2—21 所示，仪表控制点标注及仪表安装要求如图 2—22 所示。

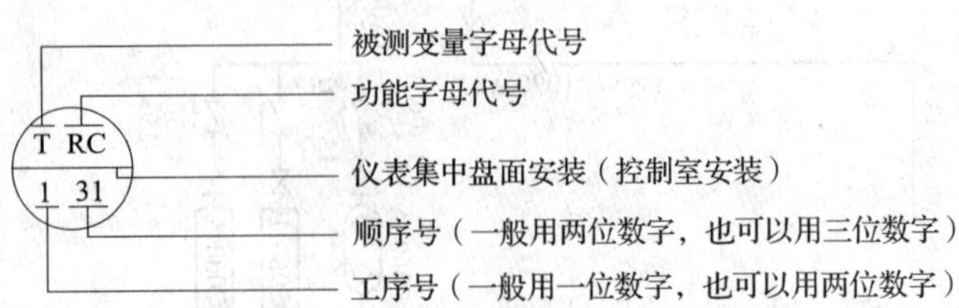

图 2—21　仪表控制点标注方法

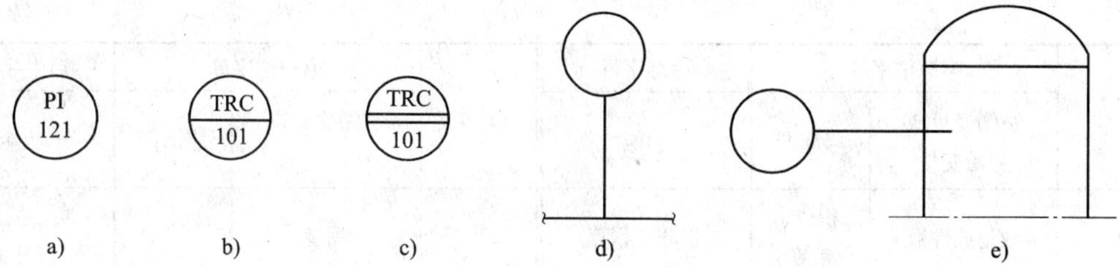

图 2—22　仪表控制点标注及仪表安装要求

a）就地安装　b）集中盘面安装　c）就地盘面安装　d）管道仪表测量点　e）设备仪表测量点

图 2—22a 表示仪表就地（现场）安装，符号 P 代表测量压力，符号 I 表示显示，PI 代表测量压力及显示，工序号为 1，顺序号为 21；图 2—22b 中，符号 T 代表测量温度，R 代表记录，C 代表控制，工序号为 1，顺序号为 01；圆圈中没有线表示该仪表就地（现场）安装，有单实线表示该仪表集中盘面（控制室）安装；图 2—22c 中有双实线表示该仪表就地（现场）盘面安装。

仪表安装位置图形符号见表 2—4，仪表功能字母代号见表 2—5。

表 2—4　　　　仪表安装位置图形符号

	现场安装	控制室安装	现场盘面安装
单台常规仪表	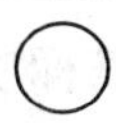	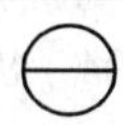	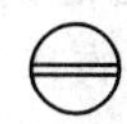
DCS	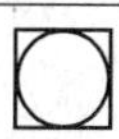	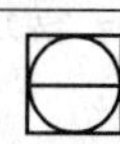	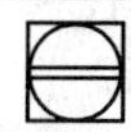
计算机功能	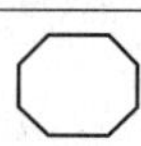	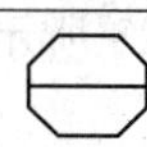	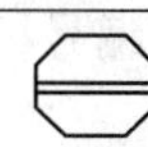
可编程逻辑控制	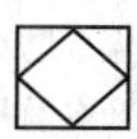	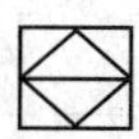	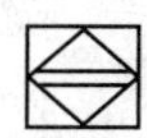

表 2—5　　　　仪表功能字母代号

字母	第一位字母		后继字母	字母	第一位字母		后继字母
	被测变量或初始变量	修饰词	功能		被测变量或初始变量	修饰词	功能
A	分析		报警	I	电流		指示
B	喷嘴火焰		供选用	J	功率		
C	电导率		控制	K	时间或时间程序	扫描	自动—手动操作器
D	密度			L	液位		指示灯
E	电压（电动势）		检出元件	M	水分或湿度		
F	流量	差		N	供选用		供选用
G	尺度（尺寸）		玻璃	O	供选用		节流孔
H	手动（人工触发）	比（分数）		P	压力或真空		试验点（接头）

续表

字母	第一位字母		后继字母	字母	第一位字母		后继字母
	被测变量或初始变量	修饰词	功能		被测变量或初始变量	修饰词	功能
Q	数量或件数	积分、积算	积分、积算	V	黏度		阀、挡板、百叶窗
R	放射性		记录或打印	W	质量或力		套管
S	速度或频率	安全	开关或连锁	X	未分类		未分类
T	温度		传送	Y	供选用		继动器或计算器
U	多变量		多功能	Z	位置		驱动、执行或未分类的执行器

7. 根据图例中的符号和代号识读各阀门

流程图中阀门主要有两种，一种是止回阀，共5个，装在空压机出口和干燥器出口处，其他23个均为截止阀，控制各设备的物料进程。

8. 管道的基本参数

管道的基本参数，如PG－104－80－NIA－H等，其标注方式如下：

物料代号－工程的工序编号－管道公称直径－管道等级－管道隔热、保温、防火、隔声代号

管道编号标注方法如图2—23所示。

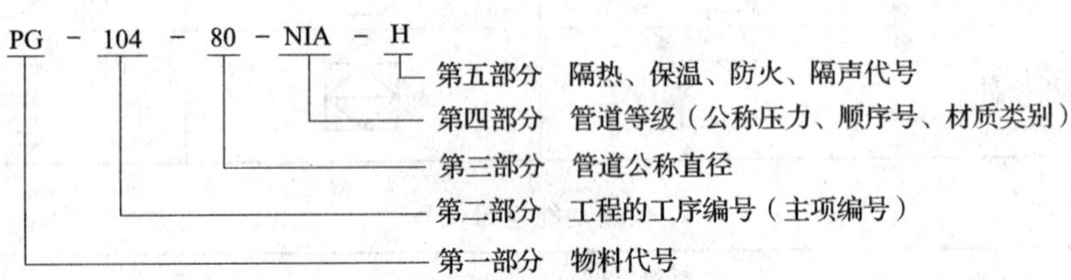

图2—23　管道编号标注方法

管道公称压力代号见表2—6，管道材质代号见表2—7。

表2—6　　管道公称压力代号

公称压力/MPa	代号	公称压力/MPa	代号
1.0	L	16	S
1.6	M	20.0	T
2.5	N	22.0	U
4.0	P	25.0	V
6.4	Q	32.0	W
10.0	R		

表 2—7　　管道材质代号

材质名称	代号	材质名称	代号
铸铁	A	不锈钢	E
碳钢	B	有色金属	F
普通低合金钢	C	非金属	G
合金钢	D	衬里、内防腐	H

管道隔热、保温、防火、隔声代号见表 2—8。

表 2—8　　管道隔热、保温、防火、隔声代号

<table>
<tr><th colspan="2" rowspan="2">类别</th><th colspan="2">功能类型代号</th><th rowspan="2">备注</th></tr>
<tr><th>通用代号</th><th>专用代号</th></tr>
<tr><td>隔热</td><td>隔热
隔冷
人身保护（防烫）
防冻
防表面结露</td><td>I</td><td>H
C
P
W
D</td><td>采用隔热材料
采用隔冷材料
采用隔热材料
采用隔热材料
采用隔热材料</td></tr>
<tr><td rowspan="2">保温</td><td>蒸气伴热管
热（冷）水伴管
热（冷）油伴管
特殊介质伴热（冷）管
电伴热（电热带）</td><td>T</td><td>T
TW
TO
TS
TE</td><td>伴管和采用隔热材料
伴管和采用隔热材料
伴管和采用隔热材料
伴管和采用隔热材料
电热带和采用隔热材料</td></tr>
<tr><td>蒸气夹套
热（冷）水夹套
热（冷）油夹套
特殊介质夹套</td><td>J</td><td>J
JW
JO
JS</td><td>夹套管和采用隔热材料
夹套管和采用隔热材料
夹套管和采用隔热材料
夹套管和采用隔热材料</td></tr>
<tr><td colspan="2">防火</td><td>F</td><td>F</td><td>采用耐火材料、涂料</td></tr>
<tr><td colspan="2">隔声</td><td>N</td><td>N</td><td>采用隔声材料</td></tr>
</table>

三、绘制 PID 图

为保证绘图质量和提高绘图效率，在绘制 PID 图前，应根据选定的图幅和草图的内容进行 PID 图的图面布置，然后再绘制 PID 图。

1. 图面布置

（1）PID 图图面布置的注意事项

1）绘图时布置设备，应按流程从左到右进行，同时也应兼顾管道的连接。PID 图的绘制区域一般确定为图纸的中上部（下部预留标注设备名称及位号的位置），或者反之，绘图

区域上下宽度要占图幅的4/5左右。

2）静设备（无动力驱动）一般绘制在图面水平中线偏上，如塔、反应器、储罐、换热器、加热炉等。动设备（有动力驱动）一般绘制在图面水平中线偏下，如泵、压缩机、鼓风机、振动机械、离心机、运输设备、称量设备等。

3）设备不必按实际比例绘制，总图面的设备应合理分布，应尽可能缩短物料流程线的长度，减少物料流程线的转折与交叉，当绘制流程线出现相交现象时（工艺流程线不相交），需要断开其中一条。物料流程线进出设备接口的相对位置应与实际情况相近，并应与相关设备、管道、阀门、仪表相关的文字、符号、代号标注保留足够的空间，一般流程线间距不小于5 mm。

4）设备位号及名称要标注在流程图的上方或下方，如设备较多或有两排设备，可上下同时标注，应尽可能在同一水平线上，除设备外，其他仪表、流量计、阀门、重要管件和控制系统的信号线，以及相关的符号、代号等，均应集中给出图例，图例的大小应与图中的实际大小相同，一般图例布置在图纸右上角或图纸左下角。

5）对于没有安装高度要求的设备，在图面上的位置要符合流程线的流向，以便于管道的连接。对于有安装高度要求的设备，要在图面上适宜位置表示出这个设备与地面或其他设备的相对位置。

（2）管道仪表流程图的一般图面布置

管道仪表流程图的一般图面分为管道仪表流程图绘制区、设备位号及名称标注上区、设备位号及名称标注下区、图例标注区、备注栏区、修改记录表区和标题栏区，如图2—24所示。

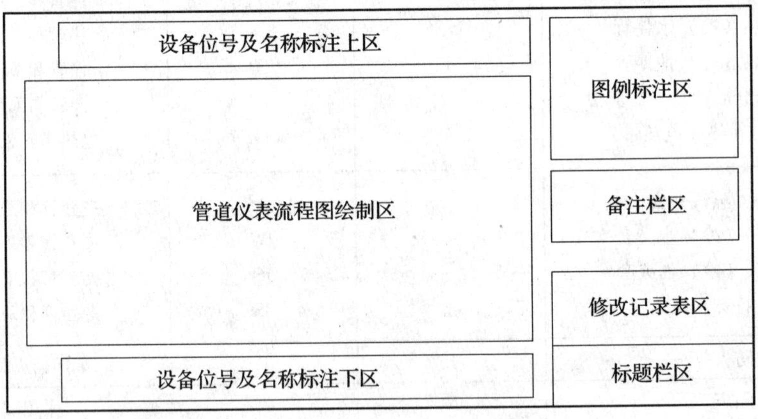

图2—24　管道仪表流程图的一般图面布置

2. 管道仪表流程图的绘制

管道仪表流程图的绘制步骤如下：

（1）根据图幅确定单个设备的大小、位置及相互之间的距离，采用细点画线从左至右按流程确定各设备的中心位置，也可以先绘制草图，要注意图面的协调美观。先用细实线按照流程的先后顺序画出各设备，各设备横向及纵向间应留有一定的间距，以便布置流程线及标注仪表符号。

（2）用细实线按照流程顺序和物料种类，逐一画出主要物料流程线及辅助物料流程线，并注意各物料流程线的间距和流向箭头。

（3）用细实线画出管道流程图的阀门、管件以及与工艺有关的检测仪表、调节控制系统、分析取样点的符号和代号。

（4）用细实线绘制完成流程图后，按照绘制顺序，详细检查流程图，对错画、漏画之处进行修改、补齐，按绘图标准将各线条加深加粗。

（5）按照绘制顺序分别对设备、管道、仪表等进行标注（设备位号可参照图 2—20 标注，仪表控制点、管道编号可参照图 2—21、图 2—23 标注）。

（6）给出图例与代号、符号说明，填写标题栏，并加注相应的文字说明，至此，PID 图全部绘制完成。

3. PID 图绘制实例

以压缩空气系统管道仪表流程图为例，说明 PID 图绘制步骤。

（1）选择合适图幅的图纸，先用细实线划分图中各区域（流程图绘制区、设备位号及名称标注区、图例标注区等，见图 2—24），按照流程的先后顺序及工艺流程图中设备、机器图例画出各设备，如图 2—25 所示。

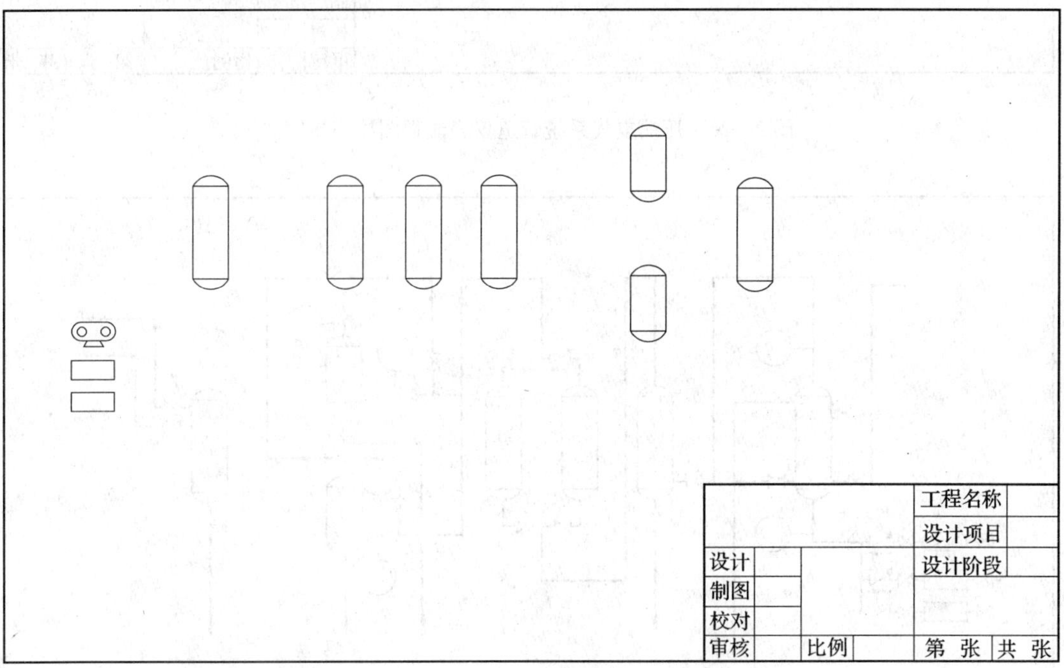

图 2—25　压缩空气系统管道仪表流程图绘制步骤一

（2）用细实线按照流程顺序和物料种类，逐一画出各流程线，如图 2—26 所示。

（3）用细实线画出 PID 图的阀门、管件（图例见附表 3）以及与工艺有关的检测仪表、调节控制装置、分析取样点的符号和代号。

（4）绘制完成后，按照绘制顺序，详细检查流程图，对错画、漏画之处进行修改、补画，并将主物料流程线加深为粗实线和画出物料流向箭头，辅助物料流程线用细实线，如图 2—27 所示。

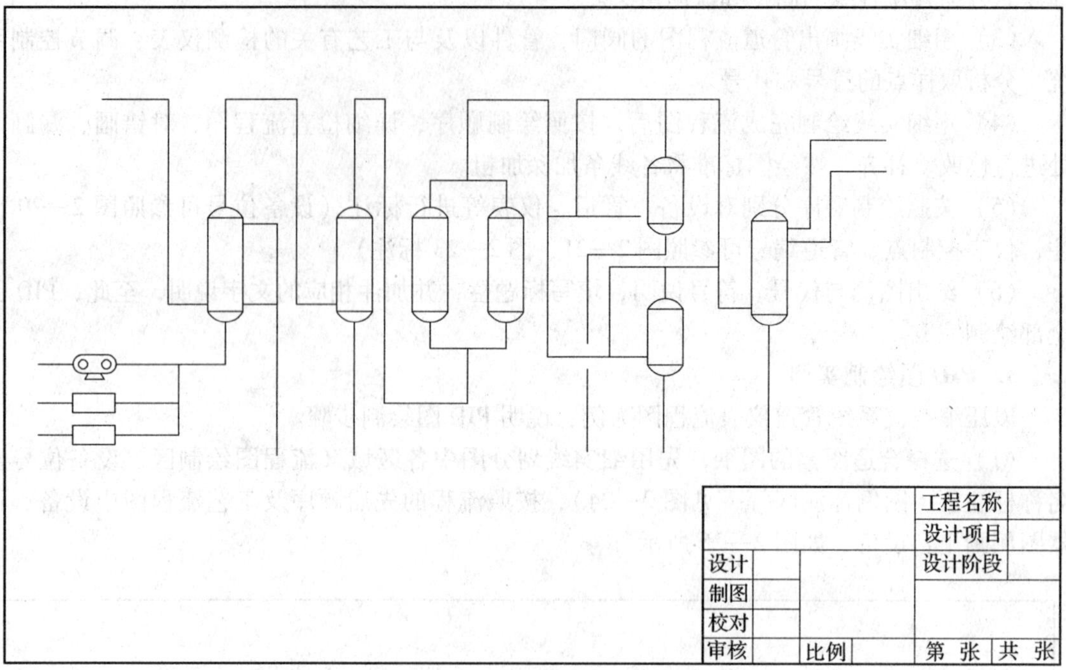

图 2—26　压缩空气系统管道仪表流程图绘制步骤二

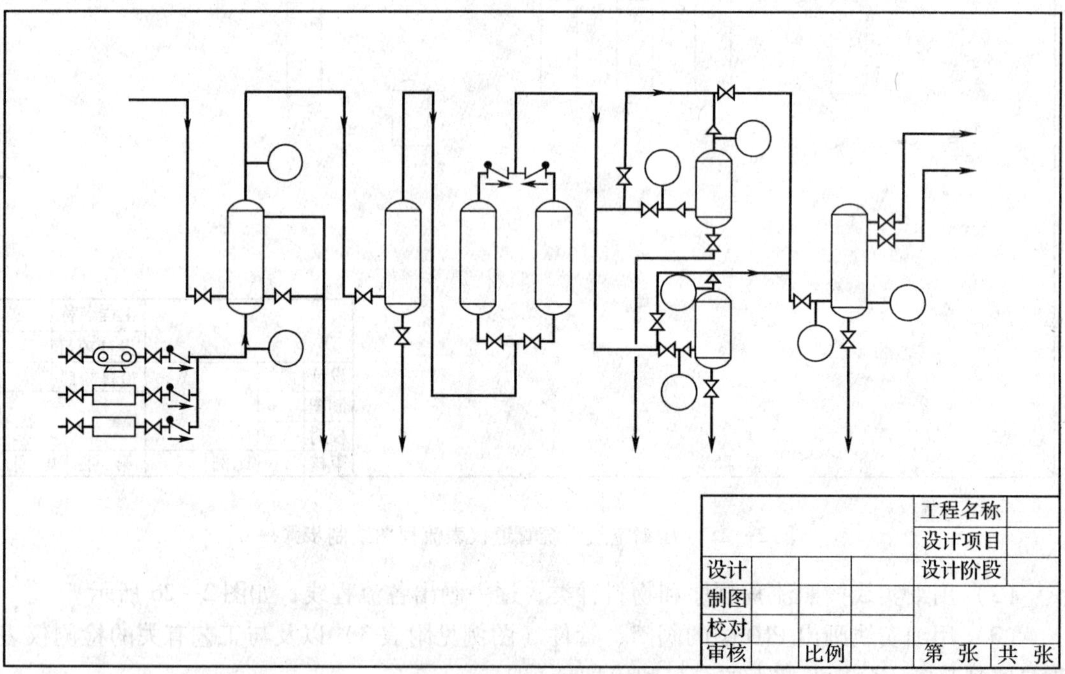

图 2—27　压缩空气系统管道仪表流程图绘制步骤三

（5）按绘图标准分别对设备、管道等进行标注，给出图例与代号、符号说明，填写标题栏，并加注相应的文字说明，如图 2—28 所示。

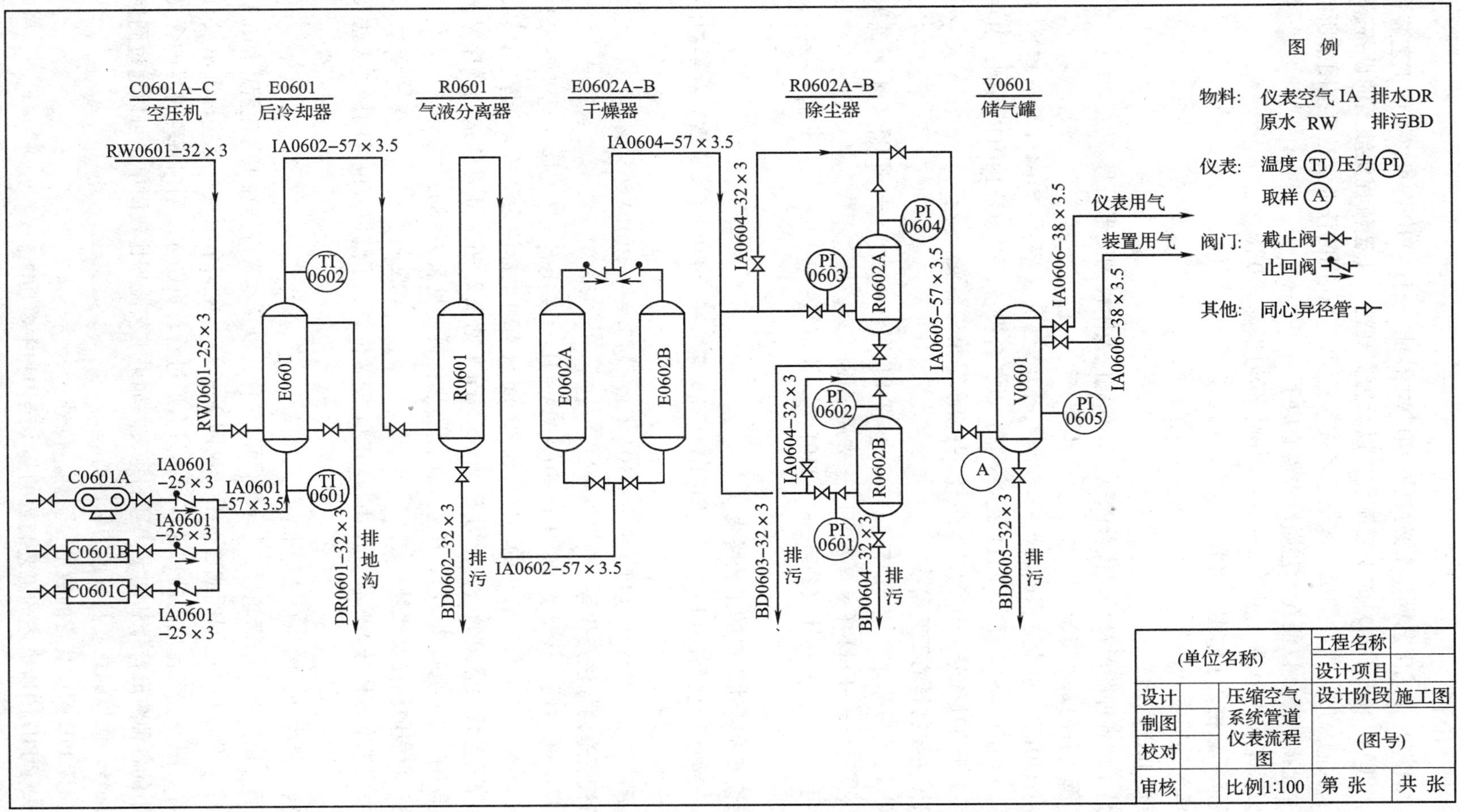

图 2—28 压缩空气系统管道仪表流程图绘制步骤四

四、识读 PID 图

识读 PID 图是化工工艺操作工必备的一项基本技能，通过 PID 图可以了解工艺装置的结构和功能，PID 中给出了物料的工艺流程，以及为实现这一工艺流程所涉及的设备、管道、阀门和仪表控制点的部位、类型、数量、名称等。识读 PID 图的任务就是要把图中所给出的这些信息完全搞清楚，以便在工艺操作中得心应手。

下面以某工段 PID 图（见图 2—18）为例，学习识读 PID 图。

1. 识读标题栏，了解图样名称

本图样为某工段 PID 图。

2. 识读 PID 图例

目的是了解各种图形符号、代号的意义，如阀门及附件的图形符号。

3. 了解设备的基本情况

图中有 T101（××塔）、E103（××器）、E105（××器）、V104（××罐）、P101A（××泵）、P101B（××泵）、E111（××器）共 7 台设备，以型号 P101B 为例，其中 P 为泵的代号，1 为主项代号，01 为设备序号，B 表示是第二台泵。

4. 识读主要物料的工艺路线

（1）由前工段来的工艺气体（PG）——T101（××塔）——E105（××器）——V104（××罐）——E111（××器）——去后工段。

（2）另一部分工艺气体（PG）——T101（××塔）——E105（××器）——××设备。

5. 识读其他辅助物料的工艺路线

（1）一部分工艺液体（PL）——P101A（××泵）——T101（××塔）——E103（××器）——××设备。

（2）另一部分工艺液体（PL）——V104（××罐）——P101A（××泵）。

6. 识读管道的标注及代号

设备 T101 的进料管代号为 PG 104 – 80 – NIA – H，PG 代表工艺气体（见表 2—2），104 是工程的工序编号，80 代表管道的公称直径 80 mm（有时也标注为管径×壁厚，如：32×3 或 2″、3/4″），N 代表管道的公称压力 P = 2. 5 MPa（见表 2—6），I 是管道的顺序号，A 是管道的材质为铸铁（见表 2—7），H 表示采用隔热材料（见表 2—8）。

7. 识读仪表的标注及代号

由图中仪表字母代号了解仪表作用、功能、安装位置，了解仪表位号的标注方法及安装要求。

经归纳，识读 PID 图的步骤如下：

（1）通过识读 PID 图标题栏，了解图样的名称，以及本张图样在工艺流程中的位置。

（2）首先识读 PID 的图例或首页图（见图 2—29）。在某个项目中有些标准里没有规定的符号，首页图上有自行规定的特殊符号，只有通过看首页图才能明白特殊符号的含义，弄清 PID 图中的各种图形符号和文字代号的意义。如果工艺流程比较简单，可以通过图例读懂各种图形符号、代号的意义及管道的标注等。

（3）识读 PID 图中装置的数量、名称、位号。

（4）识读 PID 图所描述的工艺装置的基本结构和主要功能。

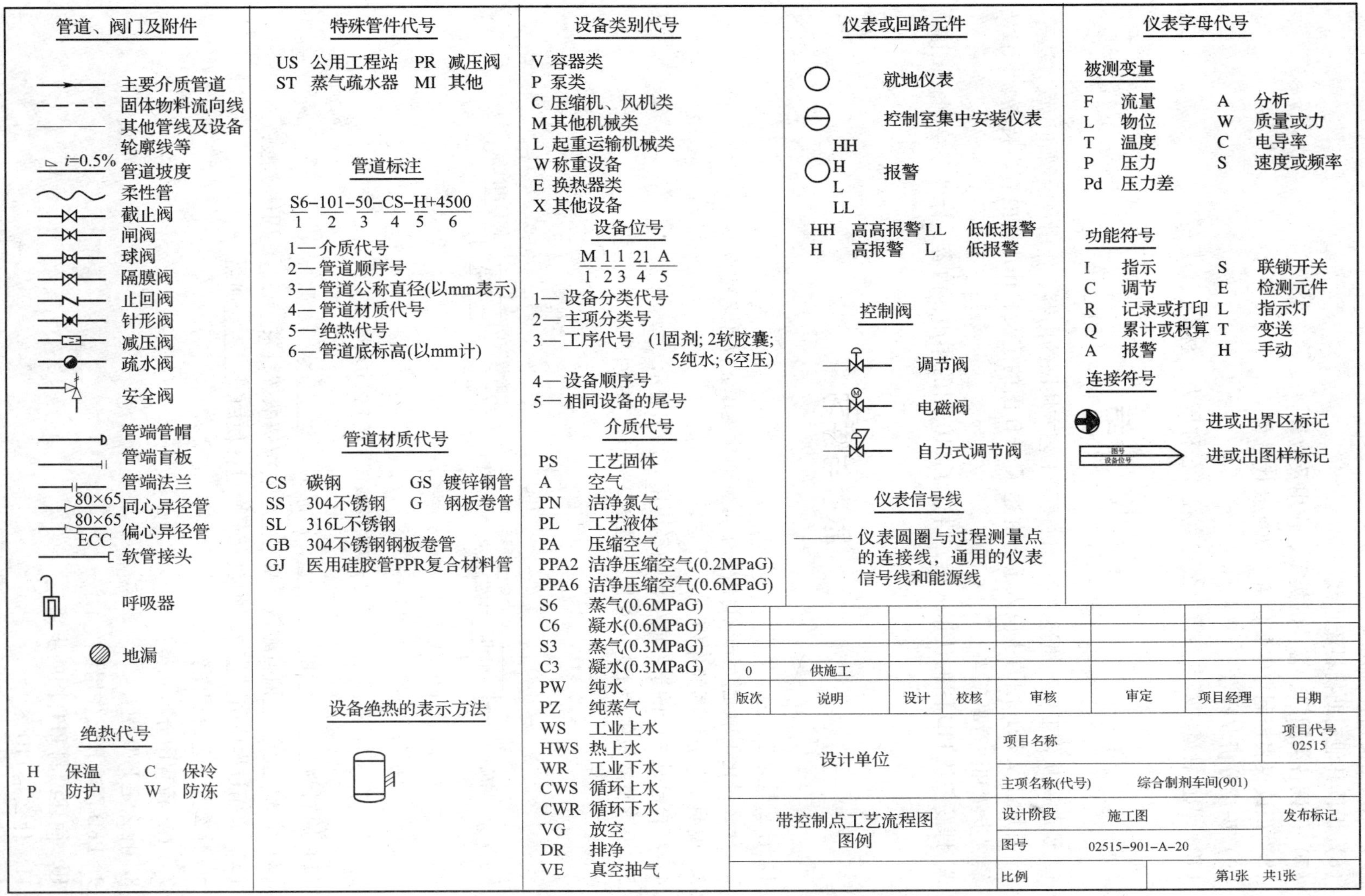

图 2—29 某厂 PID 图首页图

（5）识读主要物料流程线。

（6）识读其他辅助物料流程线。

（7）识读各类阀门、管件的类型、作用及数量。

（8）识读仪表控制点安装位置、功能及代号意义。

（9）识读分析取样点。

（10）识读管道的基本参数（公称直径、公称压力、材质、编号等）。

小　结

1. 课题一从化工生产概述入手，讲述了工艺方块图的内容、作用、绘制和识读方法等。

2. 课题二从 PFD 图的认识入手，讲述了 PFD 图的定义、作用、内容、特点、识读方法、绘制步骤和注意事项等。

3. 课题三从 PID 图的认识入手，讲述了 PID 图的作用、内容、标注、绘制、识读方法等。

思考与练习

1. 什么是化学工业？

2. 什么是化工单元操作？写出几个常见的化工单元操作名称。

3. 说明工艺方块图的作用。

4. 将自己某一天的学习或生活的经历用方块图表示。

5. 识读磷酸铵生产工艺方块图（见图 2—30），并回答以下问题。

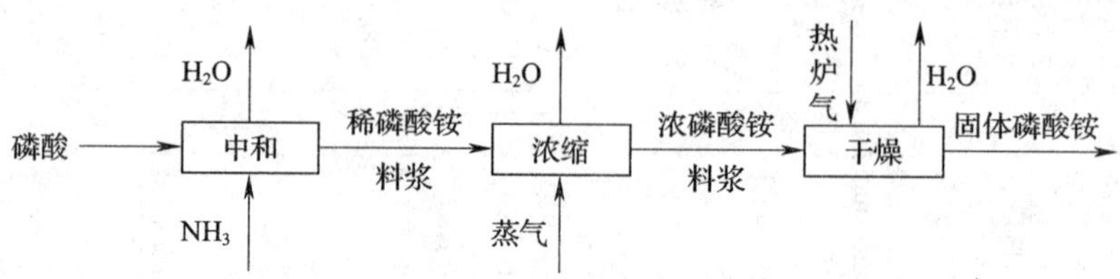

图 2—30　磷酸铵生产工艺方块图

（1）原料为________和________，产品为 ________。

（2）磷酸________稀磷酸铵料浆________浓磷酸铵料浆________固体磷酸铵。

（3）浓缩过程使用________加热，干燥过程使用________加热。

6. 什么是工艺流程图？

7. 工艺流程图分哪几类？

8. 什么是 PFD 图？

9. PFD 图有什么作用？

10. 简述绘制 PFD 图的步骤。

11. 什么是 PID 图？

12. PID 图的作用有哪些？
13. 认识 PID 图从哪几个方面入手？
14. 写出管道仪表流程图的绘制步骤。
15. 写出识读 PID 图的步骤。

模块三　管道图的绘制与识读

课题一　化工管道的基本知识

学习目标

通过本课题的学习，要求学生了解化工管道的概念、组成及作用，了解阀门的分类和作用。

一、化工管道的组成

化工管道也称为化工管路，从广义上讲，管路应包括管子、管件及其附属设施，如图3—1所示。

图3—1　化工管路

通常讲，化工管路是由管子、管件、阀门及管架设施构成的，用来沟通生产中的设备，把设备有机连接起来（如储槽、塔、换热器、反应器等），是输送流体物料（如加热蒸气、冷却水、压缩气体、天然气、煤气等）的通道，使流体物料按工艺路线流动，所以管路是化工生产中不可缺少的部分。化工厂根据所输送物料的特性（腐蚀性、温度及压力等）选取适当的管路结构，并根据物料的输送量计算管路的直径，以确定管路的规格尺寸。

二、化工管道的分类

按工作压力不同，管路可以分为真空管路（工作压力小于0 MPa）、常压管路（工作压力为0 ~ 0.1 MPa）、低压管路（工作压力为0.1 ~ 1.6 MPa）、中压管路（工作压力为1.6 ~ 10 MPa）、高压管路（工作压力为10 ~ 100 MPa）和超高压管路（工作压力大于100 MPa）。

按输送介质的性质不同，管路可以分为输水管路、煤气管路、蒸气管路、空气管路、石油管路、天然气管路和输送酸、碱、盐等腐蚀性介质的管路。

【知识链接】

管道工程专业术语

为了叙述方便和避免发生理解上的歧义，现对管道工程中常用专业术语进行明确表述。

1. 管子

管子指断面形状为封闭环形，有一定壁厚和长度、外表形状均匀的构件。管道工程中采用的管子大多为圆环形断面，但也有极少数为方形或其他形状的断面。

2. 管材

管材指构成管子的主要材料或管子总类的统称。

3. 管段

管段指可以独立加工的一段管子，长径比很小的管段又称为管节或短节。

4. 管线

管线指由若干管段、管件及阀门等组成的相对完整的管道组成部分，常以输送的相同压力、温度的介质命名，如石油管线、天然气管线、给水管线、热力管线等。

5. 管道

管道是所有管线的统称，又称管路。

6. 管网

管网是由若干管线组成的网络或系统，如由消防给水管线、冷却补给水管线、生活用水管线等组成给水管网。

7. 管件

管件是管子的连接件，用以沟通介质通道，或供介质导流、分流、汇合用，广义的管件还包括阀门。

8. 管路附件

管路附件是管路系统中除管材和管件外的所有其他部件的统称。

1. 管子

依据制作材料，管子可分为金属管和非金属管两大类。各种材质管子的规格可从有关标准或手册中查得。

（1）金属管（见图3—2a）

a)

b)

图3—2 管子

a）金属管 b）非金属管

金属管包括钢管、铸铁管和有色金属管等。

1）钢管。钢管按结构可分为无缝钢管和有缝钢管两种。

无缝钢管质地均匀、强度高，可用于输送有压力的物料，如水蒸气、高压水及高压气体等，极限工作温度为435℃。

有缝钢管分为水煤气钢管、直缝电焊钢管和螺旋缝焊钢管三种，使用最广泛的是水煤气钢管。

水煤气钢管分为镀锌管及黑铁管（不镀锌管）两种，常用作水、煤气、暖气、压缩空气、低压蒸气以及无侵蚀性物料的管路，其极限工作温度为175℃。直缝电焊钢管和螺旋缝焊钢管使用较少。

钢管的尺寸标注方法为外径×壁厚。

2）铸铁管。一般作为埋在地下的给水总管、煤气管及污水管等，也可以用来输送碱液及浓硫酸等，分为低压管、普压管及高压管三种，极限工作温度低于175℃。此种管价廉且耐腐蚀，但强度低，紧密性也差，不能用于输送有压力的蒸气、爆炸性及有毒气体。铸铁管的尺寸标注方法为内径×壁厚。

3）有色金属管。有色金属管包括铜管、黄铜管、铝管和铅管等。

铜管和黄铜管导热性好，适用于制造换热器的管子，又因其延展性好，易弯曲成形，故液压系统、润滑系统中常以铜管传送压力液体，铜管还适用于低温管路。黄铜管在海水管路上也广为使用，其尺寸标注方法为外径×壁厚，外径范围是$\phi 3 \sim 360$ mm。

铝管由铝的纯度决定其耐腐蚀性，广泛用作浓硝酸和浓硫酸管路，但不耐碱。小直径铝管可代替铜管传送有压流体。

铅管耐腐蚀性好，能抗硫酸及10%以下的盐酸，故常应用于硫酸及稀盐酸管路。铅管不能耐浓盐酸、硝酸和醋酸，极限工作温度为140℃，机械强度差、笨重且性软。其尺寸标注方法为内径×壁厚，内径范围是$\phi 5 \sim 207$ mm。

（2）非金属管（见图3—2b）

非金属管包括陶瓷管、塑料管和水泥管等。

1）陶瓷管。陶瓷管的特点为耐腐蚀性强，除氢氟酸外，对其他物料均耐腐蚀，但是性脆、机械强度差、不耐压及不耐温度剧变，通常用于输送196 kPa及150℃以下有腐蚀性的流体。

2）塑料管。塑料管的材料有酚醛塑料、聚氯乙烯、聚甲基丙烯酸甲酯、增强塑料（玻璃钢）、聚乙烯及聚四氟乙烯等。塑料管的特点是耐腐蚀性好、质轻、易加工，其中热塑性塑料可任意弯曲或延伸以制成各种形状。缺点是耐热性差，强度低。

3）水泥管。水泥管常用作下水道排污管，一般作无压流体输送。无筋混凝土管内径范围是$\phi 100 \sim 900$ mm，钢筋混凝土管内径范围是$\phi 100 \sim 1\,500$ mm，其尺寸标注方法均为内径×壁厚。

2．管件

把管子安装成管路时，需要接上各种构件，使管路能够连接、拐弯和分支，这些构件如短节、弯头、三通、异径管等，通常称为管件。按其功用可大致分为五类：

（1）改变管路方向的管件

如弯头、三通、四通、五通。

（2）连接管路支管的管件

如短节、活节头、三通、四通。

（3）改变管道直径的管件

如异径管、异径三通、异径四通。

（4）堵塞管路的管件

如丝堵、盲板。

（5）连接两管的管件

如短节、法兰。

各种管件必须与相应规格的管子相连接，因而管件与管子一样均有一定的标准规格，可在有关手册中查到。

3. 阀门

在管路中用于调节流量、切断或切换管路，以及对管路起安全、控制作用的管件，通常称为阀门。阀门是用来控制化工管路和设备中流体介质流量和压力的一种阀件。阀门的规格以阀门的公称直径 DN 表示（如 DN25、DN65、DN80 等）。

（1）按阀门在化工管路中的作用不同，分为截止阀、节流阀、止回阀和安全阀等类型。

（2）按阀门的结构形式不同，分为截止阀、闸阀、球阀、节流阀、止回阀、蝶阀、隔膜阀、柱塞阀和衬里阀等，如图 3—3 所示。

a) b) c)

图 3—3 常见阀门

a）截止阀 b）闸阀 c）球阀

（3）按阀门的材料不同，分为不锈钢阀、铸钢阀、铸铁阀、塑料阀、玻璃钢阀、玻璃阀和各种塑料衬里阀等。

（4）按控制介质工作压力（用 PN 表示）不同，可以分为低压阀门（PN < 1.6 MPa）、中压阀门（PN = 1.6 ~ 10 MPa）和高压阀门（PN > 10 MPa）。

课题二 管道布置图的图示

学习目标

通过本课题的学习，要求学生了解管道布置图的基本概念，了解管道布置图的内容和作用。

一、管道布置图概述

管道布置图又称为管道安装图或配管图，主要用于表达车间或装置的管道空间位置、尺寸规格，以及与机器、设备的连接关系。管道布置图是管道安装施工的重要依据。管道布置图分单线图和双线图两大类，本课题主要讲单线图。图 3—4 为某工段管道布置单线图。

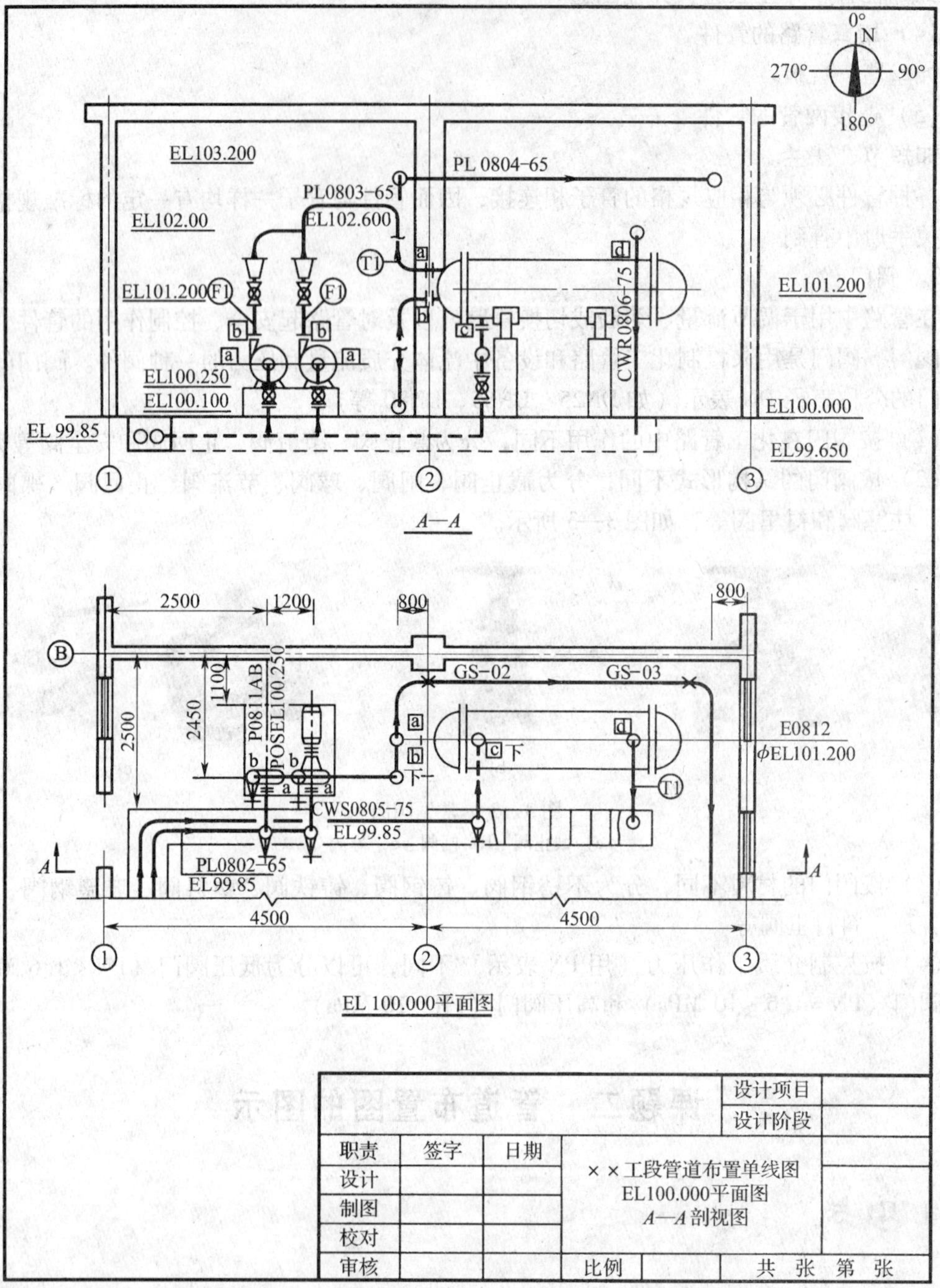

图 3—4　某工段管道布置单线图

管道的设计与布置是以物料流程图、管道仪表流程图、设备布置图及有关土建、仪表、电气等方面的图样和资料为依据进行的。设计应满足工艺要求，使管道便于安装、操作及维修，且布局合理、整齐、美观、安全可靠。

管道布置设计的图样包括管道布置图、平面布置图、立面布置图、剖面布置图、管道轴测图、蒸气伴管系统布置图、管件图和管架图等，其中立面布置图包括正面图和侧面图。本课题重点介绍管道布置单线图。

管道布置单线图是在项目施工图设计阶段以单线绘制的管道布置图，管道布置单线图包括生产装置区内管道平面布置图、立面布置图及空间位置的系统轴测图、管段图。

二、管道平面布置单线图的图示

1. 管道平面布置单线图的内容

管道平面布置单线图用以表达整个装置区的设备、建筑物的简单轮廓，以及管道、阀门、仪表、控制点等的布置情况及安装要求，其主要内容如下：

（1）图幅

管道平面布置单线图的图幅尽可能采用A1或A2，不宜加长加宽，特殊情况下也可以采用其他图幅。

（2）比例

管道平面布置单线图必须按比例绘制，常用的比例为1∶30～1∶50，同区的或同区不同层的图样要使用同一比例。

（3）尺寸及标注

标注出管道及有关管件、阀门、仪表、控制点等的平面位置尺寸和标高，并标注建筑物轴线编号、设备位号、管段序号、控制点代号等相关内容。

（4）常见方位标

方位标表示管道安装的方位基准，绘制在图样的右上角，如图3—5所示。

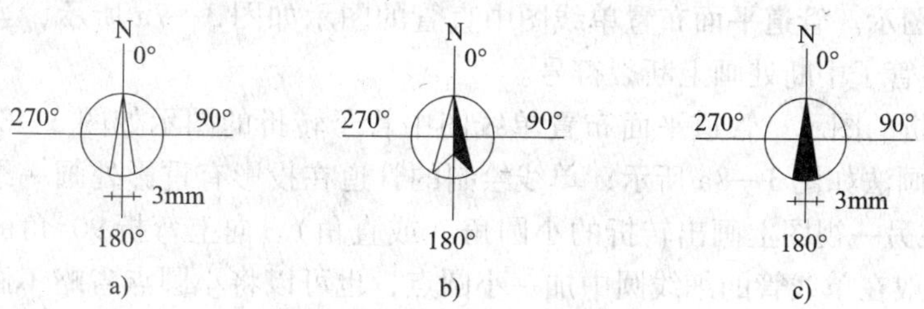

图3—5　常见方位标的画法

（5）标题栏

在标题栏中应标注图名、图号、比例、设计阶段等。

2. 管道平面布置单线图的图示方法

（1）建筑物的图示

为了满足看图的需要，要了解建筑制图的基本内容。在管道布置图中与管道安装布置有关的建筑物通常要绘制，无关的内容要简化，表达的内容与要求如下：

1）定位轴线是设备安装施工定位的依据，凡承重墙、柱、梁等主要承重构件的位置都要画定位轴线，设备和管道平面位置的定位多以轴线作为基准。定位轴线要标注相应的编号及轴线间的距离，定位轴线编号的基本原则是：在水平方向，采用连续的阿拉伯数字（如①、②、③等），由左向右编号；在垂直方向，采用拉丁字母（I、O、Z不用），由下向上编号；数字和字母分别用点画线引出，建筑物定位轴线及编号如图3—6所示。

2）与管道布置相关的建筑物应按比例以细实线画出基本结构。

3）按比例用细实线画出其他相关设施的位置，如各生产区、生活间、辅助间等。

（2）设备的图示

在管道布置图中设备不是主要表达内容，用细实线绘制。设备的图示一般是按比例画出设备的外形轮廓、基础所在位置、设备的附件等，对于定型设备可画出其简单外形，如泵、风机等。

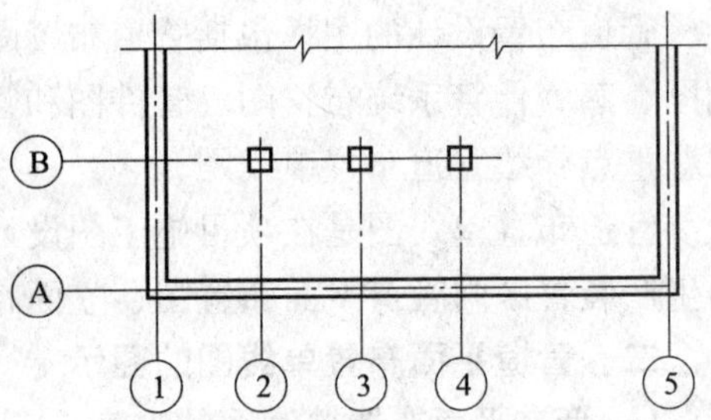

图3—6　建筑物定位轴线及编号

（3）管道及管件的图示

管道平面布置图可按管道在投影面上的正投影表示，分单线图和双线图两种。单线图是在投影面上用一根线条画成的管子的图样，用粗实线绘制；双线图是在投影面上用两根线条画成的管子轮廓线的图样，用中实线绘制，而中心线用细点画线绘制，如图3—7所示。

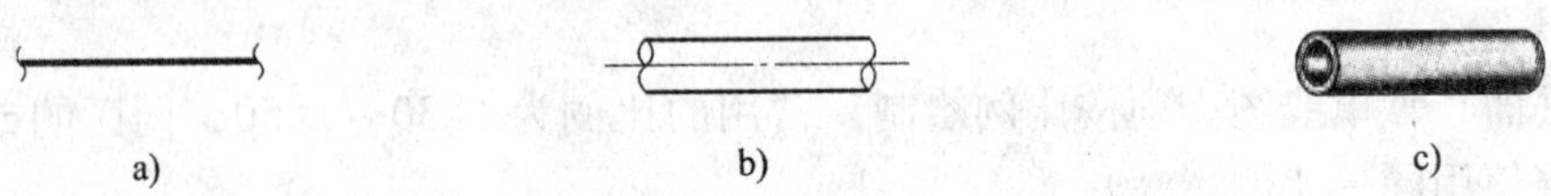

图3—7　直管的图示

a）单线图　b）双线图　c）管道实物图

管道布置图中，一般公称直径大于或等于400 mm的管道采用双线图表示，公称直径小于400 mm的管道采用单线图表示。

各种管道平面布置单线图的画法规定如下：

1）直管的图示。管道平面布置单线图中直管的图示如图3—7a所示，当管道只画出其中一段时，应在管子中断处画上断裂符号。

2）管子转折的图示。管道平面布置单线图中管子转折的图示如图3—8所示。向下弯折90°角的管子画法如图3—8a所示，单线绘制的管道在投影有重影处画一细线圆，直管插入圆的中心，在另一视图上画出转折的小圆角（或直角）。向上弯折90°角的管子画法如图3—8b所示，一般在单线管的细线圆中加一小圆点，也可以将小圆点省略不画。双线绘制的管道，则在该部位画一新月形剖面符号，也可不画新月形剖面符号。大于90°角弯折的管子在实际中应用较少，需表达时采用如图3—8c所示方法绘出。

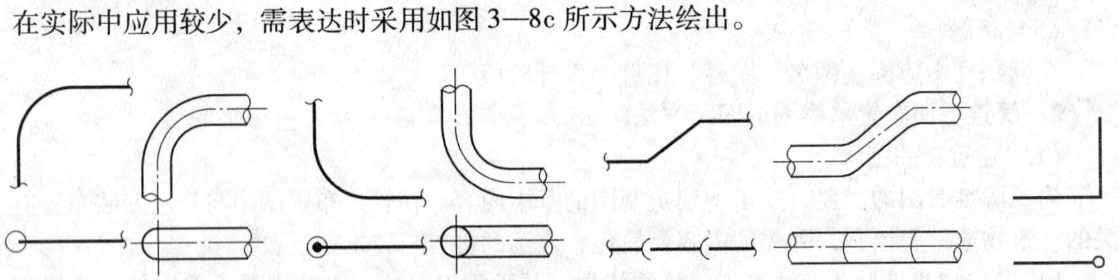

图3—8　管子转折的图示

a）向下弯折90°角　b）向上弯折90°角　c）大于90°角弯折　d）90°弯头（DN <50）单线图

管道的转弯一般应按照实际圆角或直角采用投影绘制，规定管道公称直径小于50 mm的弯头一律用直角表示，如图3—8d所示。

3）管子交叉的图示。当管子空间交叉（见图 3—9a）而造成投影相重时，可以把下面管道被遮盖部分的投影断开，如图 3—9b 所示；也可以将上面管道的投影断开表示，并在断裂位置加断裂符号，如图 3—9c 所示。

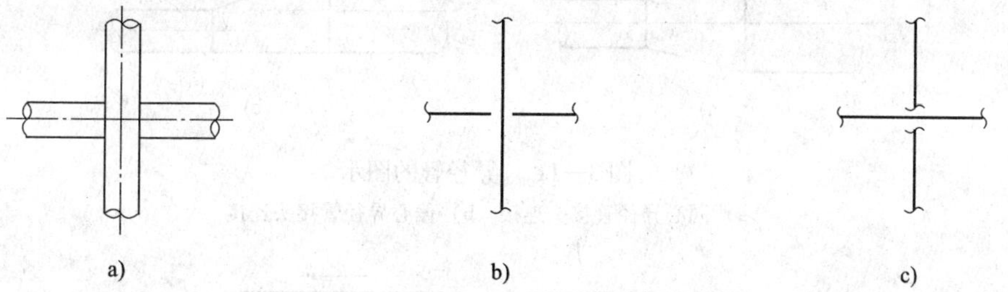

图 3—9　管子交叉的图示
a）两管子空间交叉　b）断开下面管道的投影　c）断开上面管道的投影

4）管子重叠的图示。当 2 根管道的投影重叠时，将可见管道的投影断裂表示，不可见管道的投影则画至重叠处与可见管道投影稍留间隙，如图 3—10a 所示，也可如图 3—10b 所示，在管道投影断开的对应处分别注上阿拉伯数字，以表达清楚各管道之间的对应关系。当 3 根管道的投影重叠时，可采用如图 3—10c 所示的表示法，将图中单线绘制的最上一条管道注以双重断裂符号，或不画出双重断裂符号，在管道投影断开的对应处分别注上阿拉伯数字以表达清楚各管道之间的对应关系，如图 3—10d 所示，也可以分别在相应管道上注出管道代号以便于辨认。

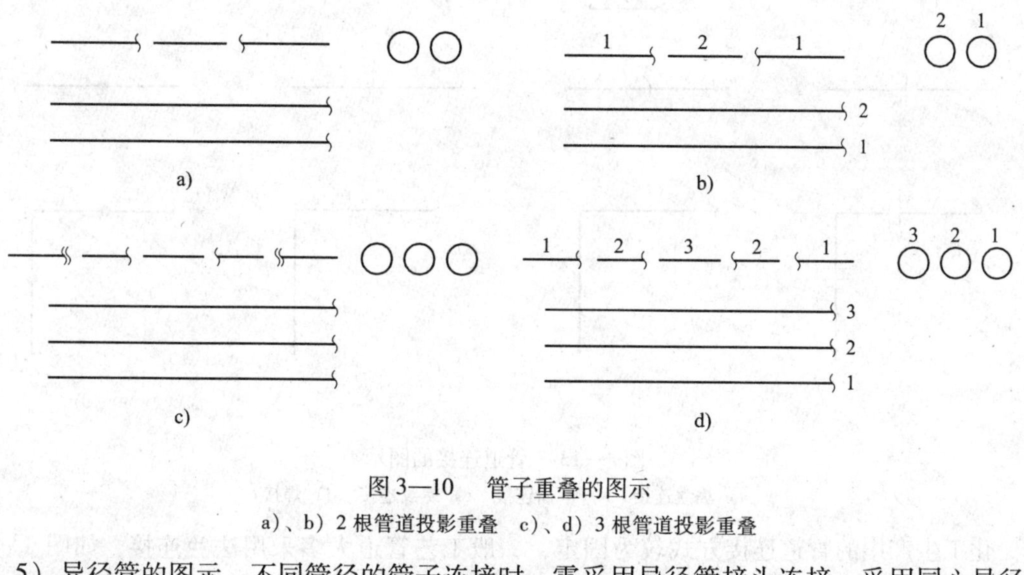

图 3—10　管子重叠的图示
a）、b）2 根管道投影重叠　c）、d）3 根管道投影重叠

5）异径管的图示。不同管径的管子连接时，需采用异径管接头连接。采用同心异径管接头连接时，画法如图 3—11a 所示；采用偏心异径管接头连接时，画法如图 3—11b 所示。

6）管道内物料流向的图示。管道内物料流向必须在图上表示，单线管道可将箭头直接画在管线上或绘于管线的上方，如图 3—12 所示。

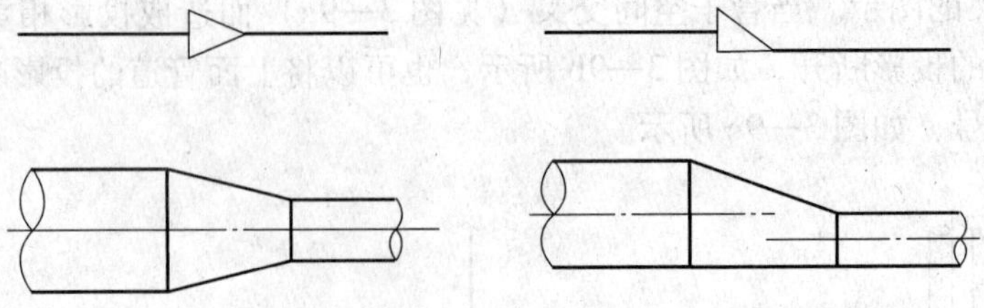

a) b)

图 3—11 异径管的图示

a）同心异径管接头连接 b）偏心异径管接头连接

a) b)

图 3—12 管道内物料流向的图示

a）画在管线上 b）绘于管线上方

7）管道连接的图示。一般情况下，在管道布置图中不必表示出管道的连接方式，可将其置于有关资料中予以说明。如需表达，可采用图 3—13 所示的表达方式绘制。

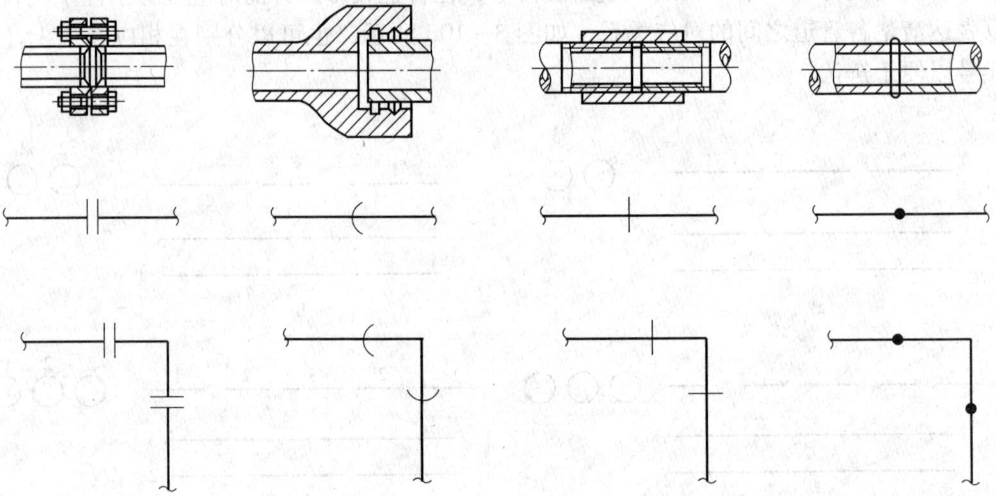

a) b) c) d)

图 3—13 管道连接的图示

a）法兰连接 b）承插连接 c）螺纹连接 d）焊接

化工生产中的管道连接方式较为固定，一般工艺管道大多采用法兰连接，如图 3—13a 所示，其特点是便于连接各种管件和阀门，拆装维修方便，但费用较高。水泥管、陶瓷管、铸铁管等均采用承插连接，如图 3—13b 所示，其成本低，但不耐压，容易泄漏，多用于下水管道等密封要求不高的场所。小规格的管道，如自来水管等，多采用螺纹连接，如图 3—13c 所示，其结构简单，拆装方便，但连接处容易泄漏，不宜用于较高压力及密封要求高的场所。高压管道则多采用焊接方式连接，如图 3—13d 所示，其特点是成本低，方便、可靠，但拆装、维护不便。

8）当管路分支时，采用三通或四通连接，不同方向的视图不相同（正视图又称立面图，俯视图称平面图，侧视图称侧立面图），在表达上应当注意，如图 3—14、图 3—15 所示。

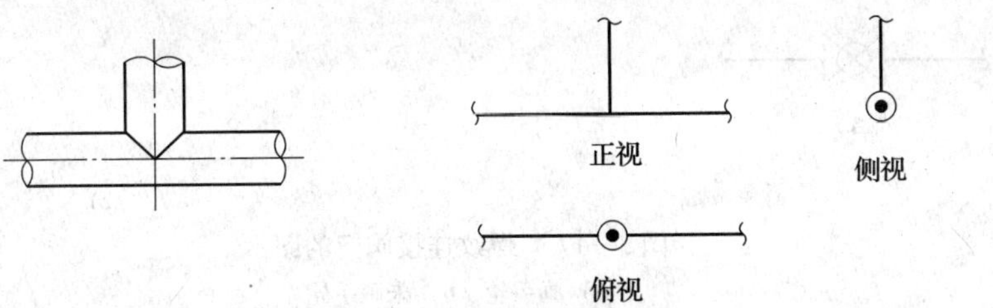

图 3—14　三通连接的单线图

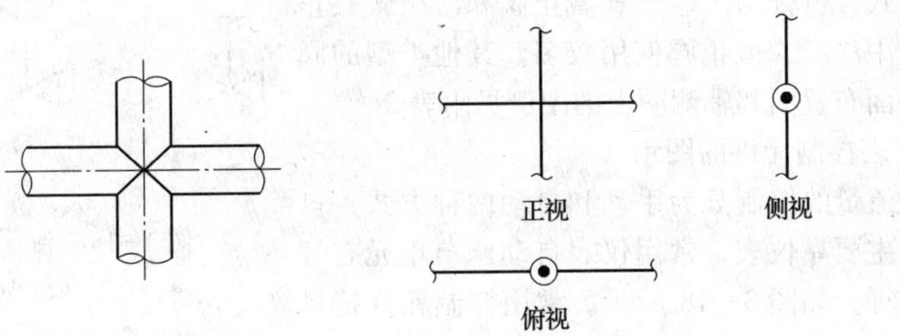

图 3—15　四通连接的单线图

（4）阀门及附件的图示

在管道平面布置图中，管件一般用简单的图形和符号表示，常见的阀门图形符号一般长 6 mm、宽 3 mm，采用细实线绘制。管道平面布置单线图中常用阀门以正投影原理按比例用细实线画出，通常不按真实投影画出，而按相关标准规定的图例表示（无标准图例时可采用简单图形画出外形轮廓）。应特别注意，阀的手轮安装方位在视图上应予以表达，阀体长度、法兰直径、手轮直径及阀杆长度宜按比例用细实线绘出。阀杆尺寸取其全开位置时的尺寸，方向应符合设计要求。法兰连接阀门的图示如图 3—16 所示，螺纹连接阀门的图示如图 3—17 所示。

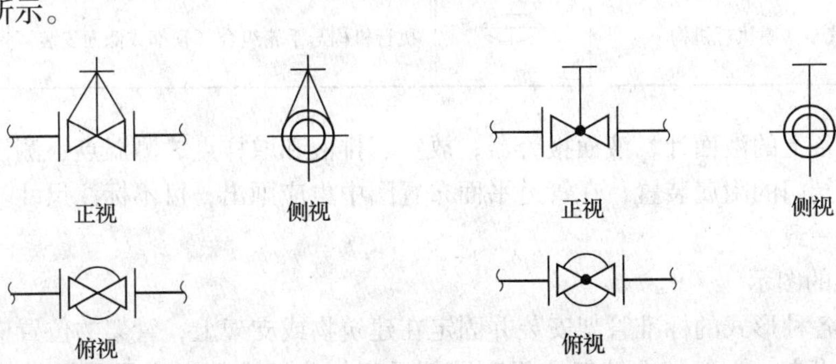

图 3—16　法兰连接阀门的图示

a）闸阀　b）截止阀

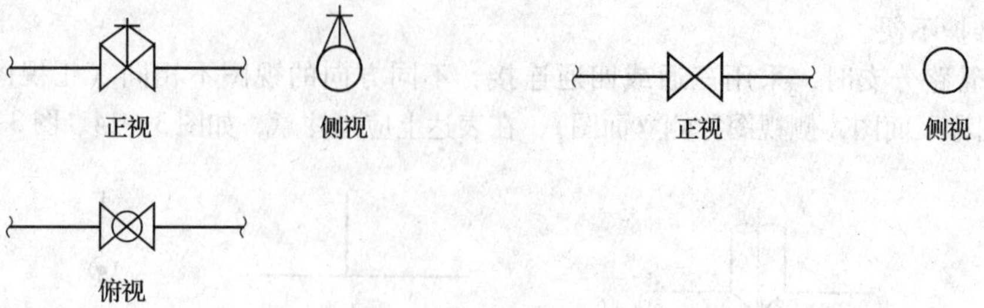

a) b)

图 3—17　螺纹连接阀门的图示

a）画手轮　b）未画手轮

在化工管路中，截止阀是使用较多的一种阀门，按其连接形式，可分为内螺纹式截止阀和法兰式截止阀两种，其中法兰式截止阀使用较多。其他类型的阀门在管道平面布置图和轴测图上的图例见附表 3。

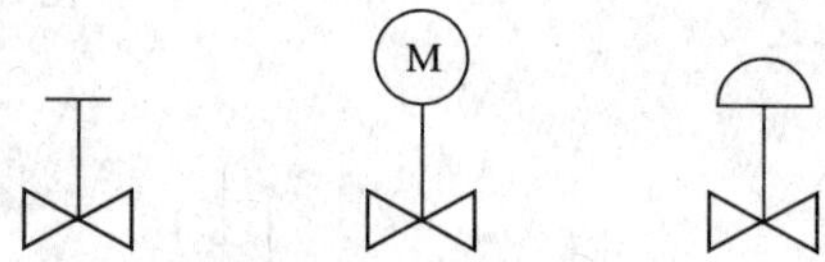

a) b) c)

图 3—18　流量的控制方式

a）手动　b）电动　c）气动

（5）仪表控制元件的图示

管道中流量的控制分为手动和自动两种方式，自动控制流量主要靠仪表，常用仪表自动调节单元有气动和电动两种，如图 3—18 所示。常用控制元件符号见表 3—1。

表 3—1　　常用控制元件符号

形式	图形符号	形式	图形符号
通用的执行机构		电磁执行机构	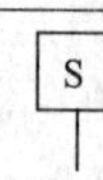
带弹簧的气动薄膜执行机构	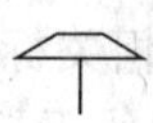	活塞执行机构	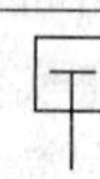
电动机执行机构		带气动阀门定位器的气动薄膜执行机构	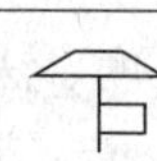
无弹簧的气动薄膜执行机构	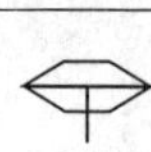	执行机构与手轮组合（顶部或侧面安装）	

安装在设备上的液面计，液面报警器，放空、排液和取样点，测温点、测压点，以及其他带有管道和阀门的附属装置，在管道平面布置图中也应画出，可不标注尺寸。其图示方法与管道流程图一致。

（6）管架的图示

管道常用各种形式的标准管架安装并固定在建筑物或支架上，管架的位置应在管道平面布置图上表示出来，一般标准管架按规定图例示意，非标准管架应另外提供管架图，如图 3—19 所示为有管托的管架、无管托及其他形式管架，对管架、架顶的标高采用“TOS　EL ××× . ×××”表示。

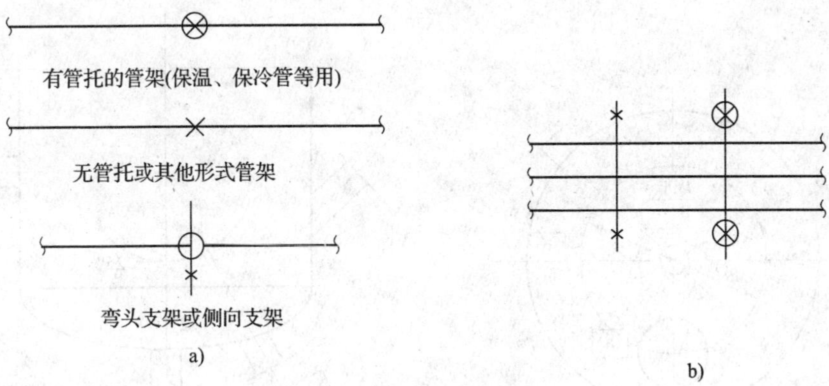

图 3—19　管架的图示

a）单管管架　b）多管管架（也可用于单管）

3. 管道平面布置单线图的尺寸与标注

管道平面布置单线图中，必须标注设备、管道、建筑物等的尺寸，标注规定如下：

（1）基准地面的标注

基准地面的设计标高为 EL100. 000（m），高于基准地面往上加，低于基准地面往下减。例如，EL112. 500，即比基准地面高 12. 5 m；EL98. 300，即比基准地面低 1. 7 m。管道平面布置图中的标高以米为单位，小数点后取三位数，到毫米为止。

（2）建筑物的标注

1）标注建筑物、构筑物的定位轴线编号和轴线间的尺寸，如图 3—4 中定位轴线①、②、③的间距均为 4 500 mm。

2）标注与建筑物有关的楼面、平台面，及吊车梁顶面等的标高。

3）标注与其有关的各生产区、生活间、辅助间等的名称。

（3）设备的标注

1）在管道平面布置单线图上，设备中心线上方要标注与流程图一致的设备位号，在下方标注设备支撑点的标高（见图 3—4）。标注设备支撑点的标高时，采用“POSEL × × ×. × × ×”的形式。标注设备主轴中心线的标高时，采用“ϕEL × × ×.　× × ×”的形式（见图 3—4）。

2）按比例画出设备的底座，画出基础大小，不标注尺寸（见图 3—4）。

3）按设备图标注泵、风机及其他机械设备的管口定位尺寸，同时标注代号。

4）应标注设备的中心线及设备上全部管口，在设备中心线的上方标注与工艺流程图一致的设备位号，下方标注设备支撑点的标高。

5）设备的管口标注采用 5 mm × 5 mm 的粗实线小正方形表示（包括仪表接口和备用管口），并标注代号及管口的定位尺寸，剖视图上的设备位号可标注在设备近侧或设备内，如图 3—20 所示。

（4）管道的标注

管道布置单线图的标注应以平面布置图为主，在平面布置图上标注出所有管道的定位尺寸、标高及管道编号。如果绘制了立面剖视图，则所有安装标高应在立面剖视图上标注。

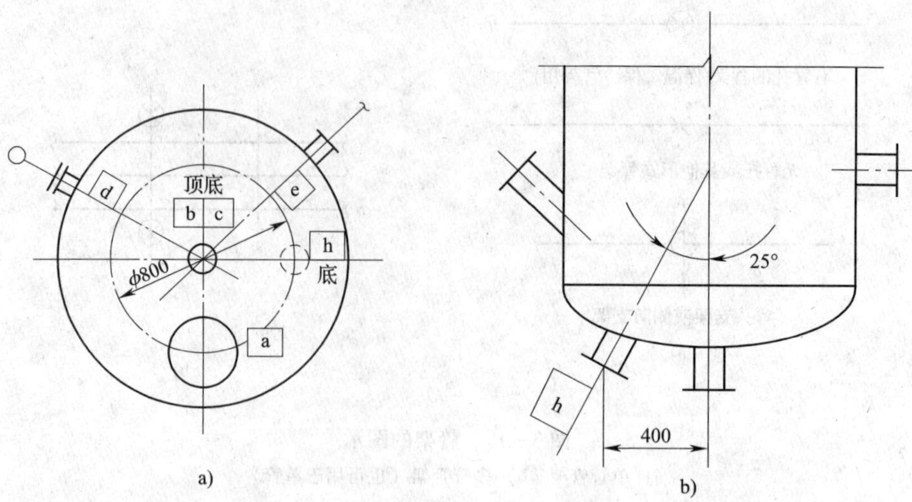

图 3—20　设备管口的标注

a）平面图　b）立面图

1）所有管道的定位尺寸要以建筑物的定位轴线、设备中心线、设备支撑点、设备管口中心线、分区界线等作为基准进行标注。管道安装标高均以室内地面标高为基准，以管道中心线为基准标注时，标注为“EL ×××. ×××”（例如 EL105. 200），管道按管底外表面标注安装高度者，则在标注的管道标高前加注管底标高的代号“BOP”，标注为“BOPEL ×××. ×××”。

2）管道平面布置单线图上所有管道都应标注管段编号，管段编号应与管道仪表流程图相一致，也可以省略其中的管道等级代号与隔热代号，只标注编号中的前三项，即物料代号、管段序号和公称直径（管子公称直径 DN 及其尺寸一律以毫米为单位，只注数字，不注单位）。其标注方式可参见管道仪表流程图。通常，将管段编号标注在管线上方或左方，将标高标注在管线下方或右方，写不下时可用指引线引至图样空白处标注，也可将几条管线一起引出标注。

3）若在管道平面布置单线图上的局部标注尺寸有困难时，允许在同一张图上另画放大图标注尺寸。对安装坡度有严格要求的管道，应在管道上方画出细箭头，指出坡向，并写上坡度数字及坡度代号“*i*”，如图 3—21a 所示。

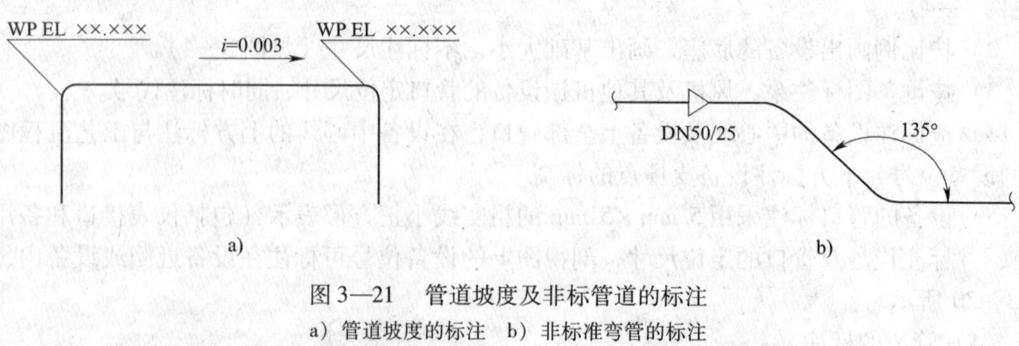

图 3—21　管道坡度及非标管道的标注

a）管道坡度的标注　b）非标准弯管的标注

4）异径管前后端公称直径应标注，如 DN50/25 或 DN50 ×25（见图 3—21b）。

5）非 90°弯管和非 90°直管连接，应标注角度，如图 3—21b 所示。

（5）管件、阀门、仪表控制点标注

管道平面布置单线图中管件、阀门、仪表控制点按规定符号画出，不再标注定位尺寸（有特殊安装要求时除外）。竖管上的阀门和特殊管件也可以在立面图中标注安装高度。

（6）管架的标注

在管道平面布置单线图中，所有管架都要编写管架号。管架编号应按照管架类别和生根部位的结构分别排序编写，并标注在图中。

管架的编号由五个部分组成，其中，区号通常用一位数字表示，位号也用一位数字表示，管架序号一般采用两位数字表示，从“01”号开始按顺序编写。管架的编号方式及说明如图 3—22 所示。

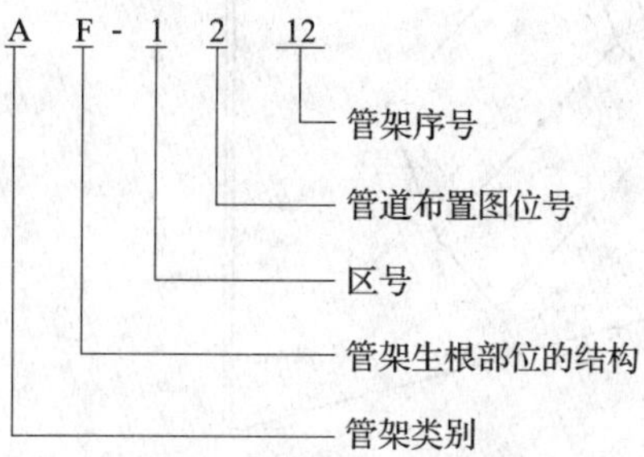

a)

A——固定管架
G——导向管架
R——滑动管架
H——吊架
S——弹簧吊架
P——弹簧支座
E——特殊管架
T——轴向限位管架

b)

C——混凝土结构
F——地面基础
S——钢结构
V——设备
W——墙

c)

图 3—22　管架的编号方式及说明

a）管架的编号方式　b）管架类别编号　c）管架生根部位的结构编号

三、管道布置轴测图的图示

1. 轴测图的基本概念

将物体连同确定其空间位置的直角坐标系沿不平行于任一坐标面的方向，用平行投影法向单一投影面进行投射所得的具有立体感的图形称为轴测图（见图 3—23），轴测图就是在一个投影面上能同时反映物体的长、宽、高三个方向尺寸的轴测投影图。轴测图中，物体的一些表面形状有所改变，但图形投影富有立体感，所以工程界将轴测图作为辅助图样，用以表达机器零部件或产品的立体形状、机械设备的空间结构和管道系统的空间布置等。

轴测投影可分为正轴测投影和斜轴测投影。当投射方向垂直于轴测投影面时，所得到的轴测投影称为正等轴测图；当投射方向倾斜于轴测投影面时，所得到的投影称为斜等轴测图。

（1）轴间角

轴测图的轴测轴有三根，轴测轴间的夹角称轴间角。正等轴测图三个轴间角均为 120°，即 OX 轴下转 30°，OY 轴右转 60°，正等轴测图的空间坐标系如图 3—24a 所示。斜等轴测图的 OY 轴向右转 45°，其余两轴同直角坐标轴，斜等轴测图的空间坐标系如图 3—24b 所示。

（2）轴向伸缩系数

轴测轴的单位长度与相应直角坐标轴的单位长度之比称为轴向伸缩系数，轴向伸缩系数用 p、q、r 表示，正等轴测图轴向伸缩系数 $p=q=r=0.82$，实际应用中可简化为 $p=q=r=1$。

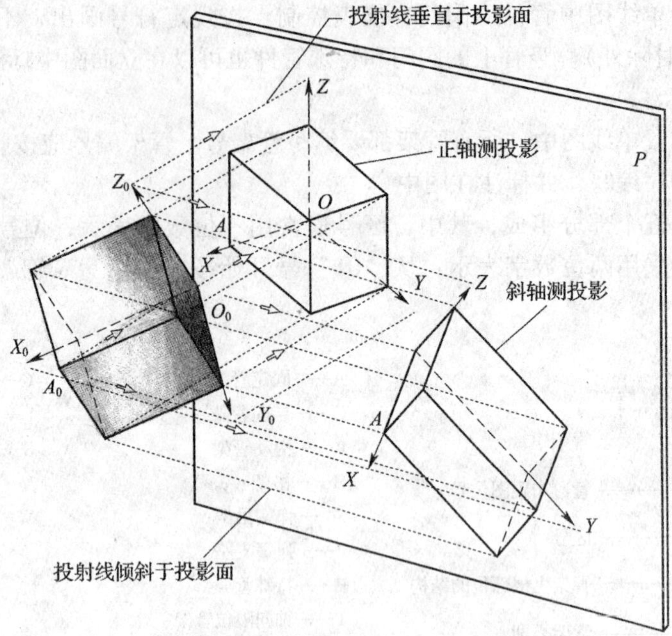

图 3—23 轴测图的基本概念

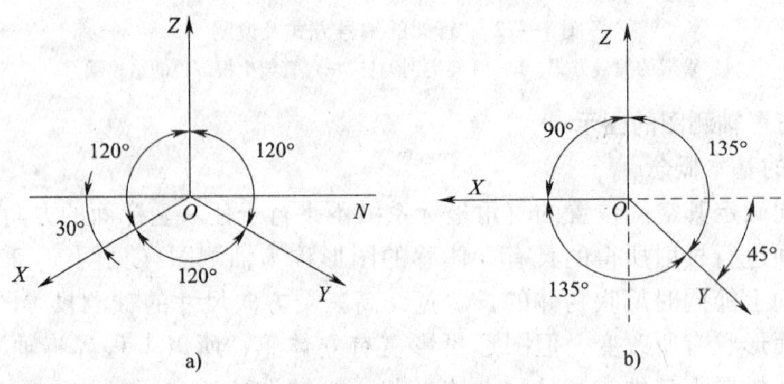

图 3—24 正等轴测图及斜等轴测图的空间坐标系

a）正等轴测图 b）斜等轴测图

2. 管道布置轴测单线图的内容

管道布置轴测单线图是用来表达一个设备至另一个设备，或某区间一段管道的空间走向，以及管道上所附管件、阀门、仪表控制点等的安装布置情况的立体图样，如图 3—25 所示。管道布置轴测单线图按轴测图投影原理绘制，立体感强，容易识读，还可以发现设计中可能出现的错误，避免发生在图样上不易发现的管道碰撞等情况，有利于管道的预制和加快安装施工进度。但因图样要求表达的内容十分详细，所表达的范围较小，反映的只是局部，若要了解整套装置设备与管道安装布置的全貌，应与管道平面布置单线图、立面图等结合，或与设计模型结合。

管道布置轴测单线图包括如下内容：

（1）图形

按轴测图投影原理绘制的管道布置轴测图及其附属的管件、阀门等的符号和图形。

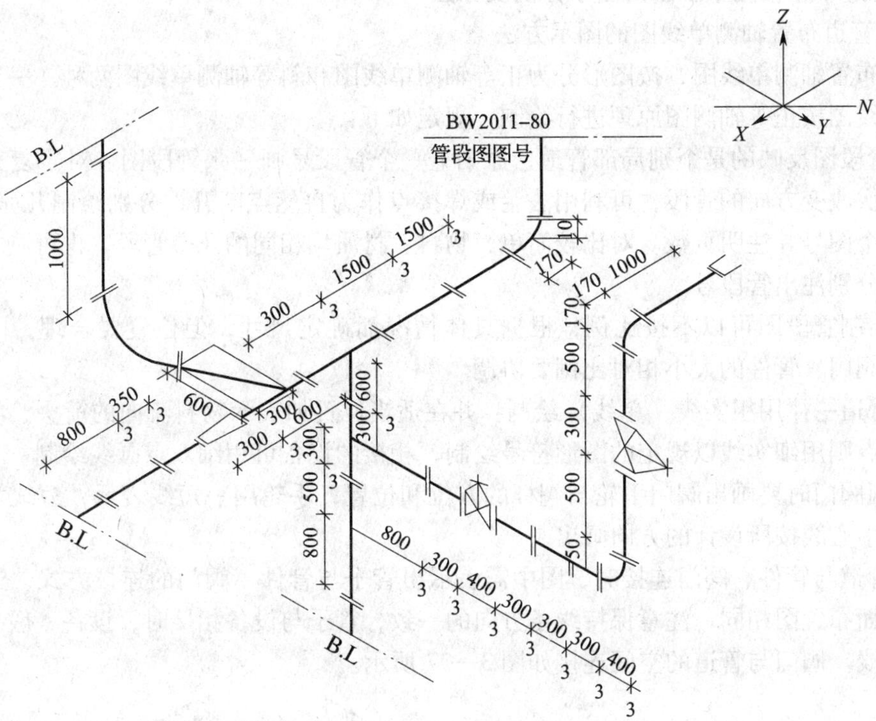

图 3—25　某车间管道布置轴测单线图

（2）尺寸及标注

标注管道编号、管道所接设备的位号及其管口序号和安置尺寸等。

（3）方位标

方位标是安置方位的基准。管道布置轴测图是按正等测投影绘制的，在画图之前首先确定其方向，其方向应与管道平面布置图的方向标一致，如图 3—26 所示，并将管道布置轴测图的方向标绘制在图样的右上方。

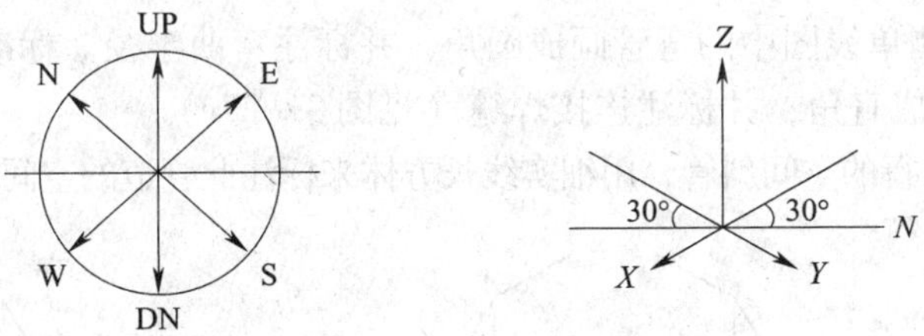

图 3—26　管道轴测图方位标

（4）技术要求

有关焊接、试压等方面的要求。

（5）材料表

列表说明管道的材料、名称、尺寸、规格、数量等。

（6）标题栏

填写图名、图号、比例、责任者等。

3. 管道布置轴测单线图的图示方法及标注

（1）管道布置轴测单线图的图示方法

管道布置轴测单线图，按图形分为正等轴测单线图和斜等轴测单线图两种。一般管道布置轴测单线图按正等轴测图原理进行绘制，规定如下：

1）管段图反映的是个别局部管道，原则上一个管段号画一张管段图。对于复杂的管段或长且多次改变方向的管段，可利用法兰或焊接点作为自然点断开，分别绘制几张管段图，但需用一个图号并注明页数。对比较简单，物料、材质均相同的几个管段，也可画在一张图样上，并分别注出管段号。

2）绘制管段图可以不按比例，根据具体情况而确定尺寸，但位置要合理，图面要美观，各种阀门、管件的大小相对比例要协调。

3）管道一律用粗实线（单线）绘制，并在适当位置加表示物料流向的箭头，管件、阀门、控制点则用细实线以规定的图形符号绘制，相接的设备可用细双点画线绘制。

4）画阀门时要画出阀门手轮与阀杆的方位和位置，手轮用一短线表示，短线与管道平行，阀杆中心线按所设计的方向画出。

5）管道与管件、阀门连接时，图中需表示出管子与管件、阀门的连接方式，连接方式与管道平面布置图相同，注意保持线条方向的一致，管子与设备相接时，设备一般只画出管口与中心线。阀门与管道的空间连接如图 3—27 所示。

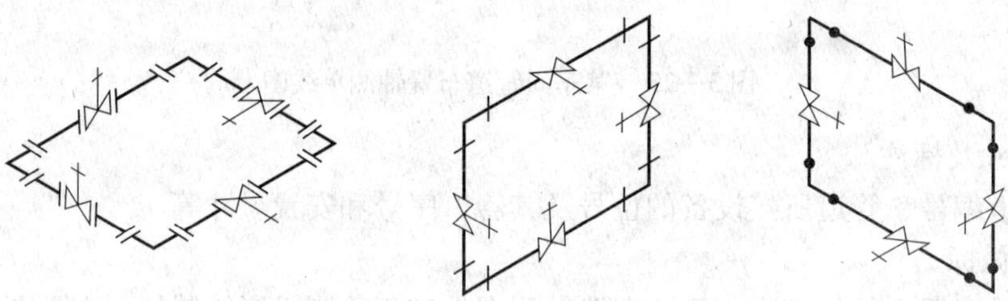

a)　　b)　　c)

图 3—27　阀门与管道的空间连接

a）H 面法兰连接　b）V 面螺纹连接　c）W 面焊接

6）管道平面轴测单线图中的弯管画成圆角，并标注弯曲半径。标准弯头及 $R=1.5D$ 的无缝冲压弯头可以画成直角，并标注连接焊缝（见图 3—27c）。

7）与坐标轴不平行的空间斜管，用细实线长方体来标注此管道的空间位置（见图 3—28）。

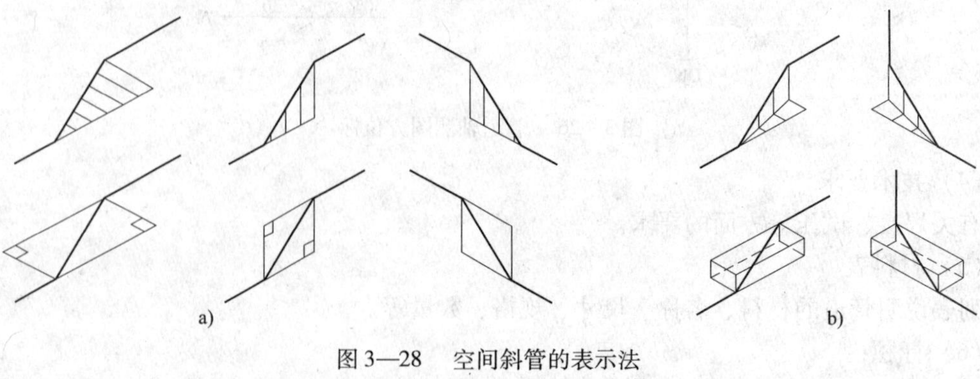

a)　　b)

图 3—28　空间斜管的表示法

a）平面内的偏置管　b）立体偏置管

8）当管道穿越分区界线时，分界线应以细点画线画出，在界线外注出延续部分所在的管道平面布置图的图号。如管道需横穿主项边界，边界线以细双点画线画出，并在其外侧标注“B. L”字样（见附表4），如图3—29所示。

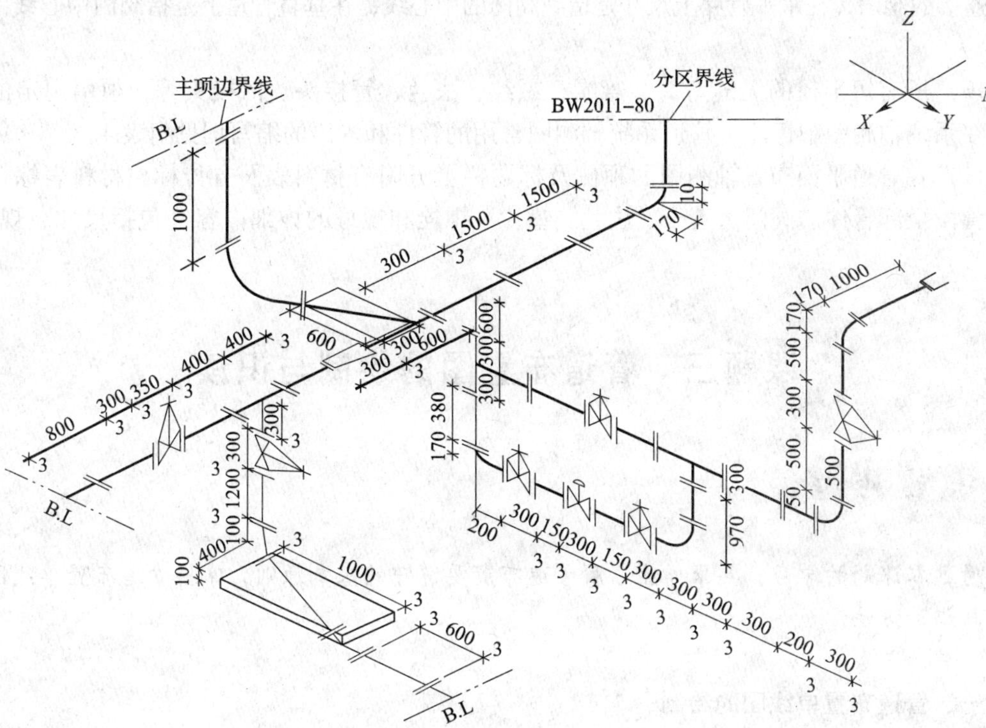

图3—29　管道轴测图

9）管段穿越楼板、平台和墙面时，应画出一小段示意图，并注明相应名称和标高。

10）压力表、温度计等仪表和检测元件的要求与管道平面布置图要求相同，用标准图例绘制。

（2）管道平面布置轴测单线图的标注

1）轴测单线图标注的基准点与管道平面布置图要统一，基准点应选择管道分支处、管道走向改变处或图形分界处。与坐标轴平行的管线、主项边界线、分区界线，以及连接设备的管口密封面和中心轴线，均可作为管道尺寸标注的基准线。标注的尺寸线与管道平行，尺寸界线应为垂直线，如图3—29所示。

2）应标注出管子、管件、阀门等为满足加工预制要求及安装所需的全部尺寸，如阀门长度、垫片厚度等细节尺寸。

3）每级管道至少有一个表示流向的箭头，尽可能在流向箭头附近注出管段编号。

4）标高的尺寸单位为m，其余的尺寸均以mm为单位。

5）尺寸界线从管件中心线或法兰面引出，尺寸线与管道平行。

6）垂直管线的尺寸一般用标高示意，不标注高度尺寸，而以水平管道的标高“EL×××.×××”表示。

7）对于不能准确计算，或有待施工时实测修正的尺寸加注符号“～”，作为参考尺寸。对于现场焊接时确定的尺寸，只需注明“F. M”（见附表4）。

8）与尺寸标注有关的设备，应画出相关设备的中心线，不必画设备外形，并标注管道所连接的设备位号及管口序号。

9）管件、阀门的尺寸标注一般指从基准线到阀门或管件法兰端面的距离。如螺纹连接或承插连接的阀门，在水平管路上尺寸是指到阀门的中心线，在垂直管道上是指阀门中心线的标高。

10）所有短半径的无缝弯头、管帽、螺纹、法兰、管接头、活接头等，须用规定的缩写词在系统轴测图中标注。管道系统轴测图常用的管件和术语的缩写词见附表4。

11）在管道平面布置轴测图的顶侧及标题栏上方附有材料表及方位标。材料表综合了一个管段全部管件、阀门、管子、法兰、垫片、螺栓和螺母的详细内容（包括尺寸、规格、数量等）。

课题三　管道布置图的绘制与识读

学习目标

通过本课题的学习，要求学生了解管道布置要遵守的基本原则，掌握管道布置单线图的绘制与识读方法。

一、管道布置单线图的绘制

1. 化工管道图绘制时管道布置的基本原则

布置化工管路既要考虑工艺要求，又要经济实用，还要操作方便与安全可靠，在可能的情况下还要尽可能整齐美观。因此，布置化工管路必须遵守以下原则：

（1）在工艺条件允许的前提下，应使管路尽可能短，管件、阀门应尽可能少，使流体阻力减到最低，也减小投资。

（2）应合理安排管路与墙壁、柱子等之间的距离，以便于安装、操作、维护与检修。如管路最突出部分距墙壁或柱边的净距离不小于100 mm，距管架、支柱也不应小于100 mm；两管路最突出部分的净间距，中压应保持40～60 mm，高压应保持70～90 mm；并排管路上安装用手轮操作的阀门时，手轮间距不小于100 mm。

（3）易燃、易爆、有毒及腐蚀性的物料管道应避免敷设在生活间、楼梯和走廊处，并应配置安全装置（如安全阀、防爆膜及阻火器等），其放空管要引至室外指定地点，并符合规定的高度。

（4）通常使热的在上，冷的在下；无腐蚀的在上，有腐蚀的在下；输气的在上，输液的在下；不经常检修的在上，经常检修的在下；高压的在上，低压的在下；保温的在上，不保温的在下；金属的在上，非金属的在下。在水平方向上，通常使常温管路、大管路、振动大的管路及不经常检修的管路靠近墙或柱子。较重的管道布置在管架的支撑部位，将支管及管件较多的管道安排在并行管的外侧。

（5）为了防止停工时物料积存在管内，管道设计时一般应有0.005～0.01的坡度。当被输送的物料含有固体颗粒或黏度较高时，管道坡度还应比上述值大一些。对于坡度和坡向无明确规定的管道，可将敷设坡度定为0.002，坡向朝着便于流体流动和排放的方向。

（6）管道布置的空间位置确定

1）不应妨碍设备的操作。如设备的人孔、手孔的前方不能有管道通过，以免影响其正常使用。

2）阀门要安装布置在便于操作的部位。对频繁使用的阀门，应按操作的顺序依次排列。

3）管道和阀门的质量不要加载在设备上。

4）距离较近的两设备之间，管道一般不应直线连接，如图3—30a所示，因垫片不易配准，难以紧密连接，且会因热胀冷缩而损坏设备。建议用波形伸缩器或采用45°斜接和90°弯连接，如图3—30b、c、d所示。

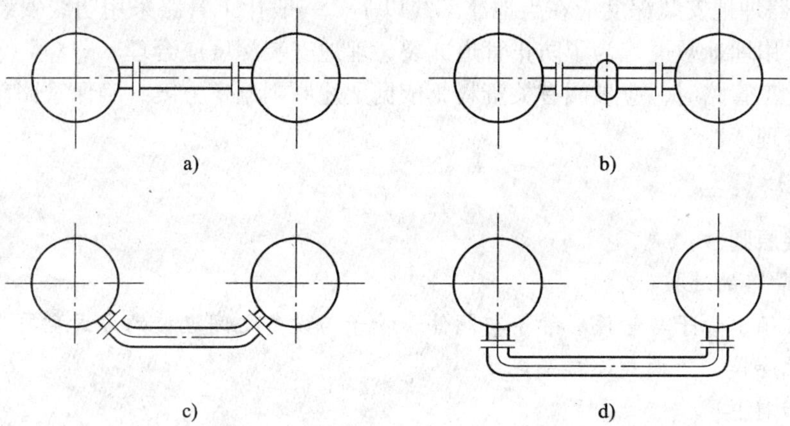

图3—30　两设备较近时的管道连接

a）直线连接　b）用波形伸缩器　c）45°斜接　d）90°弯连接

5）不同材料的管道与管架之间不应直接接触（如不锈钢管与碳钢管架），以防止电化学腐蚀。

6）管道通过楼板、屋顶、墙壁或裙座时，应安装一个直径较大的管套，管套两端伸出50 mm左右。

7）管道的敷设要避免通过电动机、配电盘、仪表盘的上方，以防止管道中介质的跑、冒、滴、漏造成事故。

（7）气体管或蒸气管要从管上方引出，液体管则从管下方引出。有时管道可能要集中布置，共用管架。安装管道应避免出现“气袋”“口袋”或“盲肠”等不良安装方式，如图3—31所示。

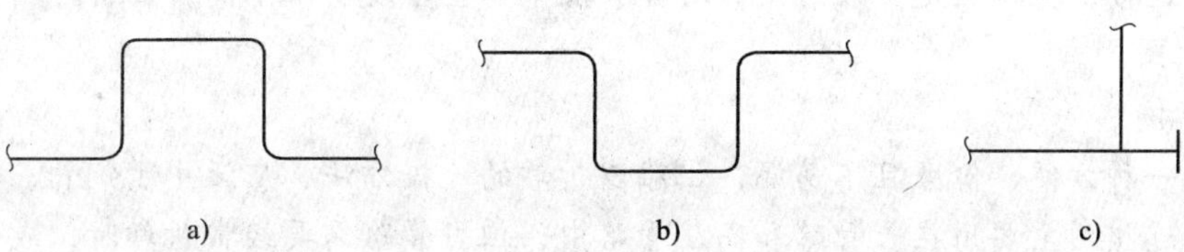

图3—31　管道的不良安装方式

a）气袋　b）口袋　c）盲肠

(8) 管子、管件与阀门应尽量采用标准件，以便于安装与维修。

(9) 对于温度变化较大的管路要采取热补偿措施。化工管路的两端是固定的，当温度发生较大变化时，管路就会因管材的热胀冷缩而承受压力或拉力，严重时将造成管子弯曲、断裂或接头松脱。因此，必须采取措施消除这种应力，这就是管路的热补偿。热补偿的主要方法有两种：其一是依靠弯管的自然补偿，通常当管路转角不大于150°时，均能起到一定的补偿作用；其二是利用补偿器进行补偿，主要有方形、波形及填料3种补偿器。

(10) 设置气、液排放装置。有凝液的管路要设置凝液排出装置，有气体积聚的管路要设置气体排放装置。

(11) 注意管路通过道路时的高度。管路通过人行道时高度不得低于2.2 m，通过公路时不得低于4.5 m，与铁轨的净距离不得小于6 m，通过工厂主要交通干线时一般为5 m。

(12) 管路埋地安装深度应在当地冰冻线以下。一般化工管路采用明线安装，但上下水管及废水管采用埋地敷设，为了防止管道冻裂，埋地安装深度应合理。

在布置化工管路时，应参阅有关资料，依据上述原则制定方案，确保管路布置科学、安全、经济、合理。

【知识链接】

管道安装原则

1. 化工管路的连接

管子与管子、管子与管件、管子与阀件、管子与设备之间连接的方式主要有4种，即螺纹连接、法兰连接、承插式连接及焊接。

(1) 螺纹连接

螺纹连接是依靠螺纹把管子与管路附件连接在一起，连接件主要有内牙管、长外牙管及活接头等，通常用于小直径管路、水煤气管路、压缩空气管路、低压蒸气管路等的连接。安装时，为了保证连接处密封，常在螺纹上涂上胶黏剂或包上防漏材料（丝麻、铅油、聚四氟乙烯密封带等）。

(2) 法兰连接

法兰连接是最常用的连接方法，其主要特点是配件已标准化，装拆方便，密封可靠，管径、温度及压力适应范围均很大，但费用较高。连接时，为了保证接头处密封，需在两法兰盘间加垫片，并用螺栓将其拧紧。

(3) 承插式连接

承插式连接是将管子的一端插入另一管子的钟形插套内，并在形成的空隙中装填料（丝麻、油绳、水泥、胶黏剂、熔铅等）以密封的一种连接方法。主要用于水泥管、陶瓷管和铸铁管的连接，其特点是安装方便，对各管段中心重合度要求不高，但拆卸困难，不能耐高压。

(4) 焊接

焊接是一种方便、价廉且不易漏，但难以拆卸的连接方法，广泛用于钢管、有色金属管及塑料管的连接，主要用在长管路和高压管路中，但当管路需要经常拆卸时，或在不允许动火的车间内，不宜采用焊接方法连接管路。

2. 化工管路的试压与吹扫

化工管路在投入运行之前，必须保证其强度与严密性符合设计要求，因此，当管路安装完毕后，必须进行压力试验，称为试压，试压主要采用液压试验。少数特殊情况下也可以采用气压试验。另外，为了保证管路系统内部的清洁，必须对管路系统进行吹扫与清洗，以除去铁锈、焊渣、土及其他杂物，这称为吹洗。管路吹洗根据被输送介质不同，有水冲洗、空气吹扫、蒸气吹洗、酸洗、油清洗和脱脂等方式。

3. 化工管路的保温

化工管路通常是在异于常温的条件下工作的，为了维持生产需要的高温或低温条件，节约能源，维护劳动条件，必须采取措施减少管路与环境的热量交换，即管路的保温。保温的方法是在管道外包上一层或多层保温材料。

4. 化工管路涂色

化工厂的管路很多，为了方便操作者区别各种类型的管路，常常在管外（保护层外或保温层外）涂上不同的颜色，称为管路涂色。管路涂色有两种方法，其一是整个管路均涂上一种颜色（涂单色），其二是在底色上每间隔 2 m 涂上一个 50 ~ 100 mm 的色圈。常见化工管路的颜色可参阅相关设计手册，如给水管为绿色、饱和蒸气管为红色等。

2. 管道布置单线图的绘制

（1）拟定表达方案

1）管道布置单线图一般只绘制平面图、剖视图及局部放大图，也可绘制立面图和轴测图。相应的剖视图和局部放大图可以绘制在同一图样上，但要在平面布置图边界线以外，也可另用图纸单独绘制。一般，立面图和轴测图另行绘制。

2）单线图的配置，一般应按建筑物标高平面分层绘制，对不同楼层的设备和管道逐一绘制。对于多层建筑物或构筑物的管道平面布置单线图，若绘制在同一张图上，应按由下至上、由左至右的顺序排列，并在图上标注 EL100.000 平面。

3）当几套设备的管道布置单线图完全相同时，允许只绘制一套设备的管道，其余可简化为方框来表示，但在总管上应绘出每套支管的接头位置。

（2）确定比例、选择图幅

视图方案确定后，确定比例，选择图幅，即可进行视图的布局。

（3）绘制视图

1）画相关的厂房平面图。为突出管道的布置情况，厂房平面图用细实线画出，对建筑物或构筑物，应根据设备布置图按比例画出柱、梁、楼板、门、窗、操作台、楼梯等。

2）设备平面布置。用细实线按比例以设备布置图所确定的位置，画出设备的简单外形（应画出中心线和管口方位）和基础。

3）按流程顺序和管道布置原则及管道线型的规定，画出管道平面布置图。

4）按规定符号画出管道上的阀门、管件、管道附件等。

5）用直径为 10 mm 的细实线圆圈表示管道上的检测元件（压力、温度、取样等），圆圈内按管道及仪表流程图中的符号和编号填写。

6）标注厂房的定位轴线、设备定位尺寸、管道定位尺寸，并在平面布置图上标注标高尺寸。如果有必要，可标注地面、设备地基、管道及阀门的标高尺寸。

7）绘制方位标。

8）绘制附表、标题栏，注写说明。

3. 管道布置单线图绘制实例

以绘制图 3—4 所示的管道布置平面图为例，绘制过程如图 3—32 所示。

（1）参照设备平面布置图，在管道平面布置图上分别画出厂房建筑物的建筑图，并标注定位轴线，如图 3—32a 所示。

（2）绘制设备定位线，再按比例绘制出带有管口方位的设备图，如图 3—32b 所示。

（3）根据管道布置的基本原则，按照流程顺序，采用规定的线型分别绘出管道、管件、阀门、管架、仪表控制点等元素，如图 3—32c 所示。

（4）检查无误后，按照管道仪表流程图中的统一编号在图中标出设备和管道编号、仪表控制点代号等，然后进行尺寸标注。

（5）在规定位置绘出方位标，填好标题栏，书写注意事项等，即完成平面图的绘制，完成的图样如图 3—32d 所示。

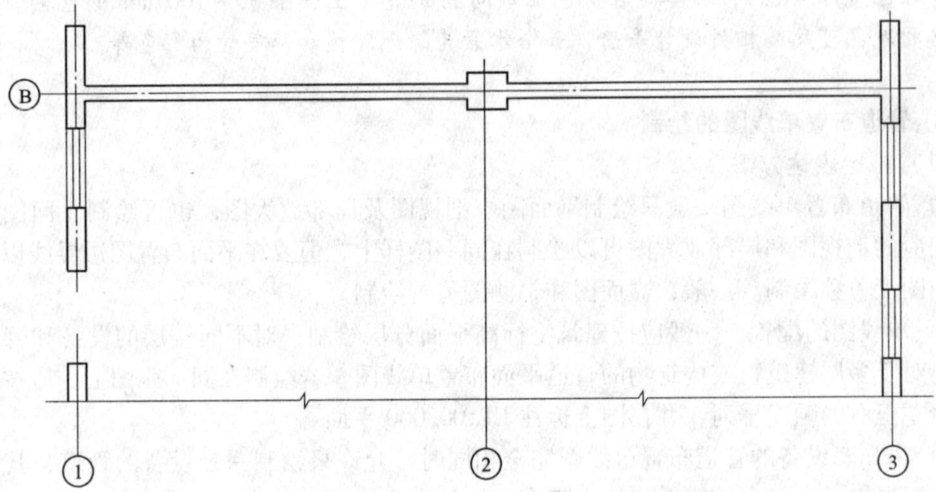

a)

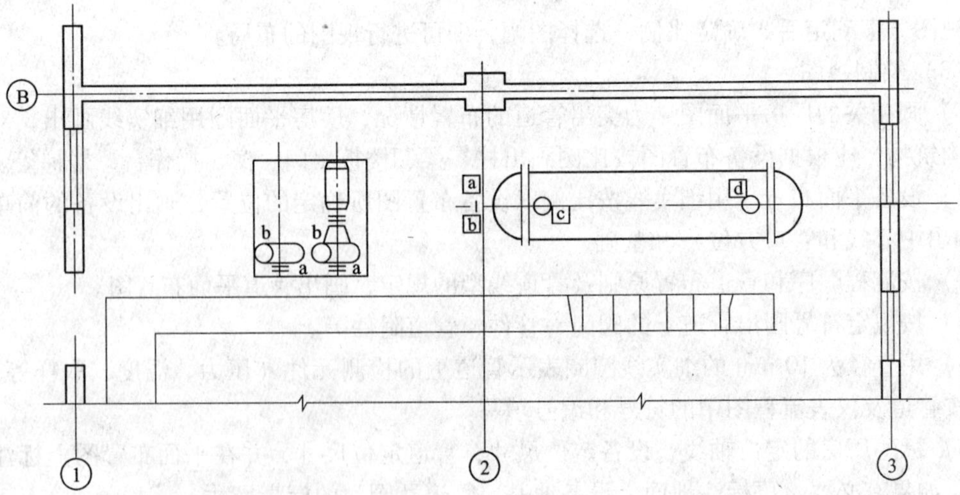

b)

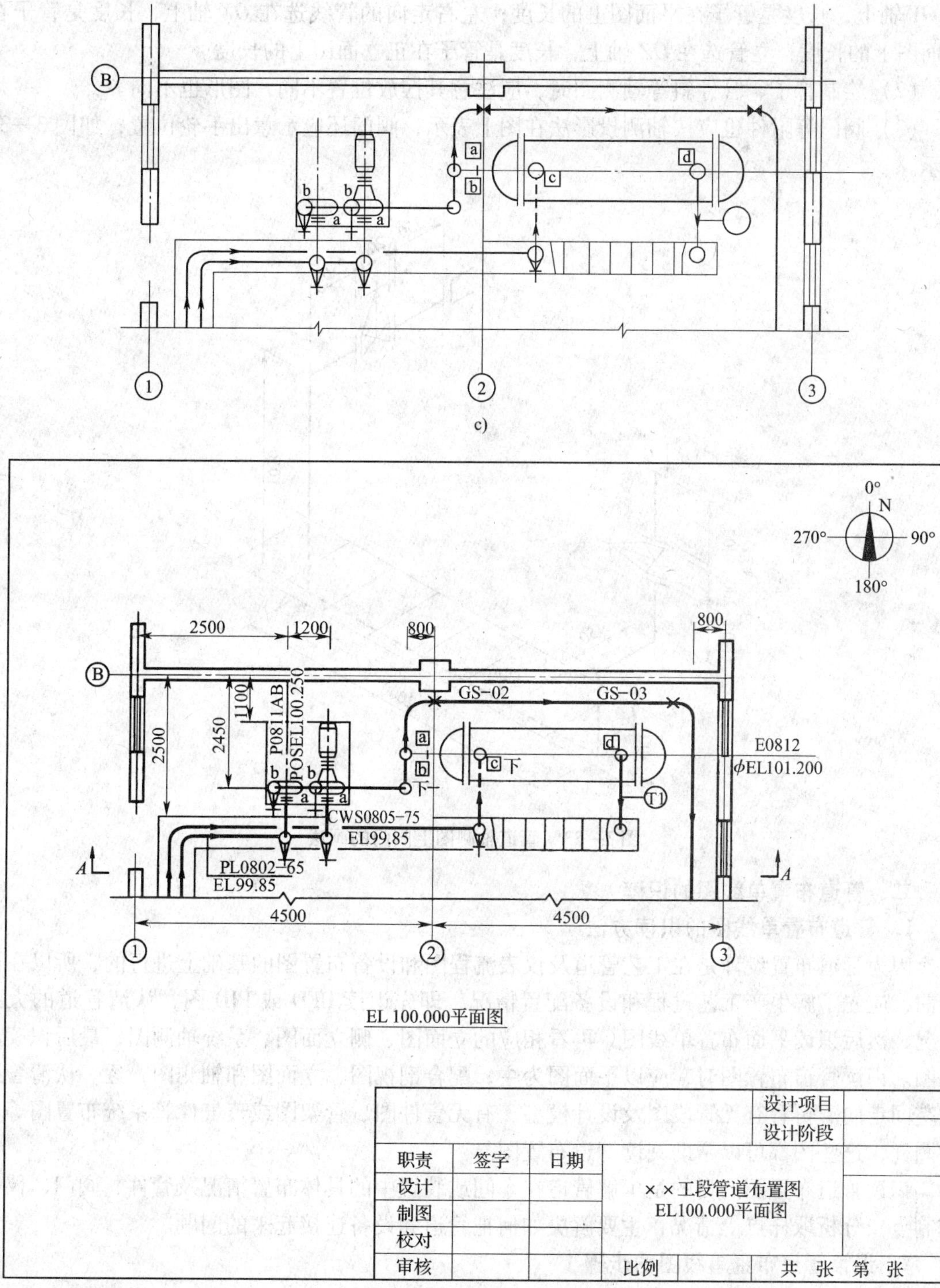

图 3—32　× × 工段管道布置平面图绘制过程

4. 管道轴测图绘制

（1）绘制管子、管件正等轴测图时，关键是选定管线方位。一般，前后走向的管线选在 OY 轴上，长度是管子在平面图上的长度；左右走向的管线选在 OX 轴上，长度是管子在平面图上的长度；立管选在 OZ 轴上，长度是管子在正立面图上的长度。

（2）绘制管子、管件斜等轴测图时，应注意其摆放位置不同，图形也不同。

（3）阀门等附件也应按轴测投影法在图上表示，阀门还应示意出手轮位置，如图 3—33 所示。

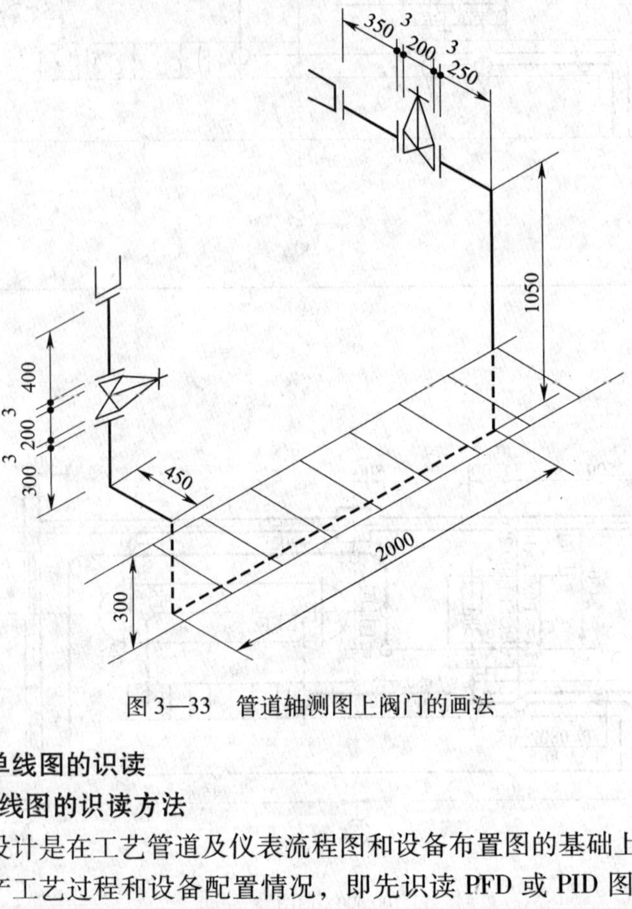

图 3—33　管道轴测图上阀门的画法

二、管道布置单线图的识读

1. 管道布置单线图的识读方法

因为管道布置设计是在工艺管道及仪表流程图和设备布置图的基础上进行的，所以在读图前，应先了解生产工艺过程和设备配置情况，即先识读 PFD 或 PID 图，认清管道的大致情况，然后识读平面布置单线图，再看相应的立面图、侧立面图、系统轴测图，最后识读剖视图。识读管道布置图时，应以平面图为主，配合剖视图、立面图和轴测图，逐一认清管道的空间走向。再看有无管段图及设计模型，有无管件图、管架图或蒸气伴管系统布置图等辅助图样，这些图都可以帮助阅读管道布置图。

识读管道布置图的目的是了解管道在车间或装置中的具体布置情况及管件、阀门、仪表控制点、分析取样点等情况，主要解决如何把管道和设备连接起来的问题。

2. 识读管道布置单线图的步骤

现以图 3—4 为例，介绍识读管道布置单线图的步骤：

（1）了解视图布局，图 3—4 是某工段的管道平面布置图及局部剖视图。图中画了两个视图，一个是 EL100. 000 平面图，一个是 A—A 剖视图。

（2）了解图中厂房构造尺寸及厂房横向定位轴线①、②、③，其间距为 4. 5 m，纵向定位轴线Ⓑ距地沟边为 2. 5 m，距离心泵出口管中心为 2. 45 m。

（3）了解设备布置情况，图中表示了物料经离心泵到冷却器这一段管道的布置情况，离心泵基础标高 EL100. 250，冷却器中心线标高 EL101. 200。

（4）分析管道走向，找到起点设备和终点设备，以设备管口为主，按管道编号，查明管道走向，遇到管道转弯和分支，对照平面图和剖视图搞清其投影关系。

1）图中离心泵有进、出两部分管道，一部分是原料从地沟中出来，分别进入两台离心泵，另一部分是从泵出来后汇集在一起，从冷凝器左端下部进入管程。

2）冷凝器有四部分管道：原料入口由离心泵来；原料出口向上位置最高，在冷凝器上方转弯后离去；冷凝器底部是来自地沟的冷却上水管道；右上方是循环水出口，出来后又进入地沟。

（5）识读管道编号和安装尺寸

1）离心泵出口编号为 PL0803—65 的管道，由两泵出口向上，泵 P0811A 出口管道向上、向右与泵 P0811B 管道汇合后，向上、向右拐，再下至地面，再向后、向上，最后向右进入冷凝器左端入口。

2）冷凝器左端出口编号为 PL0804—65 的管道，由冷凝器左端上部出来后，向上在标高为 EL103. 200 处向后拐，再向右至冷凝器右上方，最后向前离去。

3）编号为 CWS 0805—75 的循环上水管道，从地沟出来，沿地面向后，再向上进入冷凝器底部入口。

4）编号为 CWR 0806—75 的循环回水管道，从冷凝器上部出来向前，再向下进入地沟。

5）编号为 PL0802—65 的原料管道，从地沟出来向后，进入离心泵入口。

（6）了解管道上的阀门、管件、管架安装情况

两离心泵入口、出口分别安装有四个阀门，在泵出口阀门后的管道上还有同心异径管接头。在冷凝器上水入口处装有一个阀门。在冷凝器物料出口编号为 PL0804—65 的管道两端，有编号为 GS—02、GS—03 的通用型托架。

（7）了解仪表、取样口、分析点的安装情况

在离心泵出口处，装有流量指示仪表。在冷凝器物料出口及循环回水出口处，分别装有温度指示仪表。

将所有管线识读分析完成后，检查无误，写出识读分析报告，完成管道布置单线图的识读。

3. 管道轴测图的识读

管道轴测图是针对一段管路进行表达的，相对管道布置图更清晰明了，易读易懂，大多用在现场施工当中。只要结合方向标、材料表，就可以了解这一段管路上管件、阀门的规格、数量、安装形式及管路的走向。

识读如图 3—34 所示的管道轴测单线图，可以得知以下几点：

（1）此段管道轴测单线图中包括 3 个三通、4 个弯头、5 个阀门和部分管子。

（2）从管口 *A* 到管口 *C* 的管道走向是：从 *A* 管口开始，先向前，再向上、向右、向前、再向上可到达管口 *C*。

（3）三通、弯头、阀门和部分管子均为螺纹连接。

（4）管口 *A* 处阀门的朝向是向上，*B* 处阀门的朝向是向右，*C* 处阀门的朝向是向左，*D* 处阀门的朝向是向前，*E* 处阀门的朝向是向后。

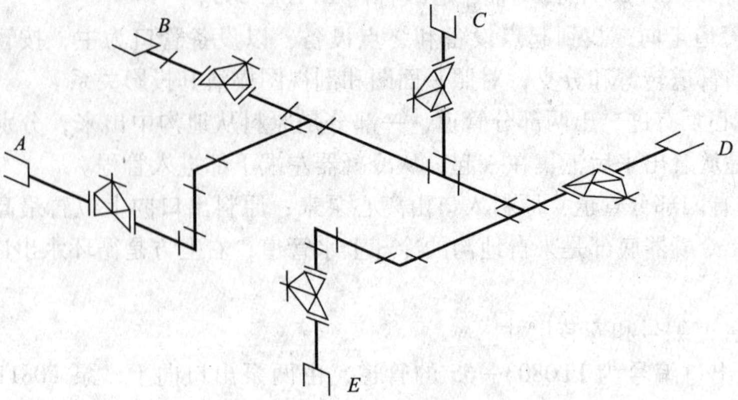

图 3—34　管道轴测单线图

小　结

1. 课题一讲述了化工管路的概念，着重讲述了管子、管件、阀门的分类。

2. 课题二重点讲述了管道布置单线图的基本概念、内容、图示和标注，管道布置轴测图的概念、内容、图示和标注。

3. 课题三讲述了管道布置单线图的绘制与识读、管道轴测图的绘制与识读。

思考与练习

1. 什么是化工管路？
2. 化工管路是怎样组成的？
3. 管路的作用是什么？
4. 管路按压力分为哪几类？
5. 管路按输送介质分为哪几类？
6. 管子按材料分为哪几类？
7. 常见的管件有哪些？
8. 阀门按结构形式分为哪几类？
9. 什么是管道布置单线图？
10. 管道布置单线图包括哪几种图样？
11. 管道布置单线图的内容是什么？
12. 什么是轴测图？
13. 轴测图有哪两种？
14. 管道轴测单线图包括哪几项内容？
15. 管道敷设时为什么要采用热补偿？

16. 管道布置图一般包括哪几种图样？

17. 管道布置单线图的绘制步骤有哪些？

18. 管道轴测图的绘制步骤有哪些？

19. 写出管道布置单线图的识读步骤。

模块四　化工设备图的表达方式与识读

凡是表示化工设备的形状、大小、结构、性能和制造安装等技术要求的图样，称为化工设备装配图，简称化工设备图。化工设备图也是按正投影法原理和国家标准《机械制图》的规定绘制的。但由于化工生产具有特殊要求，化工设备的结构、形状具有某些特点，因此，化工设备除采用机械图样的表达方法外，还采用了一些特殊的和习惯的表达方法，本章将着重介绍这方面的内容。

【知识链接】

装配图的表达方法

机器或部件都是由各种零件组成的，因此，前面所介绍的各种图样的表达方法对装配图同样适用。但由于装配图表达的是各零件之间的装配关系，不同于表达单一机件的图样。因此，装配图还有它自己的规定画法和特殊画法。

一、规定画法

1. 两个零件的接触表面或有配合要求的表面之间只画一条线，而不接触的两表面之间，不管间隙多小，都必须画两条线。图 4—1 所示的截止阀装配图中，件 3 与 12 之间是配合表面，只画一条线；而件 4 与 12 之间是非配合表面，要画两条线。

2. 同一零件在各视图上的剖面线方向和间隔必须一致；零件相邻时，其剖面线方向应相反或间隔不等，如图 4—1 中相邻零件 1、3、4 所示。当零件厚度在 2 mm 以下时，允许以涂黑代替剖面线。

3. 对于轴、杆、球、键、销等实心件以及螺钉、螺母、螺栓、垫圈等紧固件，当剖切平面通过其轴线纵向剖切时，均按不剖绘制，如图 4—1 中的阀杆 12。

二、特殊画法

1. 拆卸画法

在装配图中，如果某一个或几个零件在其他视图上已经表示清楚，而又遮住了需要表达的零件时，则可假想将其拆去不画，只画所要表达部分的视图（图 4—1 的俯视图和 *A—A* 剖视图中拆去了件 2 手柄），这种画法称为拆卸画法。为了避免看图时产生误解，常在图上加注“拆去 × ×零件”。

2. 沿结合面剖切画法

在装配图中，为了表达内部结构，可假想沿着某些零件的结合面剖开。图 4—2 所示的转子泵装配图中， *A—A* 剖视图就是沿着泵体和泵盖的结合面（中间垫片）剖切后画出的。注意结合面不画剖面线，而螺栓、螺钉和圆柱销等实心杆件被横向剖切时要画剖面线。这种画法与拆卸画法的区别在于该画法是剖切而不是拆卸。

3. 假想画法

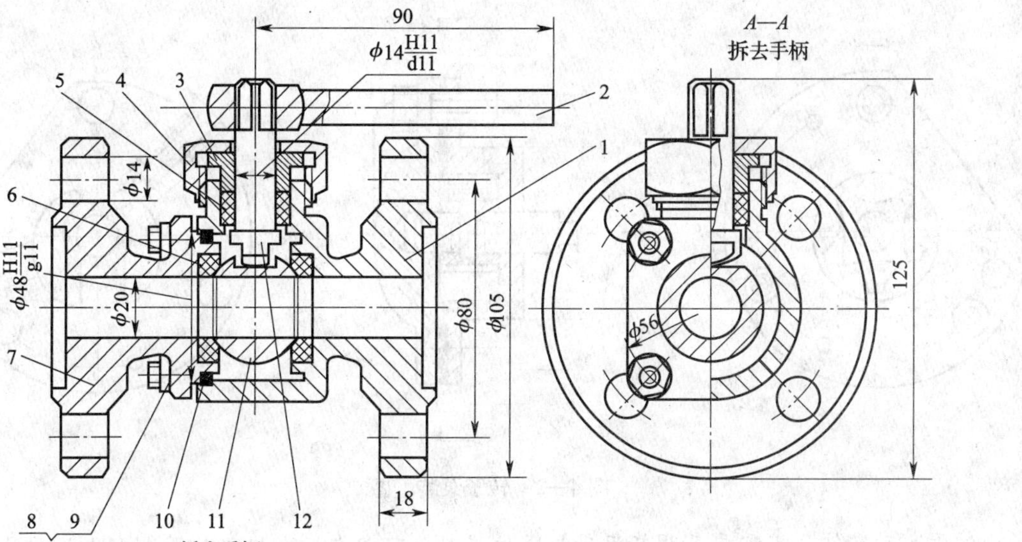

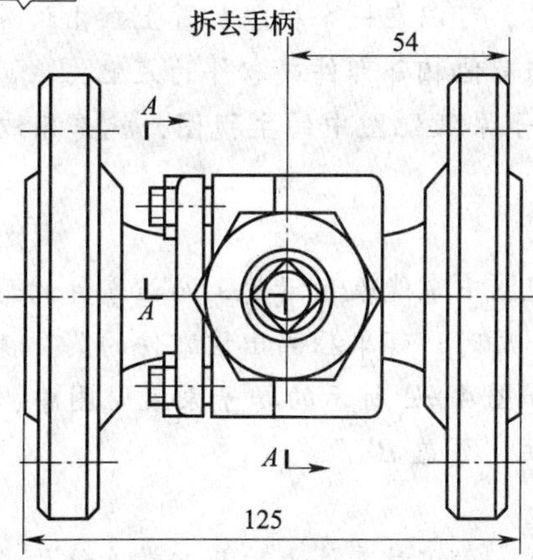

技术要求

1. 装配前应以0.3MPa的压力对阀盖进行材料的强度和紧密性水压试验。
2. 强度和紧密性水压试验的持续时间每次不得少于3min，在3min持续时间内不允许有渗漏现象。

序号	代号	名称	数量	材料	备注
12	JZF-12	阀杆	1	Cr18Ni12Mo2Ti	
11	JZF-11	球形阀瓣	1	Cr18Ni12Mo2Ti	
10	JZF-10	O形密封圈	1	耐油橡胶	
9	JZF-09	双头螺柱M6×16	4	35	GB/T 897—1988
8	JZF-08	螺母M6	4	35	GB/T 6170—2000
7	JZF-07	阀盖	1	Cr18Ni12Mo2Ti	
6	JZF-06	密封圈	2	耐油橡胶	
5	JZF-05	填料	1	浸油石棉	
4	JZF-04	盖螺母	1	45	
3	JZF-03	填料压盖	1	35	
2	JZF-02	手柄	1	HT150	
1	JZF-01	阀体	1	Cr18Ni12Mo2Ti	

截止阀		比例	质量	图号
				JZF-00
制图				
审核				

图 4—1　截止阀装配图

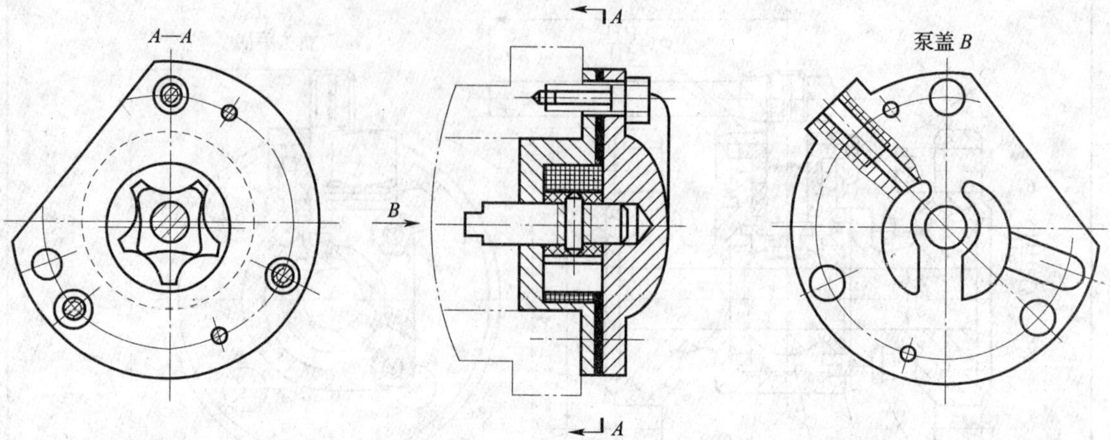

图 4—2　转子泵装配图

对于运动零件，当需要表明其运动极限位置时，可以在一个极限位置上画出该零件，而其他极限位置用双点画线表示。为了表明本部件与其他相邻部件或零件的装配关系，可用双点画线画出该相邻件的轮廓线。如图 4—2 所示转子泵装配图中的主视图，就是用双点画线表示转子泵的相邻零件的外轮廓。

4. 单独表示法

在装配图中，当某个零件的主要结构在其他视图中未能表示清楚，而该零件的形状对部件的工作原理和装配关系的理解起着十分重要的作用时，可单独画出该零件的某一视图，但要在所画视图上方注出该零件及其视图的名称。如图 4—2 所示的转子泵装配图中，就单独画出了零件泵盖的 *B* 向视图，并在该视图上方标注“泵盖 *B*”。

5. 简化画法

装配图既要表达清晰，又要使画图简便，因此，常常对零件上的某些常见结构采用简化画法，如图 4—3 所示。

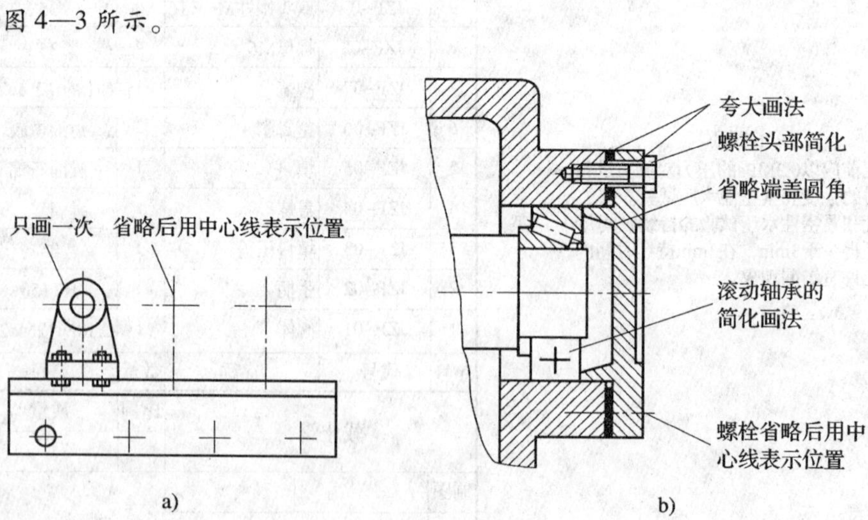

a)　　　　b)

图 4—3　简化画法和夸大画法

(1) 零件上的工艺结构，如较小的圆角、倒角、退刀槽等可以省略不画。

(2) 在装配图中，若干相同的零件组，可详细画出一个或一组，其余的只用中心线表明其安装位置。

(3) 对于标准件（如滚动轴承、螺栓、螺母等）可采用简化画法或示意画法。

6. 夸大画法

对于薄片零件、细丝弹簧、较小的间隙和斜度等，允许该部分不按原绘图比例绘制，可适当放大尺寸画出，以使图形表达清晰。如图 4—3 中的螺栓和螺栓孔的间隙及薄垫片就是采用了夸大画法。

课题一　化工设备图的内容与表达方法

学习目标

了解化工设备的结构特点，熟悉化工设备图的内容及表达方法。

【知识链接】

常见的化工设备

1. 容器

容器主要用来储存原料、中间产品和成品等，有圆柱形、球形等形状，而以圆柱形容器应用最广。如图 4—4a 所示为卧式圆柱形容器。

2. 换热器

换热器主要用来使各种不同温度的物料进行热量交换，以达到加热或冷却之目的。如图 4—4b 所示为列管式换热器。

3. 反应器

反应器主要用来使物料在其中进行化学反应生成新的物质，或者对物料进行搅拌、沉降等单元操作。反应器的形式很多，又称为反应罐或反应釜，一般还装有搅拌装置。如图 4—4c 所示为带有搅拌装置的反应器。

4. 塔器

塔器用于吸收、精馏、萃取等化工单元操作。塔器多为立式设备，其横断面一般为圆形。塔器的高度和直径一般相差较大。如图 4—4d 所示为塔式设备。

一、化工设备图的内容

如图 4—5 所示，一张完整的化工设备图应有以下内容：

1. 一组视图

用一组视图表达该设备的主要结构、形状以及零部件之间的装配关系。

2. 必要的尺寸标注

图样中标注必要的尺寸，用于表示该设备的总体大小、规格、装配和安装要求等。

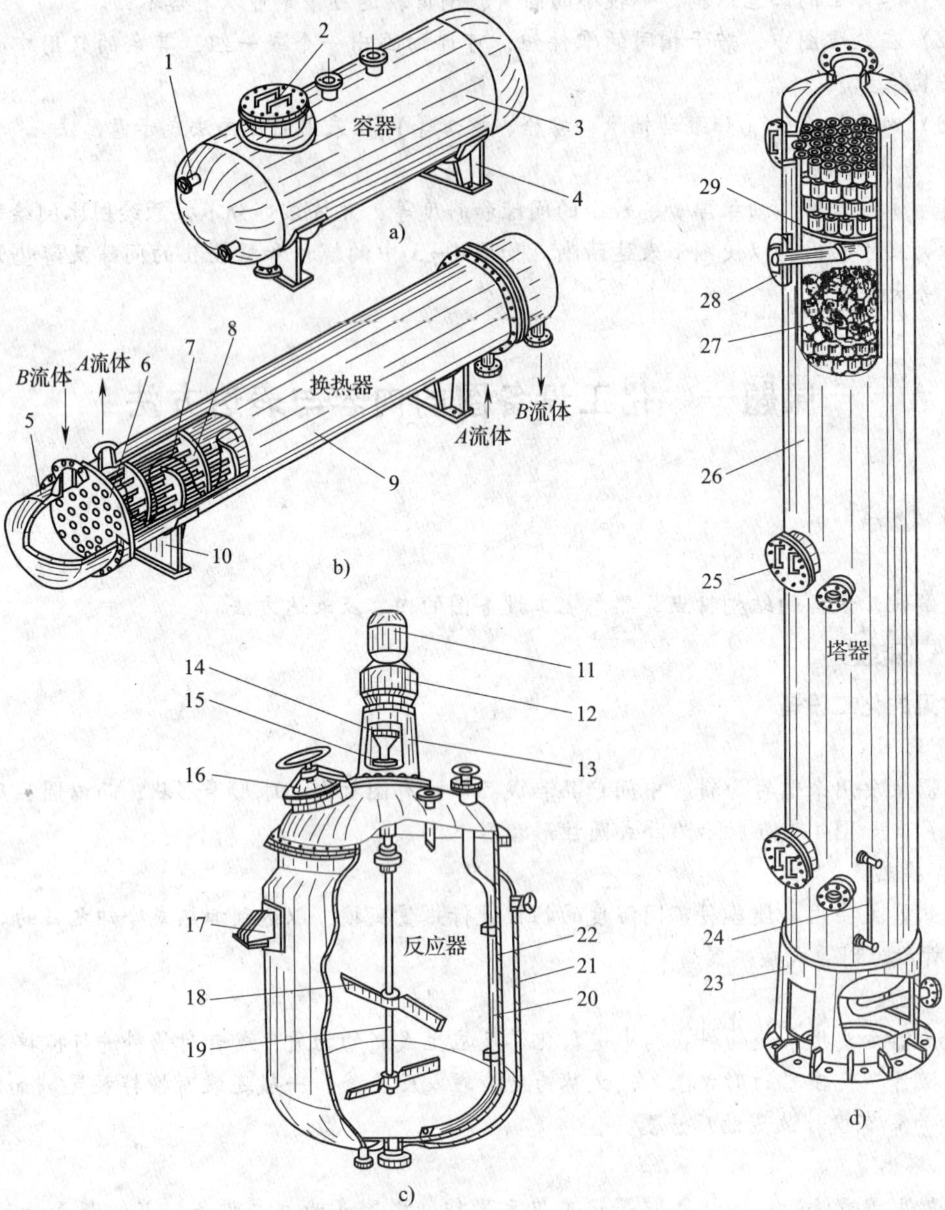

图4—4 常见化工设备的直观图

a）卧式圆柱形容器 b）列管式换热器 c）带有搅拌装置的反应器 d）塔式设备

1—液面计接管 2、16—人孔 3、22—罐体 4、10、17—支座 5—管箱 6—管板 7—换热管 8—折流板 9—壳体 11—电动机 12—减速机 13—机架 14—联轴器 15—轴封装置 18—搅拌器 19—搅拌轴 20—压出管 21—夹套 23—裙座 24—液面计 25—卸料机 26—塔体 27—瓷环 28—喷淋装置 29—栅板

3. 管口符号和管口表

设备上所有管口（物料进出管口、仪表管口等）和开孔（视镜、人孔、手孔等）均按拉丁字母顺序编号，并用管口表列出各管口或开孔的有关数据和用途等内容，以供制造、检验、操作时参考。

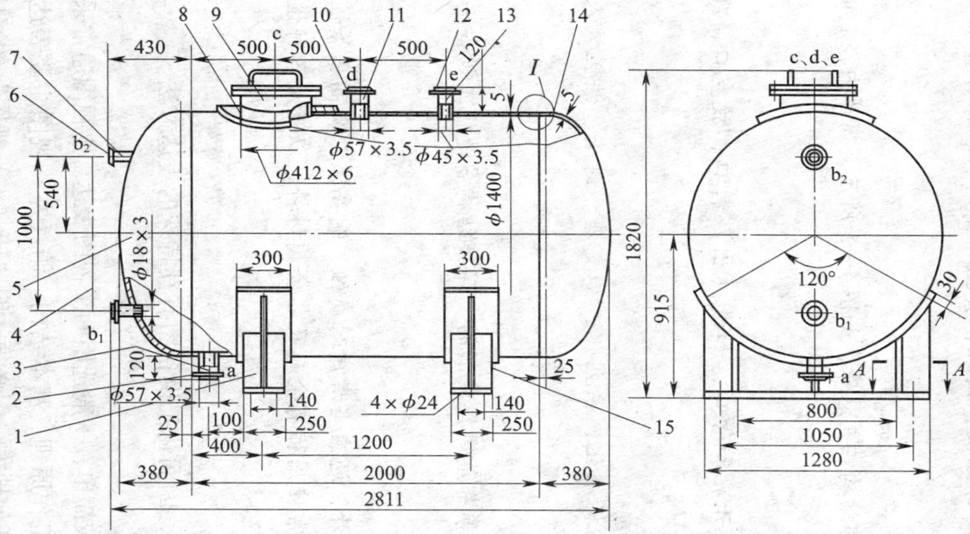

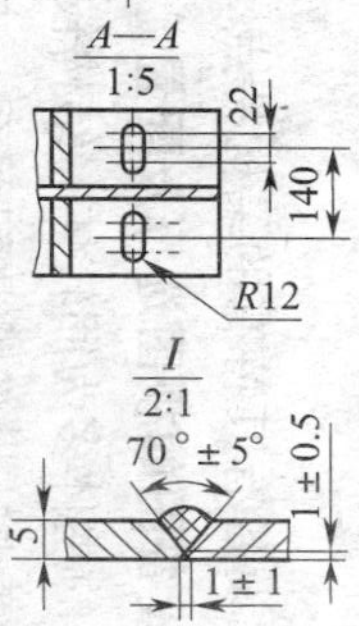

技术要求

1. 本设备按JB/T 4735—1997《钢制焊接常压容器　技术条件》制造、试验和验收。
2. 本设备全部采用电焊焊接，焊条型号为T422。
3. 焊接接头形式及尺寸符合GB/T 324—2008《焊缝符号表示法》相关规定。
4. 设备外表面涂红丹防锈漆二度。
5. 设备总质量802kg。

技术特性表

名称	指标
工作压力	常压
工作温度(℃)	20~60
容积（m^3）	3

管口表

符号	规格	标准号	密封面形式	用途
a	PN2.5 DN50	HG 20592~20635—2009	平面	出料口
b_{1-2}	PN1.6 DN15	HG 21592—1995	平面	液面计接口
c	DN400	HG 21595—1999		人孔
d	PN2.5 DN50	HG 20592~20635—2009	平面	进料口
e	PN2.5 DN40	HG 20592~20635—2009	平面	排气口

序号	图号或标准号	名称及规格	数量	材料	单重	质量	备注
15	JB/T 4712—1992	支座 DN1400 A	1	Q235		114	
14	JB/T 4737—1995	封头DN1400	2	Q235	88	176	
11、13		接管 $\phi45\times3.5$	1	10		0.5	l=130
10、12	HG 20592~20635—2009	法兰PN0.6 DN40	1	Q235		0.9	
9	HG 21595—1999	人孔DN400	1	Q235		27.4	
8	JB/T 4736—1995	补强圈DN400×6	1	Q235		10.5	
7		接管 $\phi18\times3$	2	10	0.5	1	l=130
6	HG 20592~20635—2009	法兰PN0.6 DN15	2	10	0.7	1.4	
5		筒体DN1400×5	1	Q235		346	H=2000
4	HG 21607—1996	液面计A1W PN0.6	1			7.86	l=1000
3		接管 $\phi57\times3.5$	2	10	0.55	1.1	l=125
2	HG 20592~20635—2009	法兰PN0.6 DN50	2	Q235	0.95	1.9	
1	JB/T 4712—1992	支座DN1400B	1	Q235		114	

（企业名称）				工程项目	
				设计阶段	
设计			储 槽 $\phi1400$ V=3.8m^3	比例	
制图				(图号)	
描校					
审核			年　月　日	共　张	第　张

图4—5　储槽装配图

4. 技术特性表

以表格形式列出设备的主要工艺特性（如工作压力、工作温度、物料名称等）及其他特性（如容器类别等）等内容，用以表明设备的重要特性指标。

5. 技术要求

用文字或符号说明设备在制造、检验、安装时应遵循的规范以及其他特殊要求。

6. 零部件编号、明细栏和标题栏

为便于查找零件，对设备上的每一种零件依次编号，并将各零件的名称、数量、材料等情况填入明细栏，同时填写标题栏。

二、化工设备图的表达方法

【知识链接】

化工设备的结构特点

化工设备的结构、形状、大小虽然各不相同，但常用的典型设备（见图4—4）都具有以下共同特点：

1. 化工设备主体以回转体为主

化工设备的壳体要求承压性能好、制作方便，因此，其主体如封头、筒体等多由圆柱、圆锥、圆球等回转体构成。

2. 各部分结构尺寸相差悬殊

设备总体尺寸与壳体壁厚或其他细部结构相差悬殊，如图4—5所示，筒体内径1 400 mm，而筒体壁厚仅5 mm。

3. 壳体上开孔和管口多

设备根据工艺需要，壳体有很多的开孔和管口，如进（出）料口、放空口、观察孔、人（手）孔及温度、压力、取样等检测口。

4. 广泛采用标准件

化工设备中较多的通用零部件都已标准化、系列化，如支座、封头、法兰、人（手）孔等。

5. 采用焊接结构多

设备中较多的部件，如筒体、支座等都是焊接成形的。焊接结构多是化工设备一个突出的特点。

6. 采用的材料特殊

化工设备的材料除考虑强度、刚度外，还应当考虑耐腐蚀、耐高温、耐高压等性能，因此，除使用碳钢、合金钢等材料外，还常使用稀有金属及非金属材料，以满足各种设备的特殊要求。

由于化工设备有其特有的结构特点，因而化工设备图有其特殊的表达方法。

1. 化工设备图的视图选择及配置

化工设备的主体多为回转体，结构较简单，一般选用两个视图表达。主视图通常采用全剖或局部剖，主要表达设备的装配关系、工作原理、基本结构。俯（左）视图主要表达设备的基本形状及管口方位，可以配置在图面任何地方，但必须注明“俯（左）视图”的字样。

当设备所需要的视图较多时，允许将部分视图画在数张图样上，但主要视图及该设备的明细栏、技术要求、技术特性表、管口表等内容，均应安排在第一张图样上。

化工设备结构比较简单，且零件多为标准件，故允许零件图与装配图画在同一张图样上。如果在装配图上已经表达清楚，也可以不画零件图。

2. 多次旋转的表达方法

由于化工设备多为回转体，设备壳体周围分布着各种管口或零部件，为了在主视图上清楚地表达它们的形状和轴向位置，主视图可采用多次旋转的画法，即假想将设备上不同方位的管口和零部件分别旋转到与主视图所在的投影面平行的位置，然后进行投影画出视图或剖视图，以表示这些结构的形状、装配关系和轴向位置。如图 4—6 所示，人孔 c 是按逆时针方向（从俯视图看）假设旋转 45°之后，在主视图上画出其投影的；液面计 a_1、a_2 是顺时针方向旋转 45°后，在主视图上画出的；管口 d 的轴线与投影面平行，所以不再旋转，可直接投影在正投影面上。在化工设备图中采用多次旋转画法时，允许不作任何标注，但这些结构的周向方位必须按图上的说明，以管口方位图（或俯、左视图）为准，这是在绘制和阅读化工设备图时必须注意的。

3. 断开和分段（层）的表达方法

当设备总体尺寸很大，而又有相当部分的形状和结构相同或按规律变化时，可以采用断开画法，如图 4—7 所示，填料塔设备采用了断开画法，图中断开省略部分是填料层（用符号简化表示），该部分的形状和结构完全相同。

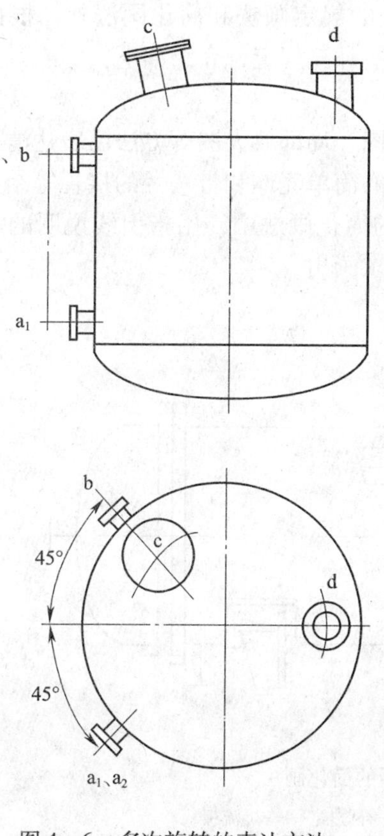

图 4—6　多次旋转的表达方法

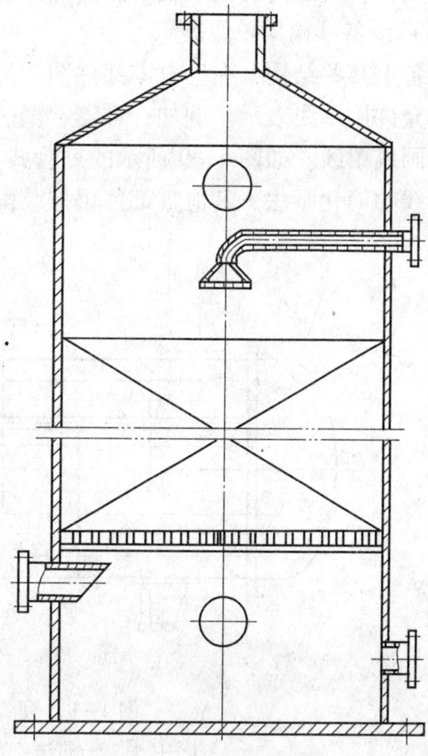
图 4—7　断开画法

4. 管口方位的表达方法

化工设备上的管口较多，在设备制造、安装和使用时，它们的方位都极为重要，必须在图样中表达清楚。对于管口在设备上的分布方位可用管口方位图来表示，以代替俯视图。方位图中仅以中心线表明管口的位置，用单线（粗线）示意画出设备管口。同一管口，在主视图和方位图上都标明相同的字母，如 a、b、c 等，如图 4—8 所示。当俯视图必须画出时，若管口方位在俯视图上能表达清楚，可不必画出管口方位图。

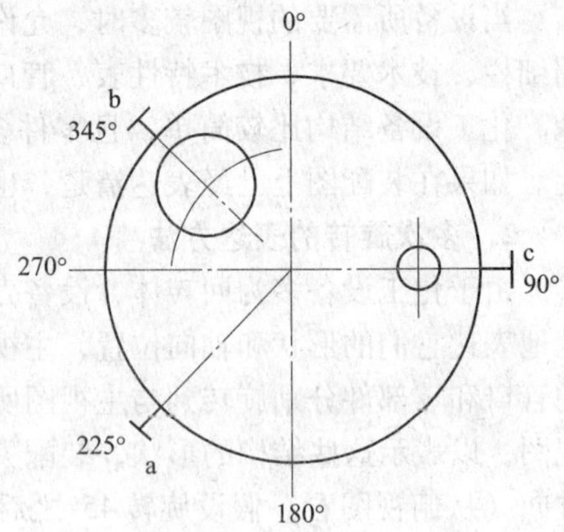

图 4—8 管口方位图

5. 局部结构的表达方法

对于设备上的某些局部结构，用总体尺寸所选定的绘图比例无法表达清楚时，可采用局部夸大画法（见图 4—3）。

6. 夸大的表达方法

对于设备中尺寸过小的结构（如薄壁、垫片、折流板等）或零部件无法按比例画出时，可采用夸大画法，即不按比例适当夸大地画出它们的厚度或结构。如图 4—5 所示的壁厚就是夸大画出的。

7. 简化画法

化工设备图中，除采用国家标准《机械制图》的规定画法和简化画法外，根据化工设备的特点，有关部门对化工设备图简化画法作了一些补充规定，介绍如下：

（1）设备结构用单线表示

设备上某些结构，在已有零部件图或另用剖视图、局部放大图等方法已表达清楚时，装配图上允许用单线表示。例如，容器、槽、罐设备的简单壳体和带法兰的接管等结构，均规定允许画成单线。如图 4—9 所示的列管式换热器的简化画法中，用指引线说明的零部件均采用单线的简化画法，其他零部件仍按装配图的要求画出。

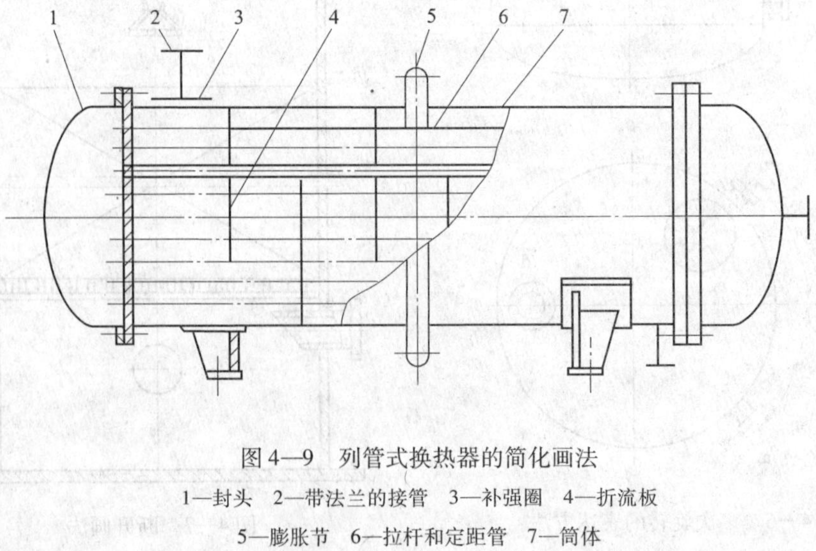

图 4—9 列管式换热器的简化画法

1—封头 2—带法兰的接管 3—补强圈 4—折流板

5—膨胀节 6—拉杆和定距管 7—筒体

（2）标准件的简化画法

标准件已有标准图样，在化工设备图上不必详细画出，可采用简化画法，如图 4—10 所示，但应在明细表中写明其名称、规格、标准号等。

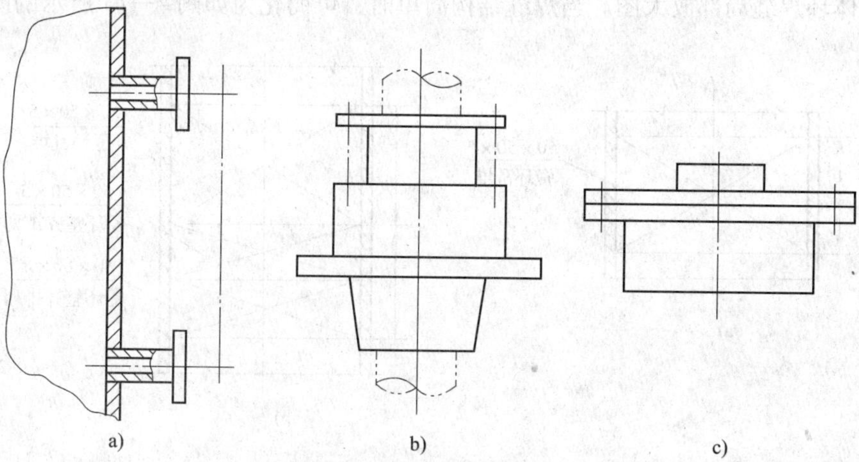

图 4—10　常见标准件的简化画法

a）液面计　b）填料箱　c）人（手）孔

（3）管法兰的简化画法

在化工设备图中，管法兰的画法均可简化成如图 4—11 所示的形式，法兰的连接面形式、焊接形式及连接面形状可在明细栏及管口表中表示。

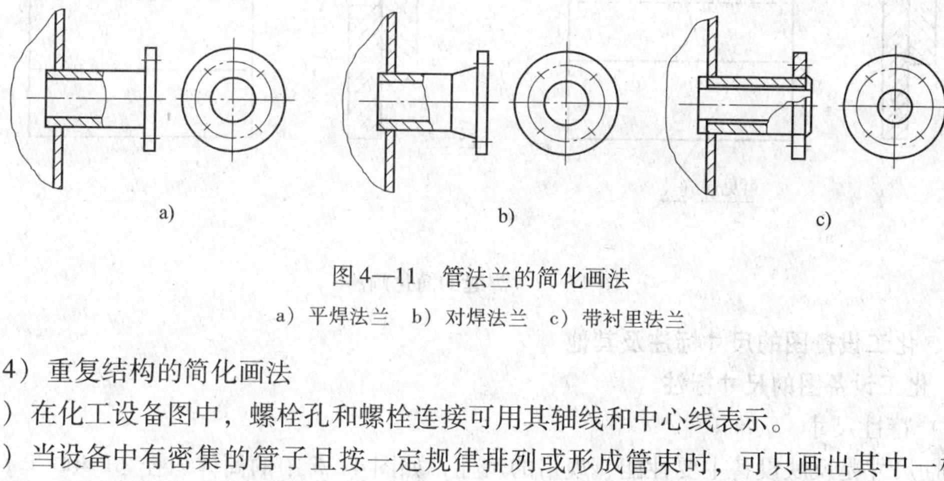

图 4—11　管法兰的简化画法

a）平焊法兰　b）对焊法兰　c）带衬里法兰

（4）重复结构的简化画法

1）在化工设备图中，螺栓孔和螺栓连接可用其轴线和中心线表示。

2）当设备中有密集的管子且按一定规律排列或形成管束时，可只画出其中一根或几根，其余管子用其中心线表示。

3）当设备中装有同一规格、同一材料和同一堆放方法的填充物时（包括瓷环、玻璃、卵石等），在装配图的剖视图中，可用交叉的细实线以及有关的尺寸和文字简化表达，如图 4—12a 所示，其中“50×50×5”为瓷环的规格尺寸。装有规格不同或规格相同但堆放方法不同的填充物时，必须分层表示，分别注明规格和堆放方法，如图 4—12b 所示。

（5）焊接结构的简化画法

化工设备上焊接结构很多，因此在设备图上需要表明焊缝结构。对于一般压力设备的焊缝，在化工设备图中，只在剖视图中按焊缝形式用涂黑表示，不需用焊缝代号逐一标注，而在技术要求中对焊缝质量、接头形式和焊条型号进行说明。对中、高压设备上的某些焊缝，除应在技术要求中给予说明外，还需用局部放大图画出这些焊缝的剖面形状和尺寸，如图4—5中筒体环焊缝局部放大图。当焊缝结构简单时，可简化为如图4—13所示的图形。

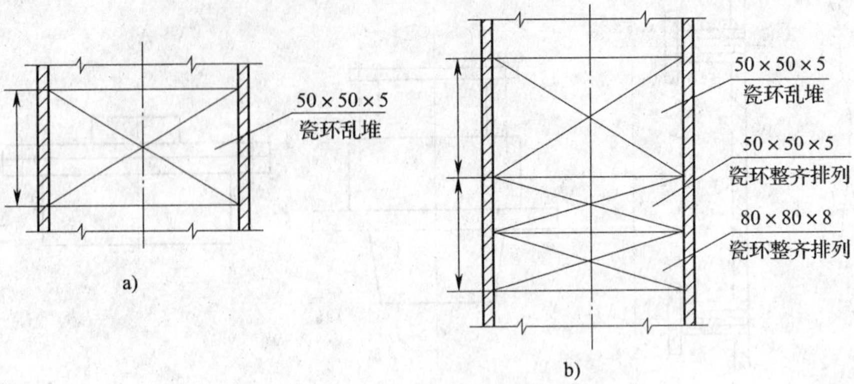

图4—12　填充物的简化画法

a）规格相同、堆放方法相同　b）规格不同或规格相同、堆放方法不同

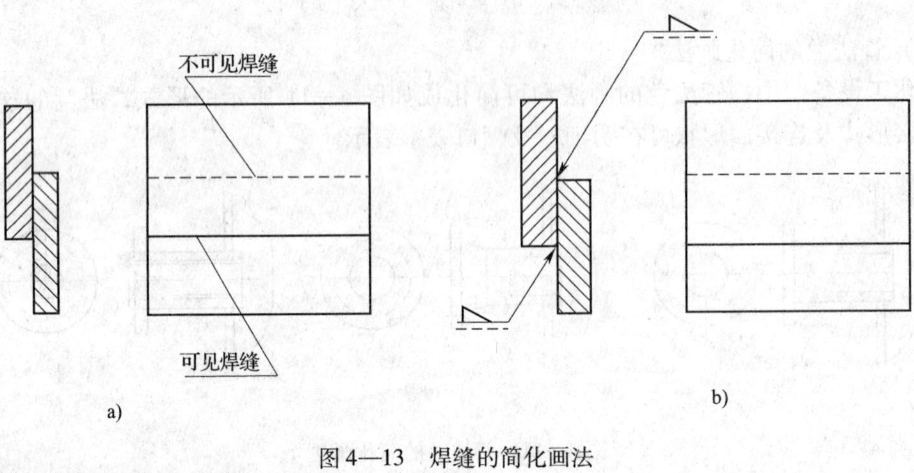

图4—13　焊缝的简化画法

三、化工设备图的尺寸标注及其他

1. 化工设备图的尺寸标注

（1）特性尺寸

特性尺寸是反映设备主要性能、规格的尺寸，如图4—5中的筒体内径 ϕ1 400等。

（2）装配尺寸

装配尺寸是表示零部件装配关系和相对位置的尺寸，如图4—5中的500、1 000等。

（3）安装尺寸

安装尺寸是表示设备安装的基础或构架的尺寸，如图4—5中支座上地脚螺栓孔的中心距1 200、1 050等。

（4）总体尺寸

总体尺寸是表示设备总长、总宽、总高的尺寸，用以确定该设备所占的空间，如图4—5

中的 2 811、1 280 等。

2. 管口表与技术特性表

管口表中的符号应和图形中各管口符号一致，其格式见表 4—1。技术特性表应根据设备情况填写，其格式可参考表 4—2。

表 4—1　　管口表

符号	规格	法兰标准和压力	密封面形式	用途或名称
10	15	50	20	25

120

表 4—2　　技术特性表

名称	指标	
	管程	壳程
设计压力		
设计温度		
物料名称		
传热面积		
40	40	40

16　8　8　8

120

课题二　化工设备图的识读

学习目标

熟悉识读化工设备图的基本要求和要达到的目的，掌握识读化工设备图的方法和步骤。

一、识读化工设备图的基本要求

识读化工设备图时，应满足以下基本要求：

1. 了解设备的用途、工作原理、结构特点和技术特性。
2. 了解各零部件之间的装配关系和有关尺寸。
3. 了解零部件的结构、形状、规格、材料及作用。
4. 了解设备上的管口数量及方位。
5. 了解设备制造、检验和安装等方面的标准和技术要求。

二、识读化工设备图的方法

1. 概括了解

从标题栏了解设备的名称、规格、绘图比例等内容；从明细栏和管口表了解各零部件和管口的名称、数量等；从技术特性表及技术要求中了解设备的有关技术信息。

2. 详细分析

(1) 分析视图

分析设备图上有哪些视图，各视图采用了哪些表达方法，这些表达方法的目的是什么。

(2) 分析零部件结构及装配关系

对照图样和明细栏中的序号，逐一分析各零部件的结构、形状和尺寸。标准化零部件的结构可查阅有关标准。另有图样的零部件，则应查阅相关的零部件图，弄清其结构形状，从主视图入手，结合其他视图分析各零部件之间的相对位置及装配关系。

(3) 分析技术要求

通过阅读技术要求，可了解设备制造、检验、安装等方面的要求。

3. 归纳总结

通过详细分析，将各部分内容综合归纳，从而得出设备完整的结构形状，进一步了解设备的结构特点、工作特性和操作原理等。

三、识读示例

如图 4—14 所示为热交换器装配图，识读步骤如下：

1. 概括了解

根据标题栏、明细栏、技术特性表等可知，该设备是热交换器，用于使两种不同温度的物料进行热量交换，筒体内径为 DN400，换热管长度为 4 000 mm，换热面积为 50 m^2，绘图比例 1∶5，由 21 种零部件所组成，其中有 7 种标准件。管程内的介质是溶液，工作压力为 0.294 MPa，设计温度为 81 ~ 97℃；壳程内的介质是废气，工作压力为 0.392 MPa，设计温度为 110 ~ 135℃。换热器共有 4 个接管，其用途、尺寸见图 4—14 中的管口表。

2. 详细分析

(1) 分析视图

该设备采用了主视图、*A—A* 剖视图、两个节点放大图。主视图采用了全剖视、断开、简化等表达方法，主要表达了热交换器的内外结构形状、各管口及支座在轴向的位置、列管与管口的装配关系以及折流板的分布情况（列管仅画出一根，其余用中心线表示）。*A—A* 剖视图表达了各管口、支座的周向方位以及列管的排列方式。节点放大图*I* 表达了列管在管板上的固定情况，节点放大图*II* 表达了管板与筒体的连接情况。

(2) 分析零部件结构及装配关系

该热交换器为一立式设备，上、下封头（件 3）与筒节（件 4）、筒节与法兰（件 11）、管板（件 10）与筒体（件 19）采用焊接结构，通过螺栓（件 12）连接，用垫片（件 5）密封。

换热管（件 21）共有 173 根，固定在上、下管板上。筒体内部有弓形折流板（件 8）10 块，折流板间距由定距管（件 6、7 等）控制。所有折流板用拉杆（件 9、17）连接，下端固定在管板上，上端用螺栓锁紧。折流板的结构形状需阅读折流板零件图。

设备由四个悬挂式支座（件 15）固定在楼板上。设备上有四个管口，a 管口为溶液出口、b 管口为溶液进口、c 管口为废气进口、d 管口为废气出口。

(3) 分析技术要求

从技术要求可知，该设备按国家标准《管壳式换热器》进行设计、制造、试验和验收。焊接采用电焊，焊条型号为 T422。制造完成后，要进行焊缝无损探伤检查和水压试验。设备经检验合格后，外表面涂红丹、灰漆各一遍。

3. 归纳总结

由上面的分析可知，设备主体由筒体、封头、管板、列管、折流板、管口及支座等组成。总长 4 559 mm，公称直径 400 mm。设备工作时，溶液从管口 b 进入换热管，由管口 a 流出；废气从管口 c 进入筒体，经折流板曲折流动，与管程内的溶液进行热量交换后，由管口 d 流出。

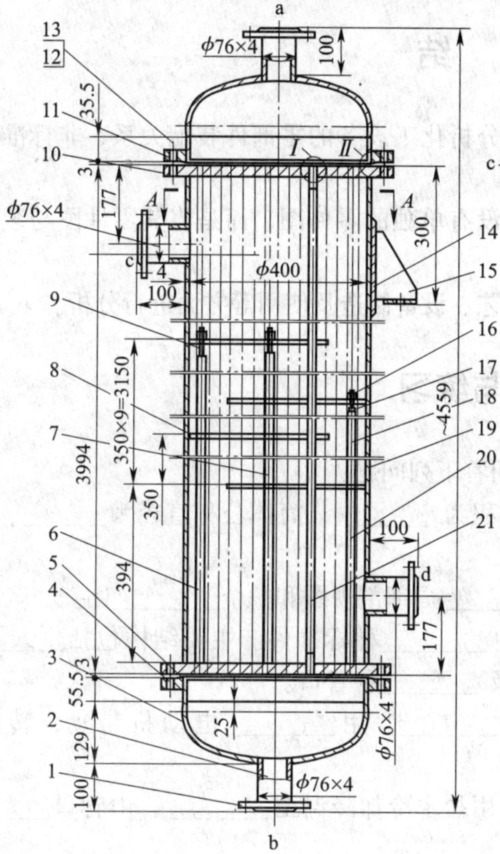

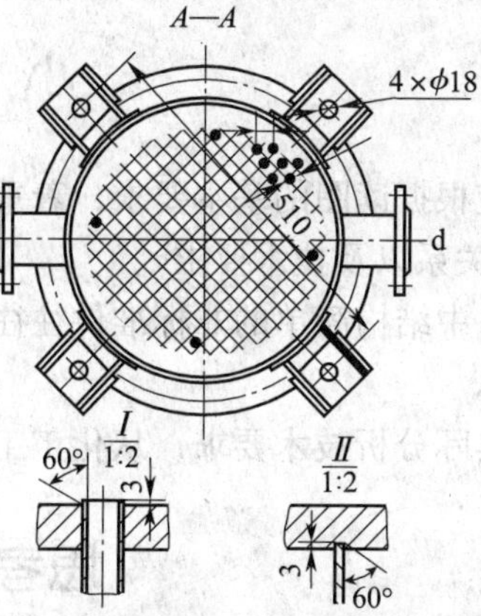

技术要求

1. 本设备按GB 151—1999《管壳式换热器》中Ⅱ级的要求制造、检验。
2. 焊接采用电焊，焊条型号为T422。
3. 对接焊接接头形式及尺寸符合GB/T 324—2008《焊缝符号表示法》的规定。
4. 焊缝需进行无损探伤检查，检查长度为对接焊缝的15%。
5. 设备制成后，管程以0.58MPa壳程以0.68MPa进行水压试验。
6. 设备经检验合格后，外表面涂红丹、灰漆各一遍。

技术特性表

名 称	管 程	壳 程
设计压力	0.294MPa	0.392MPa
设计温度	81~97℃	110~135℃
物料名称	溶液	废气
换热面积	$50m^2$	

管口表

符号	公称尺寸	连接尺寸及标准	连接面形式	用途或名称
a	70	PN0.6 DN70 HG20592~20635—2009	凹面	溶液出口
b	70	PN0.6 DN70 HG20592~20635—2009	凹面	溶液进口
c	70	PN0.6 DN70 HG20592~20635—2009	凹面	废气进口
d	70	PN0.6 DN70 HG20592~20635—2009	凹面	废气出口

件号	图号或标准号	名 称	数量	材料	单质量(kg)	总质量(kg)	备注
21		换热管φ18×2, l=4000	173	10			
20		定距管φ18×2, l=388	3	10			
19		筒体DN400×4	1	Q235			
18		定距管φ18×2, l=694	8	10			
17		拉杆φ12, l=3234	1	Q235			
16	GB/T 6170—2000	螺母M12	8	Q235			
15	JB/T 4725—1992	支座A0.5	4	Q235			
14		加强板200×120, δ=6	4	Q235			
13	GB/T 6170—2000	螺母M16	40	Q235			
12	GB/T 5782—2000	螺栓M16×70	40	Q235			
11	HG 20592~20635—2009	法兰S6-400	2	Q235			
10		管板	2	Q235			
9		拉杆φ12, l=3584	3	Q235			
8		折流板	10	Q235			
7		定距管φ18×2, l=344	18	10			
6		定距管φ18×2, l=738	1	10			
5		垫片	2	石棉橡胶绳			
4		筒节	2	Q235			
3	JB/T 4737—1995	封头DN400×4	2	Q235			
2		接管φ76×4	4	Q235			
1	HG 20592~20635—2009	法兰PN0.6 DN70	4	Q235			

(单位名称)				(工件名称)	
职责	签 字	日期	热交换器	设计项目	
设计				设计阶段	施工图
制图					
校核					
审核					
年 月 日			比例 1:5	第 张	共 张

图 4—14 热交换器装配图

小　结

1. 看图时应根据读图的基本要求，着重分析化工设备的零部件装配关系、非标准件的形状结构、尺寸关系以及技术要求。

2. 化工设备中结构简单的非标准件往往没有单独的零件图，而是将其零件图与装配图画在一张图样上。

3. 应联系实际分析技术要求，从化工工艺、设备制造及使用等方面进行分析。

思考与练习

识读如图 4—15 所示的反应器装配图，回答下列问题：

1. 该设备为________的装配图，设备容积为________，筒体公称直径为________，绘图比例为________。

2. 视图以________视图为主，另有 ________局部剖视图和一个________图。

3. 该设备共有________种零部件，其中________种标准件。主要结构包括________、夹套、搅拌装置、________装置和轴封装置及________种管口。

4. 搅拌轴材料为________，直径为________，用________电动机带动，转速为________。

5. 该反应器的传热装置采用________，用盐水冷却降温至________，由管口________进入，由管口________引出。

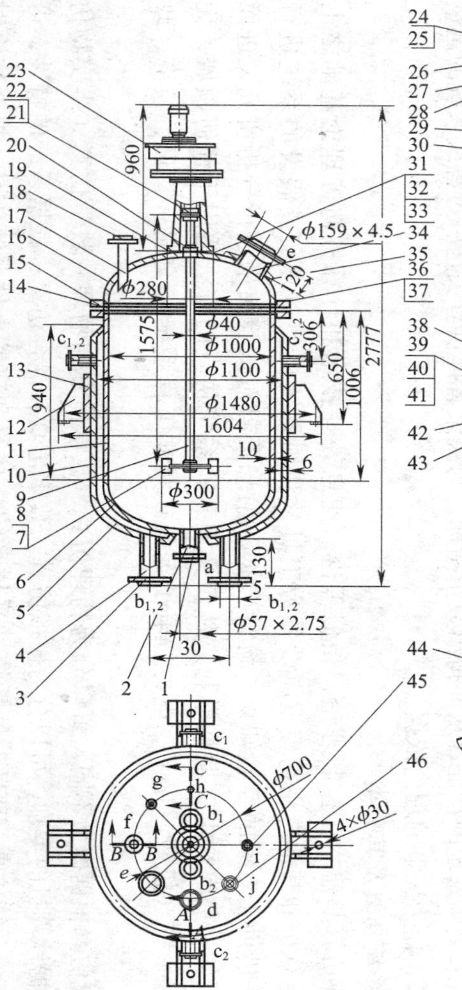

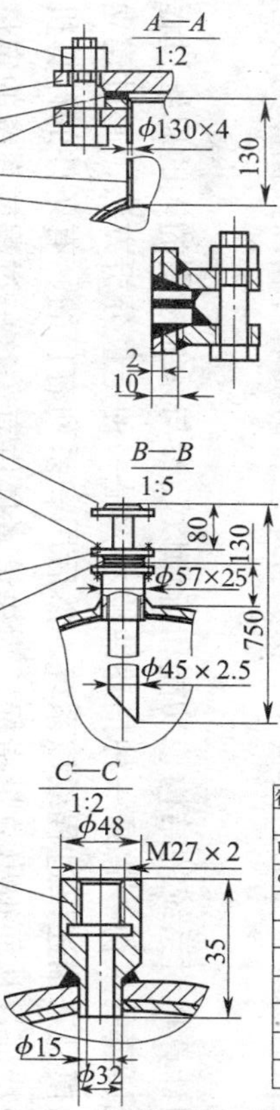

技术要求

1.本设备的罐体用不锈复合钢板制作。复层材料为1Cr18Ni9Ti，其厚度为2mm。
2.本设备的制作技术条件应符合《不锈复合钢板焊制容器暂行规定(草案)》及HG/T 2806—2009的规定。
3.焊缝结构除有图示的外，其余均符合GB/T 985.4—2008《复合钢的推荐坡口》的规定，对接接头采用V形，T形接头采用三角形，法兰焊接符合相应的标准。
4.焊条选用要求如下：碳钢焊接采用E4303焊条，不锈钢与不锈钢焊接采用E1-23-13-16焊条，不锈钢与碳钢焊接采用E1-23-13-16焊条。
5.罐体两端封头(件16和件6)，应采用冷压成形。
6.罐体与夹套的焊缝应作超声波探伤和X光检验，其焊缝质量应符合有关规定，夹套内应作0.45MPa水压试验。
7.设备组装后应试运行，搅拌轴转动应轻便自如，不应有不正常的噪声和较大的振动等不良现象。
8.罐体复层内表面应作酸洗钝化处理。
9.设备外表涂铁红酚醛底漆，并用厚80mm的软木作保冷层。
10.安装所用地脚螺栓的直径为M24，设备总重约1 100kg。

技术特性表

序号	名称	指标	
		罐	夹套
1	工作压力	常	0.3MPa
2	工作温度	40	−15
3	传热面积	4	
4	物料	溶液	冷冻
5	电动机型	JO_2−31−42.2kW	
6	搅拌速率	200r/min	
7	全容积	1m³	

管口表

符号	公称尺寸	连接尺寸及标准	连接面形式	用途或名称
a	50	JB/T 81—94, 50-1	平	物料
$b_{1,2}$	50	JB/T 81—94, 50-1	平	冷却盐水
$c_{1,2}$	50	JB/T 81—94, 50-1	平	冷却盐水
d	125	JB/T 81—94, 125-1	平	酸碱度
e	150			手孔
f	50	JB/T 81—94, 50-1	平	酸液
g	25	JB/T 81—94, 25-1	平	碱液
h	27	JB/T 81—94, 27-1	螺	温度
i	25	JB/T 81—94, 25-1	平	放
j	40	JB/T 81—94, 40-1	平	备

序号	图号与标准号	名称	数量	材料	单重	总重	备注
46	JB/T 81—94	接管/U+22	1	1Cr18Ni9Ti		0.6	l=135
45	JB/T 81—94	接管/U+22	1	1Cr18Ni9Ti		0.4	l=135
44		接口M27	1	1Cr18Ni9Ti		0.5	
43		垫片90×57	1	石棉		0.02	
42	GB/T 6170—2000	螺母	8	Q235—A	0.02	0.16	
41	GB/T 5782—2000	螺栓M12	8	35	0.06	0.48	
40		法兰盖DN50	1	1Cr18Ni9Ti		1.2	钻孔
39	JB/T 81—94	接管/U+22	1	1Cr18Ni9Ti		2.7	l=750
38		法兰DN40−2	2	1Cr18Ni9Ti	0.9	1.8	
37	GB/T 5782—2000	螺栓M20×60	36	35	0.32	11.5	
36	GB/T 6170—2000	螺母	36	Q235—A	0.06	2.16	
35	JB/T 4736—2002	补强圈DN15	1	Q235—A		3.20	
34	HG/T 21528—2005	手孔ADN150	1	1Cr18Ni9Ti		15	
33		垫圈	6	65Mn	0.01	0.06	
32	GB/T 6170—2000	螺母	6	Q235—A	0.02	0.12	
31		螺柱M12	6	35	0.05	0.3	
30	GB/T 4736—2002	补强圈DN12	1	Q235—A		2.5	
29	JB/T 81—94	接管\U+22	1	1Cr18Ni9Ti		0.2	l=145
28		法兰DN125−2	1	1Cr18Ni9Ti		4	
27	GB/T 97.1—2002	垫片178×133	1	橡胶		0.02	
26		法兰盖DN125	1	1Cr18Ni9Ti		3	
25	GB/T 6170—2000	螺母	8	Q235—A	0.04	0.32	
24	GB/T 5782—2000	螺栓M16	8	35	0.13	1.04	
23		减速器	1			122	
22		键10×5	1	45		0.04	
21	GB/T 6170—2000	螺母M24×1	1	45		0.01	
20		填料箱	1	1Cr18Ni9Ti		3.78	
19	JB/T 81—94	接管	1	Q235—A		10	
18		法兰DN25−2	2	1Cr18Ni9Ti	0.45	0.9	
17	JB/T 81—94	接管	1	1Cr18Ni9Ti		0.8	l=300
16	JB/T 4746—2002	封头DN1000	1	1Cr18Ni9Ti		97	
15		法兰DN1000	2	1Cr18Ni9Ti	130	260	
14		垫片1065×10	2	石棉		0.5	
13		垫板280×1	4	Q235—A	4.5	18	
12	JB/T 81—94	支座B2	4	Q235—A	7.15	28.6	
11	JB/T 4712.3—2007	罐体DN1000	1	1Cr18Ni9Ti		250	H=1000
10		夹套体DN1100	1	Q235—A		160	l=970
9		轴	1	1Cr18Ni9Ti		20	
8		键12×4	1	1Cr18Ni9Ti		0.05	
7		搅拌器300	1	1Cr18Ni9Ti		2.8	
6	JB/T 4746—2002	封头DN100	1	1Cr18Ni9Ti		97	
5	JB/T 4746—2002	封头DN1100	1	Q235—A		67	
4	JB/T 81—94	接管\U+22	4	10	0.7	2.8	l=135
3		法兰DN50	4	Q235—A	1.4	5.6	
2	JB/T 81—94	接管\U+22	2	1Cr18Ni9Ti	0.7	1.4	l=145
1		法兰DN50−2	2	1Cr18Ni9Ti	1	2	

标记	处数	分区	更改文件号	签名	年月日	材料标记			单位名称
设计	签名	年月日	标准化	签名	年月日	阶段标记	质量(kg)	比例	反应器
制图							1100	1:10	
审核						共 张 第 张			图样代号
工艺			批准						

图 4—15　反应器装配图

模块五　化工仿真图的表达方式与识读

课题一　化工仿真图的表达方式

学习目标

通过本课题的学习，要求学生了解仿真的概念及化工仿真图的表达方式，了解化工仿真图的图示方法。

一、化工仿真基本概念

1. 仿真

仿真是利用模型复现实际系统中发生的本质过程，并通过对系统模型的试验来研究存在的或设计中的系统，又称模拟。这里所指的模型包括物理的和数学的、静态的和动态的、连续的和离散的各种模型。所指的系统也很广泛，包括电气、机械、化工、水力、热力等系统，也包括社会、经济、生态、管理等系统。当所研究的系统造价昂贵、试验的危险性大或需要很长的时间才能了解系统参数变化所引起的后果时（如航空、空间、核能等），仿真是一种特别有效的研究手段。仿真工具主要指的是仿真硬件和仿真软件。仿真硬件中最主要的是计算机，仿真软件包括为仿真服务的仿真程序、仿真程序包、仿真语言和以数据库为核心的仿真软件系统。

计算机仿真是应用计算机对系统的结构、功能和行为以及参与系统控制的人的思维过程和行为进行动态性比较逼真的模仿。它是一种描述性技术，是一种定量分析方法，通过建立某一过程和某一系统的模型来描述该过程或该系统，然后用一系列有目的、有条件的计算机仿真试验来刻画系统的特征，从而得出数量指标，为决策者提供有关这一过程或系统的定量分析结果，作为决策的理论依据。

2. 系统仿真及其分类

系统仿真是建立在控制理论、相似理论、信息处理技术和计算机初等理论基础之上的，以计算机和其他专用物理效应设备为工具，利用系统模型对真实或假设的系统进行试验，并借助于专家的经验知识、统计数据和信息资料对试验结果进行分析研究，进而做出决策的一门综合的试验性学科。从广义而言，系统仿真的方法适用于任何领域，无论是工程系统（机械、化工、电力、电子等）还是非工程系统（交通、管理、经济、政治等）。

系统仿真根据模型不同，可以分为物理仿真、数学仿真和物理 - 数学仿真（半实物仿真）；根据计算机的类别，可以分为模拟仿真、数字仿真和混合仿真；根据系统的特性，可以分为连续系统仿真、离散时间系统（采样系统）仿真和离散事件系统仿真；根据仿真时钟与实际时钟的关系，可以分为实时仿真、亚实时仿真和超实时仿真等。

二、化工仿真的发展及应用

随着计算机和仿真技术的飞速发展，化工仿真在化工行业得到了极大应用。20 世纪 80 年代初，某些西方国家的大型石油化工企业相继采用计算机仿真培训系统训练操作工人，效果十分突出。大量统计结果表明，仿真培训可以使工人在数周之内取得现场 2～5 年的经验。这种仿真培训系统能逼真地模拟工厂开车、停车、正常运行及各种事故状态的现象，没有危险性，能节省培训费用，大大缩短培训时间。

我国于 1985 年开始引进国外仿真培训系统，在此基础上，1987 年北京化工大学与燕山石化公司合作研制成功我国第一套通用型石油化工仿真培训系统并应用成功，这套系统的推广应用为我国化工领域的培训方式带来了革命性的变化。自此，我国的化工仿真技术开始有了较多的应用和发展，从单元设备的仿真到工段级的仿真，再发展到全流程的仿真。现在的化工仿真技术开始向人工智能化方向发展，对工艺过程中由于操作和其他原因导致的异常现象进行提示报警，以更好地帮助学员进行培训。这种智能化仿真应该是今后新型培训系统的一种发展方向。

随着科学技术的不断进步，计算机 DCS（Distributed Control System，集散控制系统）控制生产过程的工业自动化程度不断提高，DCS 是利用微型计算机或微处理器技术对生产过程实现集中管理和分散控制的系统的代名词。化工生产行业从以前的主要依靠工人现场操作为主向计算机 DCS 控制生产过程转变。化工仿真 DCS 操作培训系统是以计算机为手段，通过建立化工工业过程的动态数学模型，并在以计算机为基础的专用硬件环境下，再现具有真实装置系统特性的软、硬件产品。将 DCS 与化工生产线有机结合，可以实现对过程参数的精确控制与调节，从而提高产品质量，节约人力、物力，同时减小现场操作的危险性，大幅度提高经济效益，与单纯的人工操作相比，其优越性是不言而喻的。能够熟练进行 DCS 操作又具有化工专业知识的人才必将受到化工行业的青睐，故化工专业学生掌握计算机控制生产过程的技能就尤为重要。一个良好的化工仿真实训系统，可以为学生提供一个很好的技能培训平台，为其今后走上工作岗位直接从事化工工艺 DCS 操作控制工作打下良好的基础。只有了解化工仿真图的图示及识读方法，才能更好地操作仿真系统。

三、化工仿真图及仿真系统设计说明

1. 化工仿真图

化工仿真图是仿真软件在计算机中运行所呈现在屏幕上的且可操作的化工工艺流程画面。此画面不同于在纸张上绘制的图样，纸张上绘制的图样一旦绘制完成，图面就固定不变了，仿真画面则不同，它可随操作的进行而改变。例如，在双线管道图中，有些管道内的物料线在阀门打开时可见，在阀门关闭时物料线是不可见的，有时打开阀门前物料线是红色的，而打开阀门后为绿色，还可用不同的颜色区别不同的物料，区别泵、阀等的开关状态等。

2. 仿真系统设计说明

（1）DCS 图的颜色、显示及操作方法均与工厂真实使用的 DCS 系统保持一致。

（2）一般调节阀的流通能力按正常开度为 50% 设计。

（3）现场图的相关说明如下：

1）现场图是在 DCS 图的基础上改进而完成的，大多数现场图都有与之对应的 DCS 流程图。

2）现场图上光标变为手形处为可操作点。

3）现场图上的模拟量（如手操阀）、开关量（如开关阀和泵）的操作方法与 DCS 图上的操作方法相同。

4）一般，现场图上红色的阀门、泵及工艺管线表示这些设备处于“关闭”状态，绿色表示设备处于“开启”状态。

5）当阀门开启时，物料在管道中的流动状态可显示在画面中，按虚线沿流动方向移动。

四、化工仿真系统图

由于我国仿真系统起步较晚，目前全国只有少数厂家能生产仿真系统，特别是化工仿真系统屈指可数，所以，目前仿真系统的设计和生产没有行业标准和规范，仿真图的表达方法也各不相同。下面就目前职业学校常用的 TDC3000 及 PISP—2000 化工仿真培训系统作简单介绍。

1. 化工工艺流程现场图

如图 5—1 所示为液位控制系统流程现场图，流程现场图是主要的操作界面，包括流程图、显示区域和可操作区域。

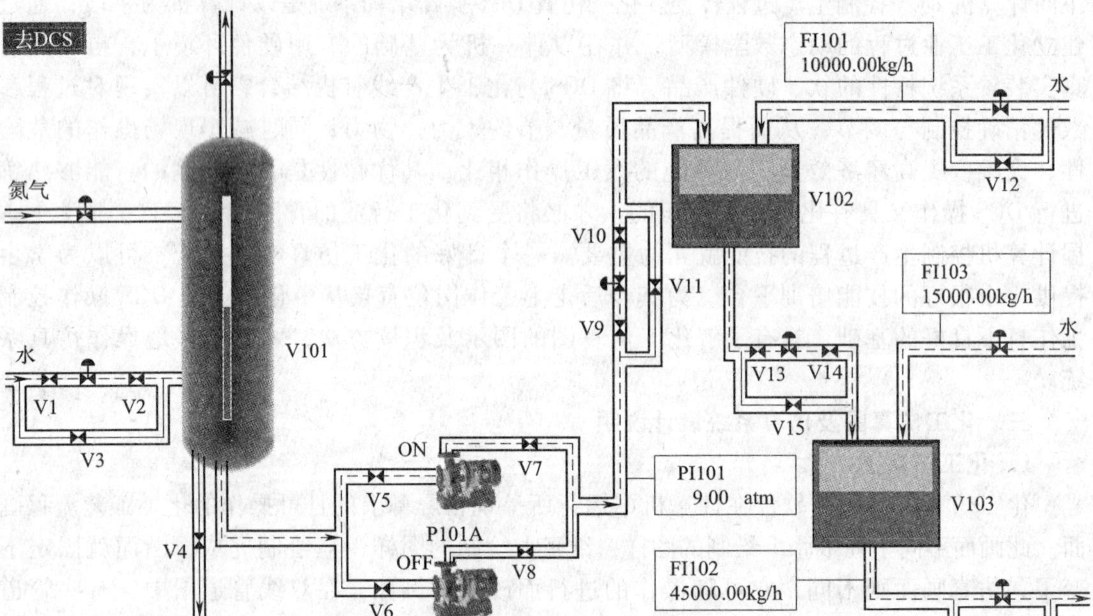

图 5—1　液位控制系统流程现场图

显示区域用来显示流程中的工艺变量的值。显示区域又可分为数字显示区域和图形显示区域，数字显示区域相当于现场的数字仪表，图形显示区域相当于现场的显示仪表。可操作区域又称为触屏，当鼠标光标移到上面时会变成一个手的形状，表示可以操作。鼠标单击时会根据所操作的元素不同而有不同的效果，例如，点击阀门，会出现标题为所操作区域工位号的数值对话框（见图 5—2），一般用来设置阀门开度或其他非开关形式的量。上面的文本框内显示该变量的当前值，在下面的文本框内输入想要设置的值（如 20%、40%、80%等），然后按回车键即可完成设置。又如，点击按钮，出现标题为所操作区域工位号的操作开关对话框（见图 5—3），一般用来设置泵、风机、电动机等一些开关形式的量（即只有“是”与“否”两个值），点击“开”或“关”按钮，上面的文本框内会显示确认的信息等。

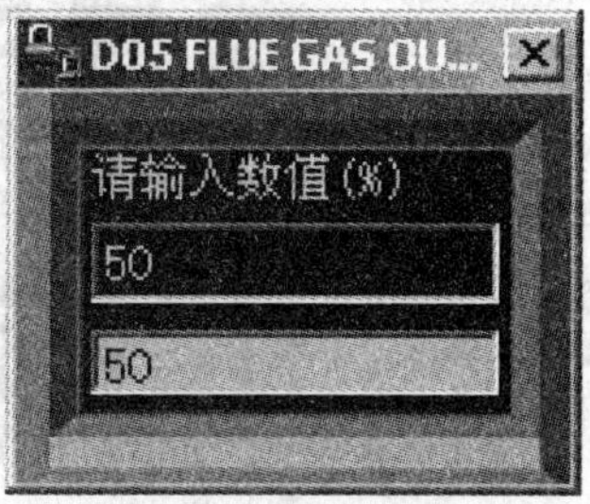

图 5—2　数值对话框

图 5—3　操作开关对话框

2. 化工工艺流程 DCS 图

如图 5—4 所示为液位控制系统 DCS 图。

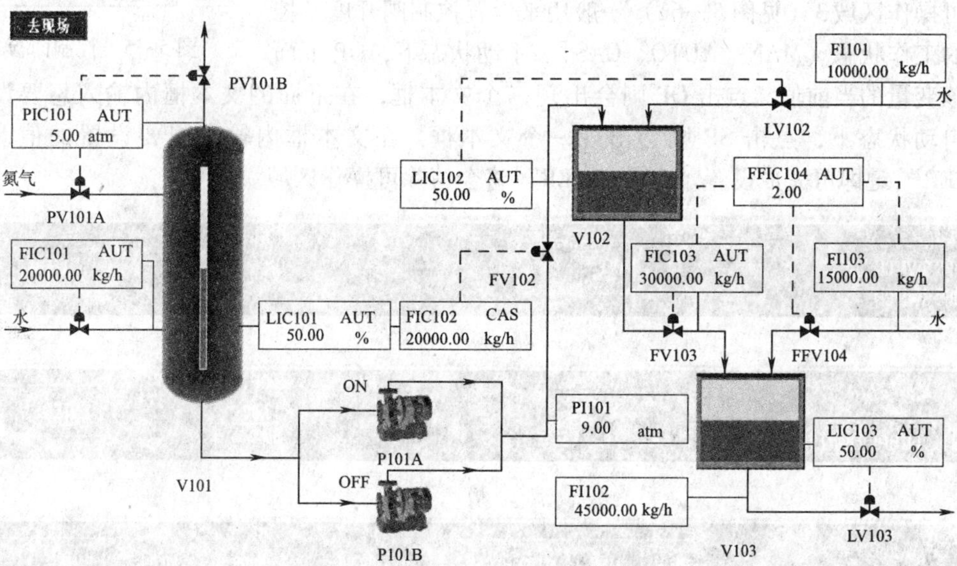

图 5—4　液位控制系统 DCS 图

DCS 图是主要操作界面，也包括流程图、显示区域和可操作区域。但是，对于不同的操作系统，即使所操作的元素相同也会出现不同的效果。

（1）对于 PISP—2000 系统，如点击控制阀，在 DCS 图中会出现控制面板，如图 5—5 所示，在控制面板中显示所控制变量参数的测量值、给定值、当前输出值、“手动/自动”方式等，可以切换“手动/自动”方式，在手动方式下设定输出值，另外还有串级方式设定。

图5—5中，PV是检测的实际值，SP（设定值）一般泛指自动控制设定值，OP是输入控制信号，一般是手动控制设定值（泛指输出给执行机构的控制信号，4～20 mA），MAN代表手动控制状态，AUTO代表自动控制状态，CAS代表串级自动控制状态。

（2）对于TDC3000系统，在流程图下面显示可操作区域，可操作区域内包括所操作区域的工位号及描述。可操作区域有三种形式，如图5—6所示。

可操作区域1（见图5—6a）一般用来设置泵、阀门等一些开关形式的量（即只有“是”与“否”两个值）。点击OP会出现“OFF”和“ON”两个框，执行完开或关的操作后点击“ENTER”，OP下面会显示操作后的新信息，点击“CLR”将会清除可操作区域。

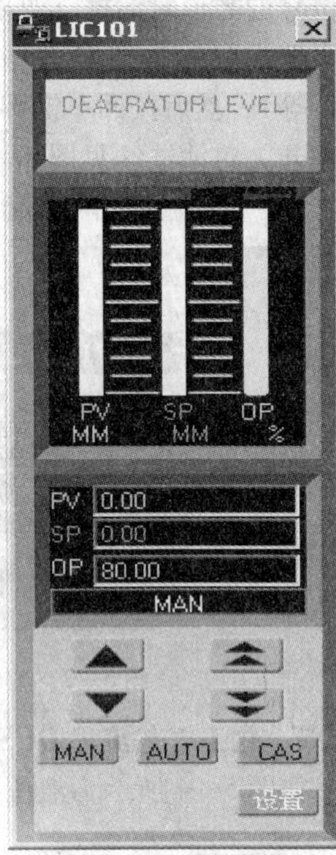

图5—5 控制面板

可操作区域2（见图5—6b）一般用来设置阀门开度或其他非开关形式的量。OP下面显示该变量的当前值。点击OP则会出现一个文本框，在下面的文本框内输入想要设置的值，然后点击“ENTER”键即可完成设置，点击“CLR”将会清除可操作区域。

可操作区域3（见图5—6c）一般用来设置控制阀开度及控制阀的工作状态（MAN、AUTO、CAS）。手动状态下，OP下面显示该变量的当前值，点击OP则会出现一个文本框，在下面的文本框内输入想要设置的值。自动状态下，点击SP则会出现一个文本框，在文本框内输入想要设置的值，点击“ENTER”键即可完成设置。点击“CLR”将会清除可操作区域。

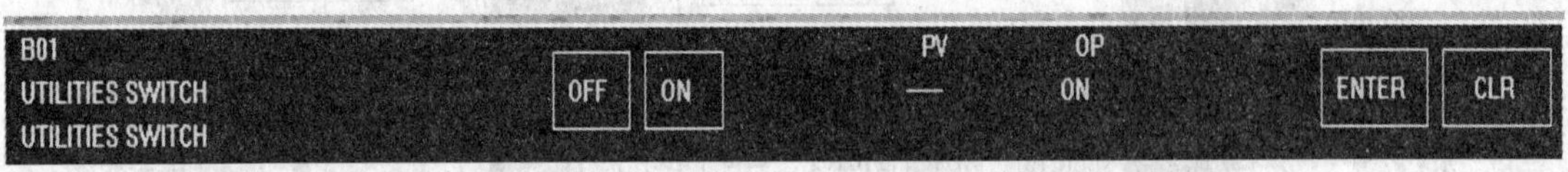

a)

b)

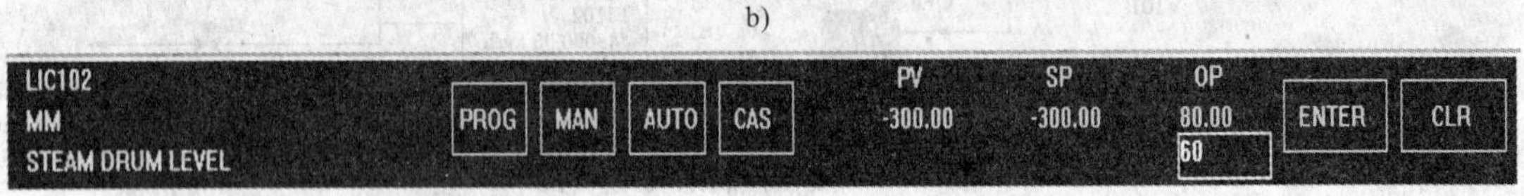

c)

图5—6 可操作区域的三种形式

a）可操作区域1 b）可操作区域2 c）可操作区域3

3. 控制组系统图

控制组系统图如图5—7所示。

控制组系统图界面包括流程中所有的控制仪表和显示仪表，不管是TDC3000还是通用的DCS，都与它们的现场流程图及DCS图的功能和操作方式相同。

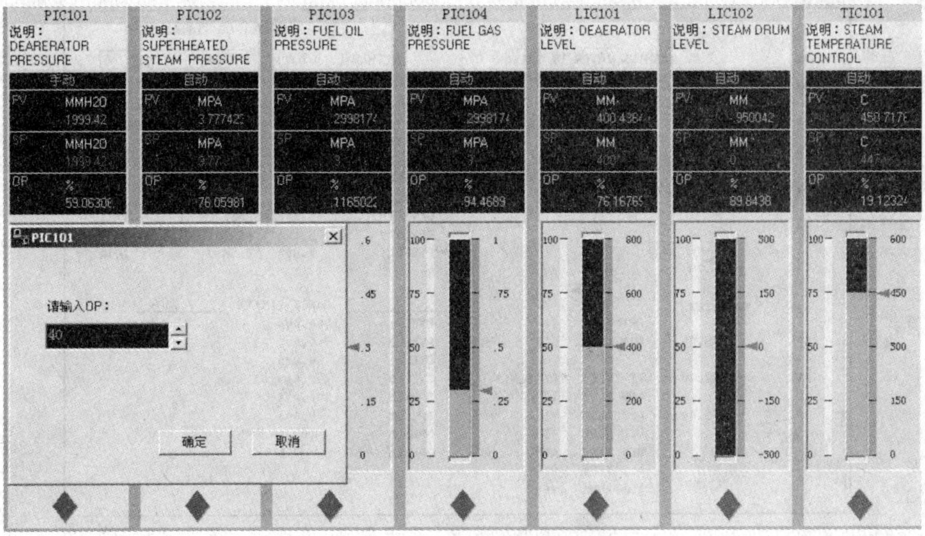

a）

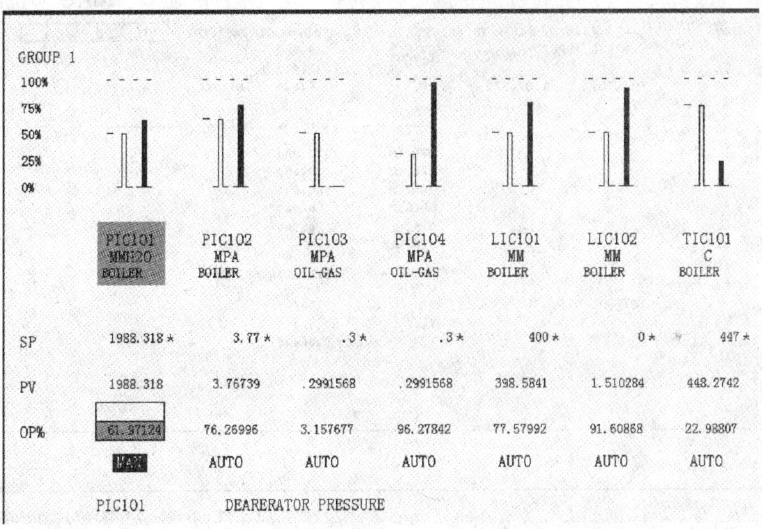

b）

图 5—7　控制组系统图

a）通用 DCS　b）TDC3000

4. 细目图（组态信息图）

细目图反映每个监控点的详细组态信息。每个可修改的参数均为一触屏区，要修改细目参数，先选中该触屏区，输入完成后，系统根据参数的类型及输入的值是否合理来确定是否接收输入值，不同种类的点所包括的细目界面的页数不同，图 5—8 反映了 PID 点包括的多页细目图。

5. 运行趋势图

运行趋势图包括趋势总貌图、单元趋势图、趋势组图，是控制组系统图派生出的趋势图界面，如图 5—9 所示。

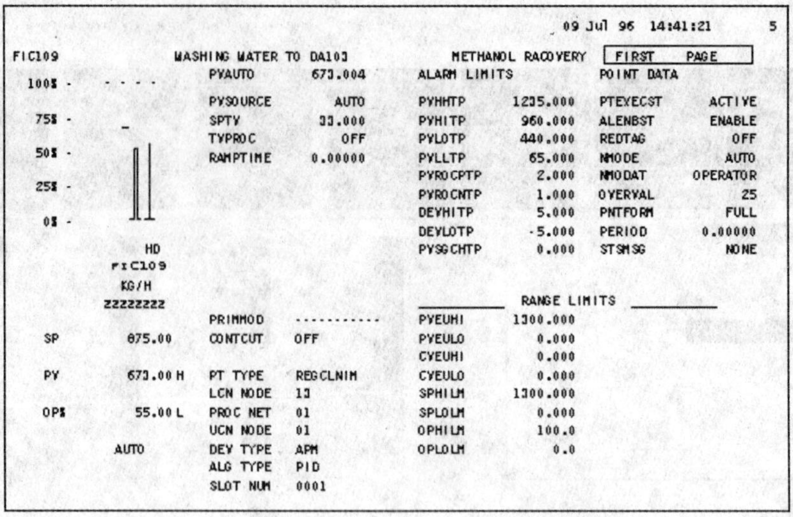
09 Jul 96 14:41:21 5
FIC109 WASHING WATER TO DA103 METHANOL RACOVERY FIRST PAGE
PVAUTO 673.004
ALARM LIMITS
POINT DATA
100% -
75% -
50% -
25% -
0% -
PVSOURCE AUTO
SPTV 33.000
TVPROC OFF
RAMPTIME 0.00000
PVHHTP 1235.000
PVHITP 960.000
PVLOTP 440.000
PVLLTP 65.000
PVROCPTP 2.000
PVROCNTP 1.000
DEVHITP 5.000
DEVLOTP -5.000
PVSGCHTP 0.000
PTEXECST ACTIVE
ALENBST ENABLE
REDTAG OFF
NMODE AUTO
NMODAT OPERATOR
OVERVAL 25
PNTFORM FULL
PERIOD 0.00000
STSMSG NONE
HD
FIC109
KG/H
ZZZZZZZZ
RANGE LIMITS
PRIMMOD -----------
SP 875.00
CONTCUT OFF
PT TYPE REGCLNIM
LCN NODE 13
PROC NET 01
UCN NODE 01
DEV TYPE APM
ALG TYPE PID
SLOT NUM 0001
PV 673.00 H
OP% 55.00 L
AUTO
PVEUHI 1300.000
PVEULO 0.000
CVEUHI 0.000
CVEULO 0.000
SPHILM 1300.000
SPLOLM 0.000
OPHILM 100.0
OPLOLM 0.0
a)

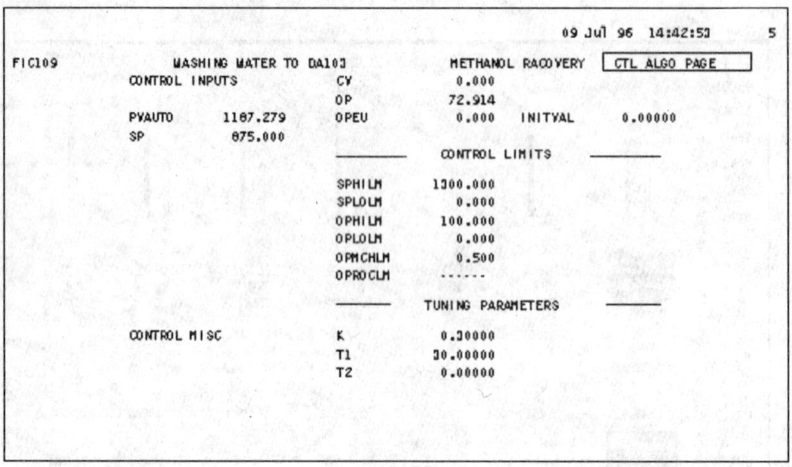
09 Jul 96 14:42:53 5
FIC109 WASHING WATER TO DA103 METHANOL RACOVERY CTL ALGO PAGE
CONTROL INPUTS
CV 0.000
OP 72.914
PVAUTO 1187.279
OPEU 0.000
INITVAL 0.00000
SP 875.000
CONTROL LIMITS
SPHILM 1300.000
SPLOLM 0.000
OPHILM 100.000
OPLOLM 0.000
OPMCHLM 0.500
OPROCLM ------
TUNING PARAMETERS
CONTROL MISC
K 0.30000
T1 30.00000
T2 0.00000
b)

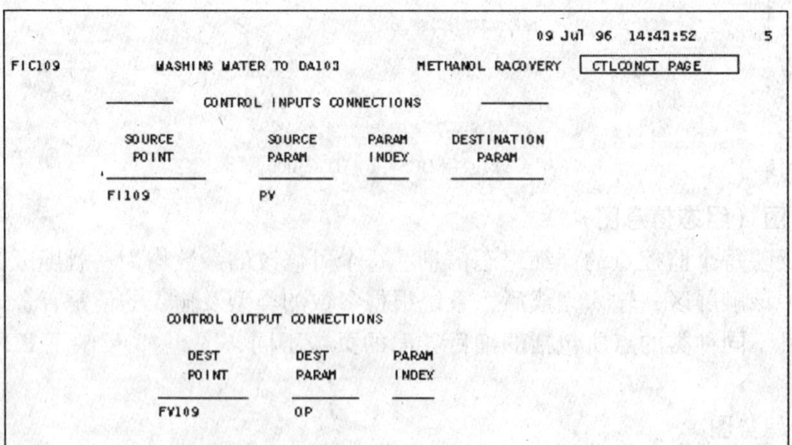
09 Jul 96 14:43:52 5
FIC109 WASHING WATER TO DA103 METHANOL RACOVERY CTLCONCT PAGE
CONTROL INPUTS CONNECTIONS
SOURCE POINT
SOURCE PARAM
PARAM INDEX
DESTINATION PARAM
FI109
PV
CONTROL OUTPUT CONNECTIONS
DEST POINT
DEST PARAM
PARAM INDEX
FV109
OP
c)

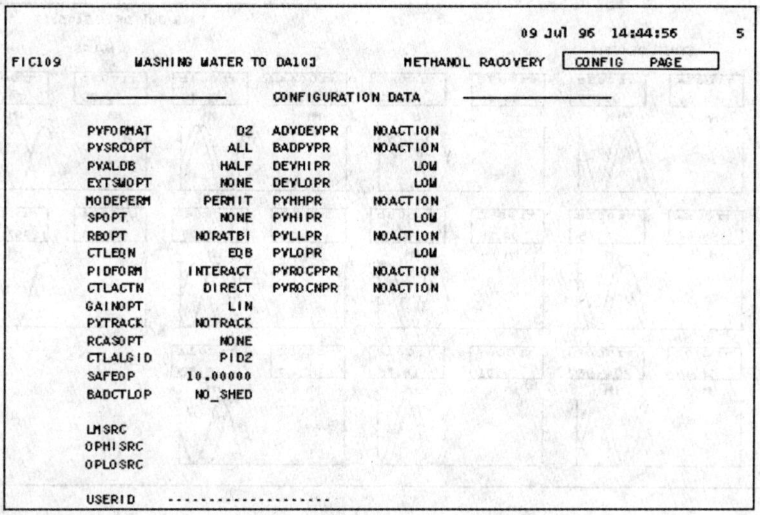

d)

图 5—8　细目图（组态信息图）

a）PID 点第一页细目图　b）PID 点第二页细目图　c）PID 点第三页细目图　d）PID 点第四页细目图

TDC3000 系统共有三种类型的运行趋势图：趋势总貌图、单元趋势图、趋势组图。

每个趋势总貌图最多可由 12 个单元趋势图构成，每个单元趋势图可以包括该区域中的两个点的趋势。每个单元趋势图最多可由 12 个趋势组图构成，每个趋势组图可以包括该单元中的两个点的趋势。单元趋势图与趋势总貌图的显示方式完全相同。

6. 报警图

TDC3000 系统包括三种类型的报警界面：报警灯屏、单元报警界面、区域报警界面，如图 5—10 所示。

（1）报警灯屏的显示内容

1）上部显示最新发生的 5 条最高优先级报警。

2）中部有 60 个报警灯块，每个报警灯最多可包括 10 个点，每个报警灯都可定义一个相关界面。

3）底部显示所有单元的报警状态。

（2）单元报警界面的显示内容

1）上部显示一条最新最高优先级报警。

2）中部显示当前单元最新报警信息，每页 15 条，最多 5 页。

3）底部显示所有单元的报警状态。

（3）区域报警界面的显示内容

1）显示区域中最新的报警信息，每页 15 条，最多 5 页。

2）底部显示所有单元的报警状态。

五、化工仿真图的图示及标注

1. 设备的图示（以 PISP—2000 为例）

化工仿真图中的设备一般根据管道、仪表流程图图例绘制（见附表 2）。但有些设备是采用真实设备的外形轮廓，用计算机绘图软件绘制的，部分设备增加了较显著的液位指示，见表 5—1。

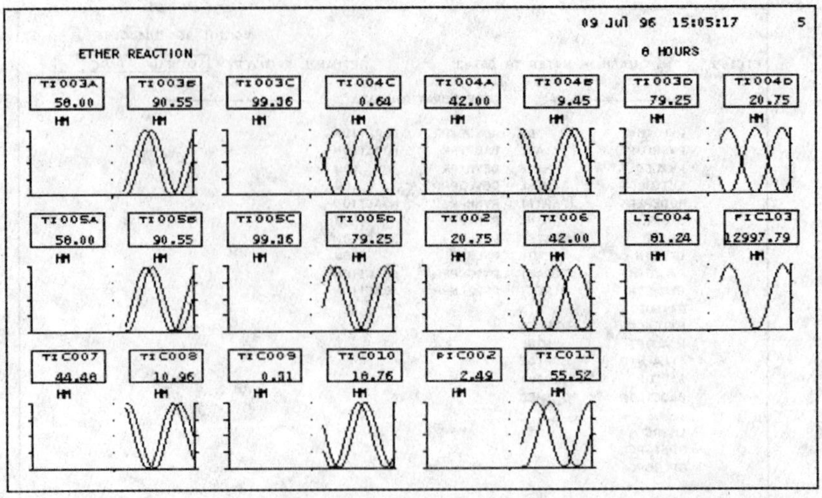

a)

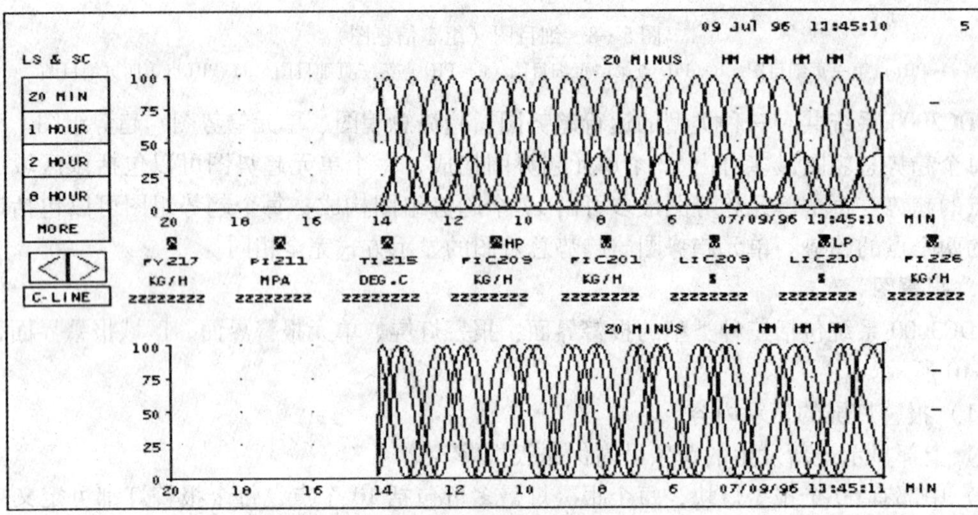

b)

图 5—9　运行趋势图

a）趋势总貌图和单元趋势图　b）趋势组图

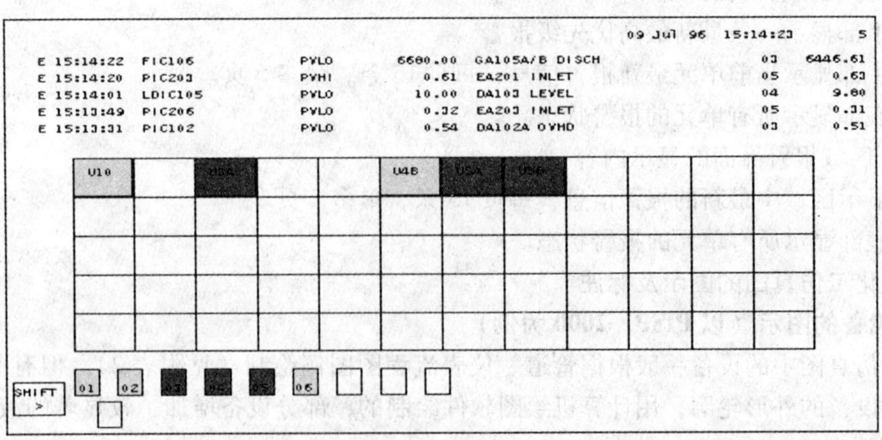

a)

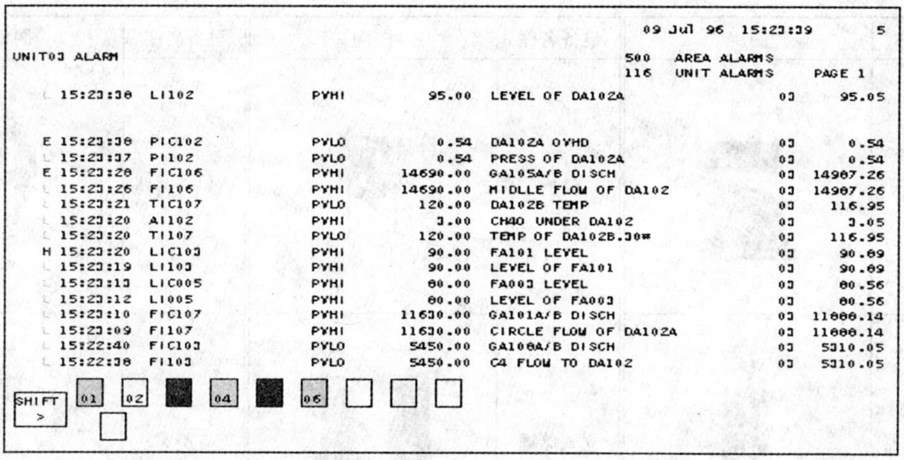

b)

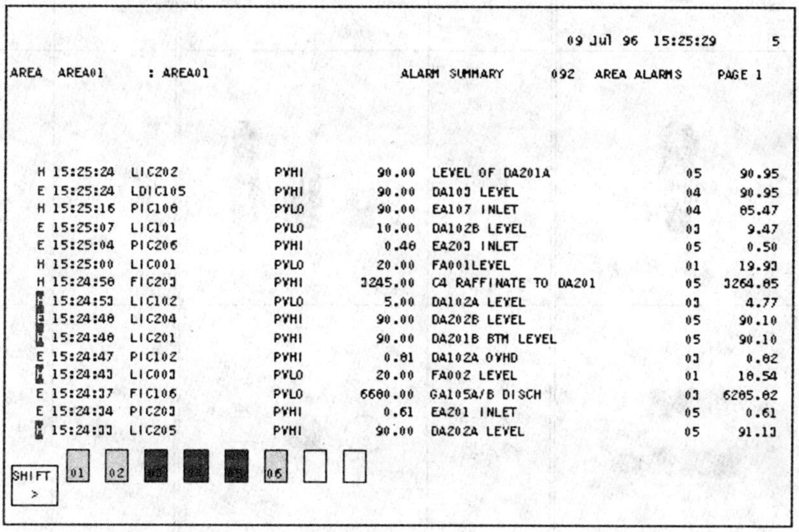

c)

图 5—10 TDC3000 系统的报警界面

a）报警灯屏 b）单元报警界面 c）区域报警界面

表 5—1 常见设备图示

设备名称	图例	设备名称	图例	设备名称	图例
塔	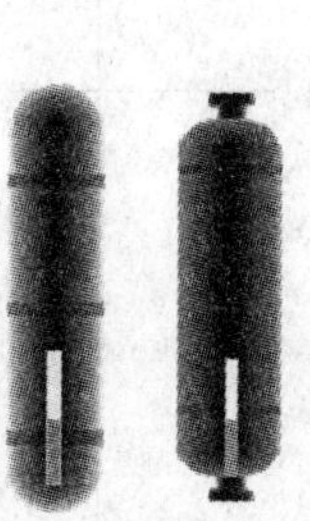	反应釜		燃烧炉	

续表

设备名称	图例	设备名称	图例	设备名称	图例
储槽		储槽		旋风分离器	
共聚反应器	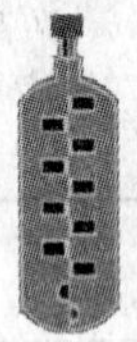	立式储罐	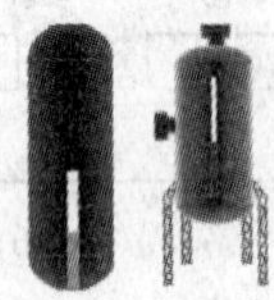	各类泵	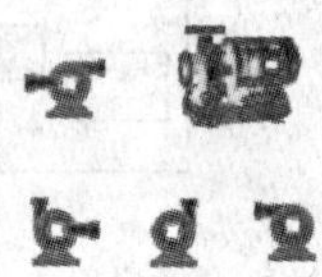
锅炉汽包		立式储罐		各类风机	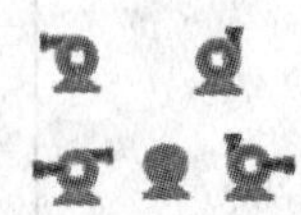
卧式储罐		换热器或冷却器	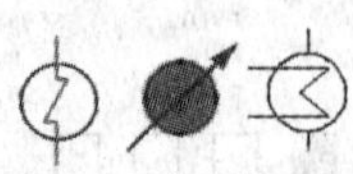	压缩机	
管式换热器		板式换热器		分离罐	
合成塔		离心压缩机	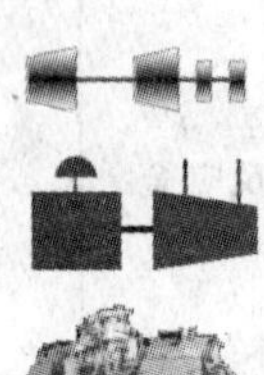	燃烧炉	

2. 化工管道及阀门的图示

(1) 管道的画法

化工仿真图中管道的画法有两种：

1）在 DCS 图中，一般采用单线法，不同的物料采用不同的颜色，如图 5—11 所示。

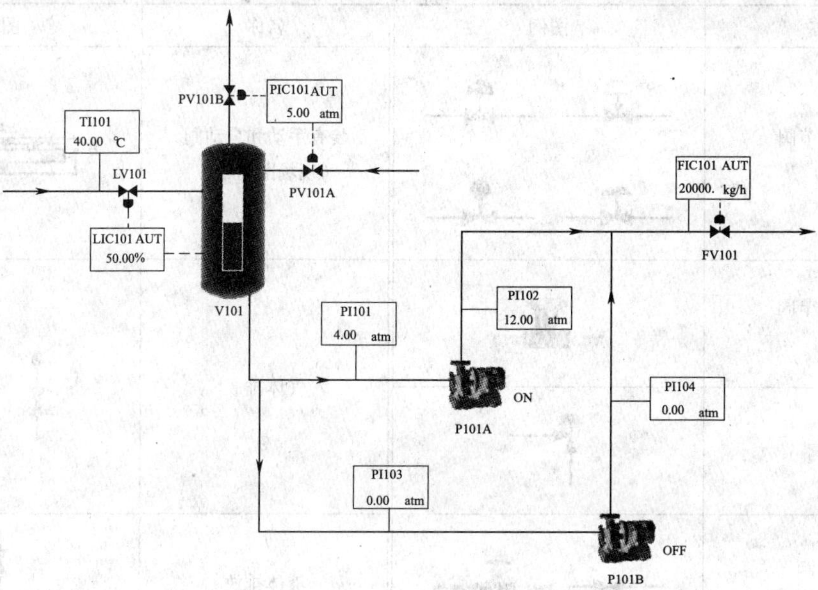

图 5—11 离心泵 DCS 图中管道的画法

2）在现场图中，为了显示物料在管道中的流动现象，物料线一般采用虚线画出（个别采用双实线画出管道，而物料线在阀门开启时由虚线显示其在管道中间流动），如图 5—12 所示。

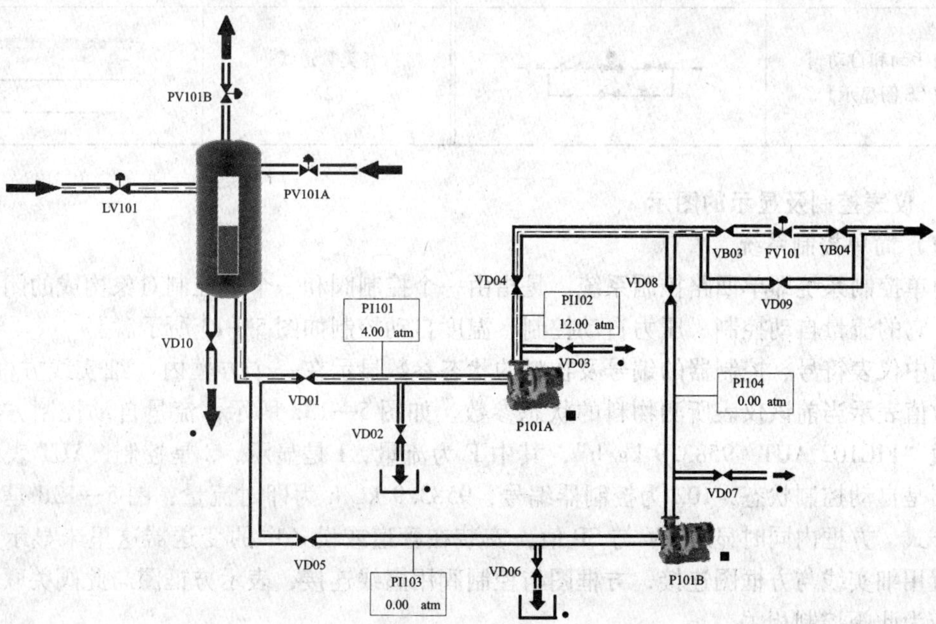

图 5—12 离心泵现场图中管道的画法

（2）阀门的画法

化工仿真图中阀门的画法采用管道图中常用的管道与控制阀组合符号，在 DCS 图及现场图中的常见控制阀及管道图例见表 5—2。

表 5—2　　　　　　　　常见控制阀及管道图例

名称	图例	名称	图例
通用调节阀 （1）	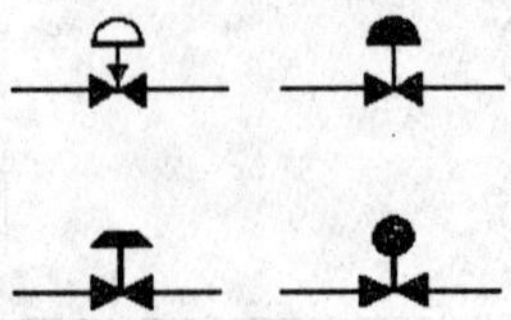	装有手动和自动阀 （现场图显示）	
通用调节阀 （2）		气体排放	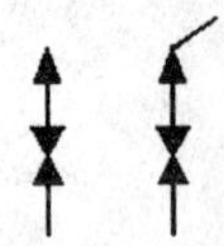
角阀			
通用阀 （DCS 图显示）		液体排放	
通用阀 （现场图显示）		各类管道线 （1）	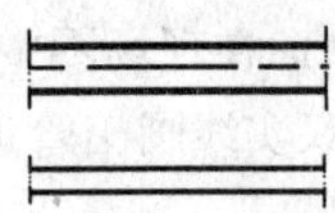
装有手动和自动阀 （DCS 图显示）		各类管道线 （2）	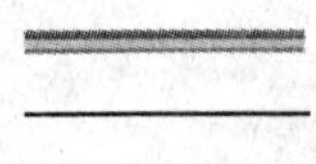

3. 仪表控制及显示的图示

（1）简单控制系统

简单控制系统即单回路控制系统，是指由一个控制阀和一个被控制对象构成的闭环控制系统，它的流量自动控制、压力自动控制、温度自动控制如图 5—13 所示。

图中仪表符号、控制器的编号及物料的状态参数显示在一个方框内（细实线方框），显示的数值表示当前该仪表所测物料的状态参数。如图 5—13a 所示，流量自动控制方框内显示数值“FIC102 AUT　9583. 9 kg/h”，其中 F 为流量，I 是显示，C 是控制，AUT 表示目前控制器是自动控制状态，102 为控制器编号，9583. 9 kg/h 为即时流量；图 5—13d 是不同的显示方式，方框内同时显示 PV 与 SP 值，安装在管道或设备中的变送器这里未显示，但测量位置用细实线与方框图连接，方框图与控制阀用虚线连接，表示方框图与此阀关联，显示的内容为此阀控制相关。

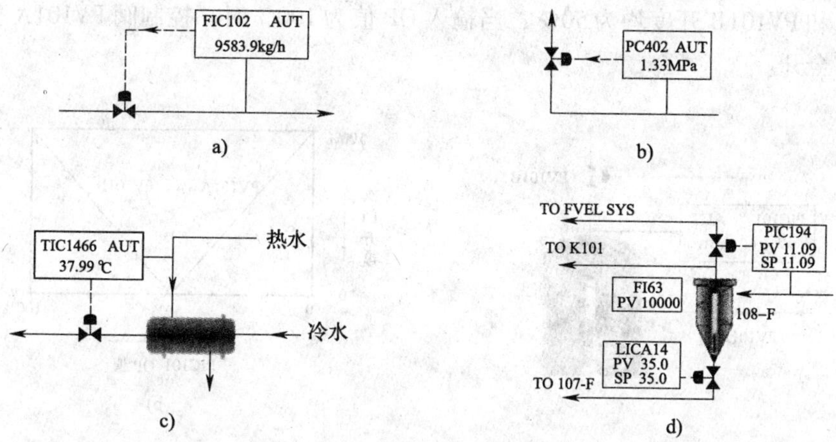

图 5—13　仪表简单控制系统的图示

a）流量自动控制　b）压力自动控制　c）温度自动控制　d）不同的显示方式

（2）复杂控制系统的图示

常见的复杂控制系统有以下几种形式：

1）串级控制（由两个简单控制系统组合而成）。如图 5—14a 所示，图中用方框表示控制器，两个方框图用虚线连接，代表两个控制器关联，控制器编号为 LIC101 和 FIC104，50.00% 代表液位控制的高度，L 代表液位，CAS 表示串级控制，14.69 t/h 代表每小时 14.69 t，其他符号意义同单回路控制系统。

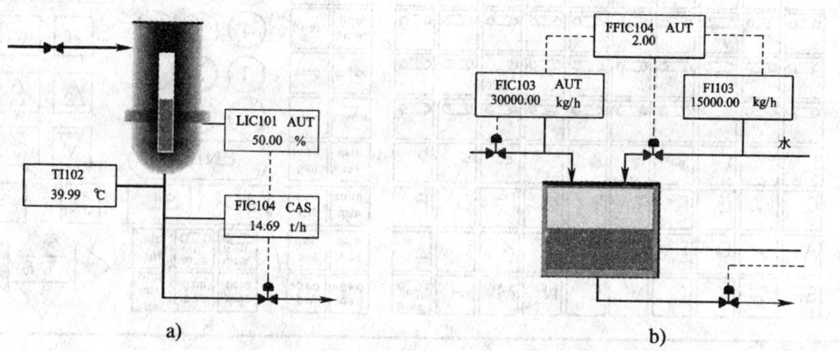

图 5—14　串级控制及比例控制

a）塔液位与物料流量串级控制系统　b）两物料混合比例控制系统

2）比例（比值）控制。如图 5—14b 所示，用三个方框表示仪表，并用虚线连接三个方框，表示三个仪表相互关联，其各符号意义同单回路控制系统。

3）分程控制。分程控制是由一个控制器的输出信号分段分别控制两个或两个以上动作的系统，如图 5—15 所示。

在图 5—15a 中，方框 PIC101 为一个压力自动控制器，与两个控制阀 PV101A 和 PV101B 用虚线连接，与管道用细实线连接，代表其相互关联，AUT 表示自动状态。其原理如图 5—15b 所示，OP 值在 0 ~ 100% 间变化时，两个控制阀开度各有不同，例如，当输入

OP 值为 0 时，控制阀 PV101A 全开，而控制阀 PV101B 全闭；当输入 OP 值为 50% 时，控制阀 PV101A 和 PV101B 开度均为 50%；当输入 OP 值为 100% 时，控制阀 PV101A 全闭，控制阀 PV101B 全开。

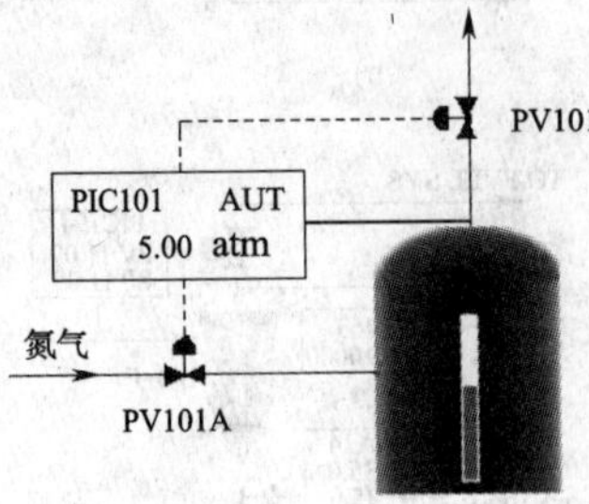

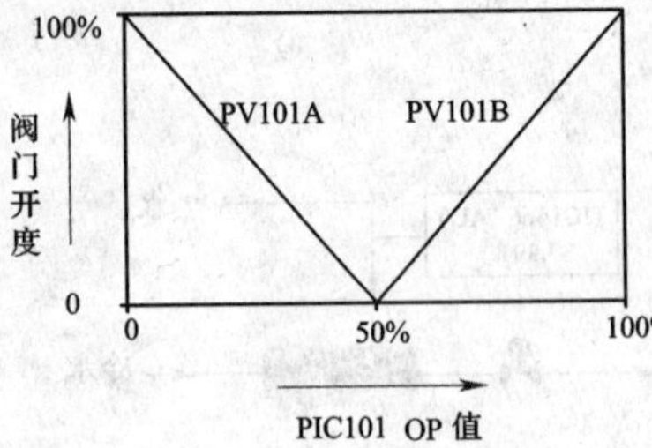

图 5—15 分程控制

a）分程控制仿真图 b）分程控制原理图

（3）键盘的图示（以 TDC3000 为例）

在 TDC3000 仿真系统中，仿真操作时要调出仿真系统自带的软键盘进行各种操作，如图 5—16 所示。

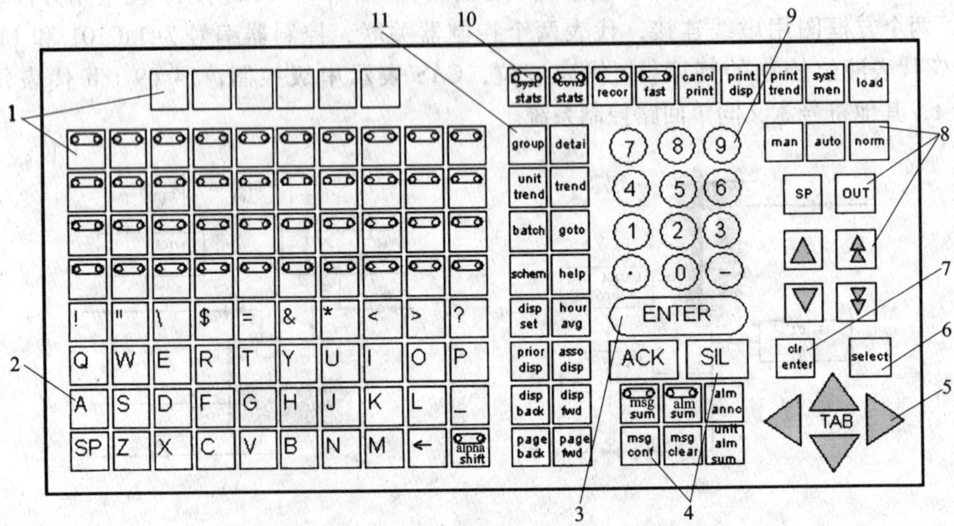

图 5—16 TDC3000 键盘布置图

1—可组态功能键 2—字符键 3—输入确认键 4—报警管理功能键

5—光标键 6—选择键 7—输入清除键 8—回路操作键

9—数字键 10—系统功能键 11—界面调用键

【知识链接】

TDC3000 仿真系统软键盘各键的作用

1. 可组态功能键

可组态功能键包括键盘左半部最上面的 6 个不带报警灯的键及下面四排共 40 个带报警灯的功能键。这 46 个键可通过组态定义成某一界面，在操作时可直接通过该键调出分配给该键的界面。带报警灯的键可以反映出该界面的报警状态，黄灯亮表示该界面有高报，红灯亮表示该界面有紧急报警（在操作界面菜单栏中用鼠标点击“设置”——→“报警设置”，可以看到报警 PV 值，其中包括 PV 高高报值、PV 高报值、PV 低报值和 PV 低低报值。例如，某锅炉液位控制，正常锅炉液位维持 0 mm 位置，锅炉液位点值上限 300 mm，下限 –300 mm。PV 高高报值为 120 mm、PV 高报值为 75 mm、PV 低报值为 –75 mm、PV 低低报值为 –120 mm）。

2. 字符键

键盘左侧下部四排键为字符键，可通过这些键输入相应的 ASCII 码字符。其中，“SP”用来输入一个空格，“←”为退格键，“alpha shift”为字符键与功能键切换键，灯亮时字符键用于输入字符，灯灭时这些字符键变为功能键，与可组态功能键作用一样。

3. 输入确认键

“ENTER”键用作输入确认，在输入方式下按此键，系统接受输入框中的内容，并作相应的处理。

4. 报警管理功能键

“ACK”用于单元报警界面的报警确认，“SIL”用于消音，“msg sum”用于调出操作信息界面，“alm sum”用于调出区域报警界面，“alm annc”用于调出报警灯屏界面，“msg conf”用于在操作信息界面中确认操作信息，“msg clear”用于在操作信息界面中清除报警信息，按“unit alm sum”键，屏幕上提示“ENTER UNIT ID”，用户输入单元号，按“ENTER”键确认后，调出该单元的单元报警界面。

5. 光标键

光标键由四个分别指向上、下、左、右的三角形组成。在画面中按这些键可以使光标在画面中的各触摸区之间移动。

6. 选择键

按“select”键可以选择当前光标所在的触摸区。

7. 输入清除键

输入清除键“clr enter”用于清除当前输入框中的内容。

8. 回路操作键

回路操作键用于对回路操作，包括“man”（将当前选中的回路操作状态设为手动）、“auto”（将当前回路操作状态设为自动）、“norm”（将当前回路操作状态设为正常的操作状态）、“SP”（呼出设定值输入框）、“OUT”（呼出输出值输入框），以及▲（按此键将正在修改的值增加 0.2%）、▼（按此键将正在修改的值减少 0.2%）、（按此键将正在修改的值增加 4%）、（按此键将正在修改的值减少 4%）。

9. 数字键

数字键包括 0 ~ 9，用于输入数字。

10. 系统功能键

系统功能键为键盘右侧最上面一排键，在仿真培训系统中这些键无意义。

11. 界面调用键

界面调用键为键盘右侧最左边的两列键，下面对部分键的功能进行说明。

（1）“group”键

按此键，屏幕上提示“ENTER GROUP NUMBER”，用户输入组号，按“ENTER”键确认后，调出该控制组界面。

（2）“detail”键

按此键，屏幕上提示“ENTER POINT ID”，用户输入点名，按“ENTER”键确认后，调出该点的细目界面。

（3）“unit trend”键

按此键，屏幕上提示“ENTER UNIT ID”，用户输入单元号，按“ENTER”键确认后，调出该单元的单元趋势图界面。

（4）“trend”键

此键只在控制组界面和趋势组界面中有效，按下此键控制组界面显示切换成相应的趋势组界面。如果在控制组界面中，在按此键之前没有点被选中，则出现的趋势图中包括了该控制组中所有可能趋势点的趋势曲线。如果在按此键之前，已有一个点被选中，则出现的趋势组界面中只有该点的趋势曲线。在趋势组界面中选中一个点后，按此键可在增加该点趋势曲线和取消该点趋势曲线两种状态中切换。

（5）“batch”键

TDC3000 系统未对此键进行定义。

（6）“goto”键

此键用于在控制组界面中选择要选中的仪表。按下此键后，屏幕上提示“ENTER SLOT NUMBER”，用户输入仪表位置号，按“ENTER”键确认后，系统选中该仪表。

（7）“schem”键

按此键，屏幕上提示“ENTER SCHEM NAME”，用户输入流程图名，按“ENTER”键确认后，调出该流程图界面。

（8）“help”键

按此键，调出当前界面的帮助界面，由组态时决定。

（9）“disp set”键

TDC3000 系统未对此键进行定义。

（10）“asso disp”键

按此键，调出当前界面的相关界面，由组态时决定。

（11）“disp back”键

按此键，调出当前所在控制组界面的上一幅控制组界面，如果当前控制组为第一组，则按此键无效。

（12）“disp fwd”键

按此键，调出当前所在控制组界面的下一幅控制组界面，如果当前控制组为最后一组，则按此键无效。

（13）“page back”键

按此键，调出具有多页显示界面的上一页。在细目界面、单元趋势界面、单元和区域报警信息界面中有效。

（14）“page fwd”键

按此键，调出具有多页显示界面的下一页。在细目界面、单元趋势界面、单元和区域报警信息界面中有效。

4. 智能评分系统图示

化工过程仿真系统平台 PISP—2000 评分系统启动后，显示如图 5—17 所示的智能评分系统界面。

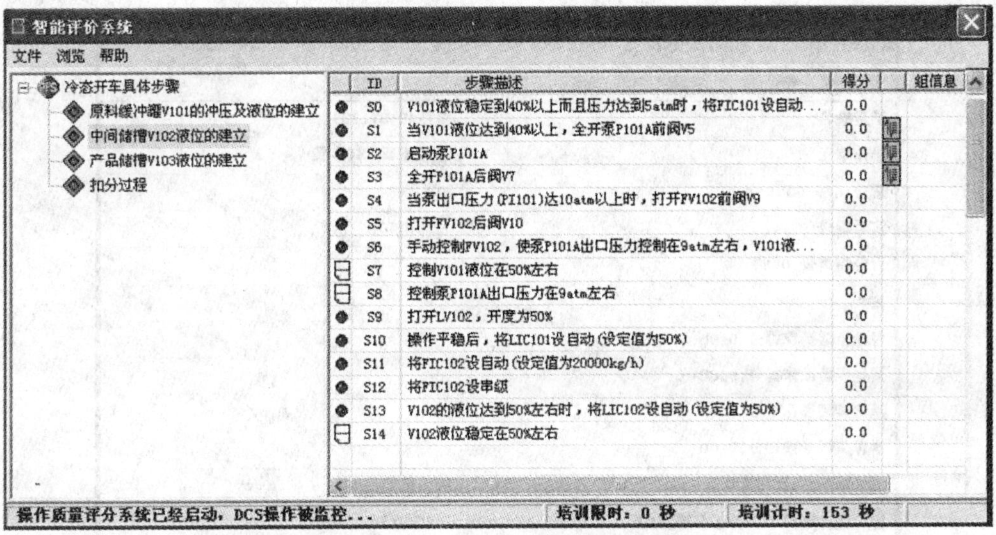

图 5—17 智能评分系统界面

智能评分系统界面是随启动 STS 系统进入操作平台而同时启动的。该评分系统是智能操作指导、诊断、评测软件，它通过对用户的操作过程进行跟踪，在线为用户提供指示、指导、诊断、评定等功能。智能评分系统的操作界面从上到下分为四部分，即窗口栏、菜单栏、智能评分内容栏、状态提示栏。

（1）窗口栏

窗口栏内有窗口名称、最小化按钮、最大化按钮（或还原按钮）和关闭按钮。

（2）菜单栏

菜单栏有三个菜单：文件、浏览和帮助。单击“文件”菜单可弹出如图 5—18 所示的下拉菜单，包含“打开”“保存”“组态”“另存为”“保存成绩单”“打印”“系统退出”选项。单击“打印”选项可弹出如图 5—19 所示的智能评分系统“学员成绩单”窗口，或点击“浏览”选项也可弹出如图 5—19 所示的“学员成绩单”窗口。单击“帮助”菜单可弹出如图 5—20 所示的“图标说明”窗口。

1）操作步骤状态图标意义如下：

图标◈——“红色”表示此过程的起始条件没有满足，该过程不参与评分；

图标◈——“绿色”表示此过程的起始条件满足，开始对过程中的步骤进行评分；

图标●——“红色”为普通步骤，表示本步还没有开始操作，也就是说，还没有满足此步的起始条件；

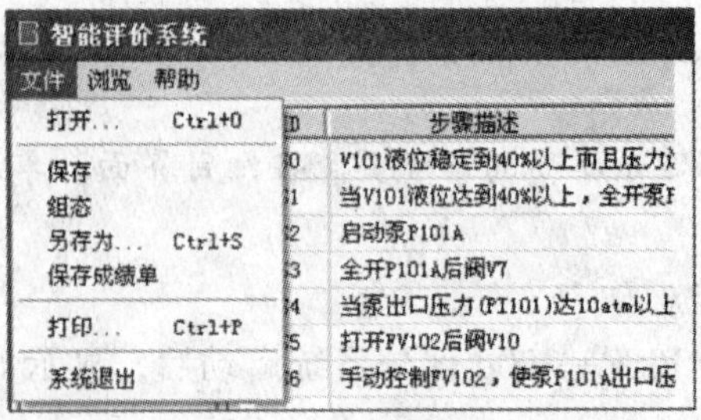

图 5—18 “文件”菜单

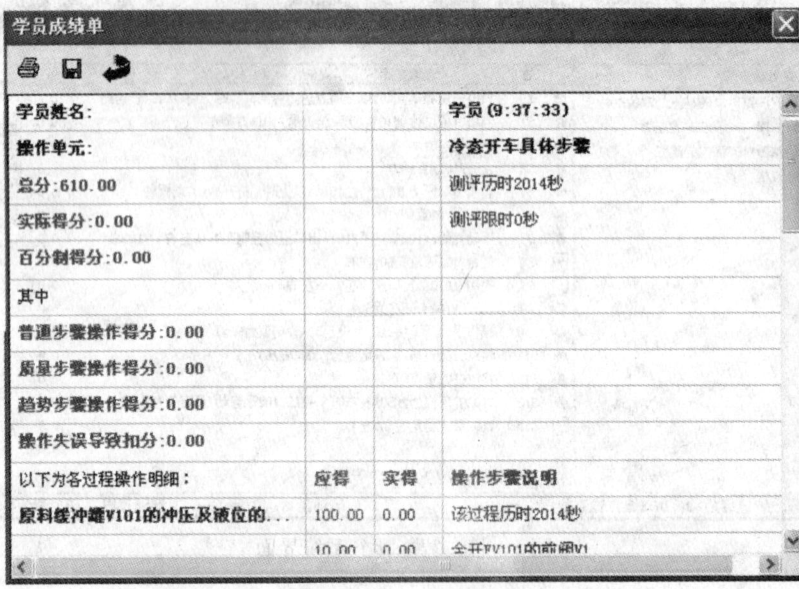

图 5—19 智能评分系统“学员成绩单”窗口

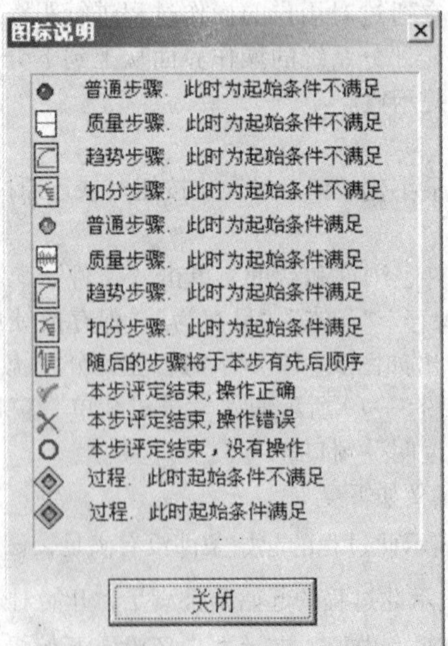

图 5—20 “图标说明”窗口

图标 ——“绿色”为普通步骤，表示本步已经开始操作，但还没有操作完，也就是说，已满足此步的起始条件，但此操作步骤还没有完成；

图标 ——表示本步评定结束，并且操作完全正确（得分等于100%）；

图标 ——表示本步评定结束，但操作不正确（得分为0）；

图标 ——表示过程终止条件已满足，本步操作无论是否完成都被强迫结束。

2）操作质量图标及提示如下：

图标 ——为质量步骤，表示这条质量指标还没有开始评判，即起始条件未满足；

图标 ——为质量步骤，表示起始条件满足，本步骤已经开始参与评定，若本步评定没有终止条件，则会一直处于评定状态；

图标 ——“黄色”在PISP—2000的评分系统中包括扣分步骤，主要是当操作严重不当，可能引起重大事故时，从已得分数中扣分，此图标表示起始条件不满足，但还没有出现失误操作；

图标 ——“蓝色”表示起始条件满足，已经出现严重失误的操作，开始扣分。

（3）智能评分内容栏

智能评分内容栏从左到右分为被评项目窗口和被评步骤或细则窗口两部分。

1）被评项目窗口。该窗口显示被评项目的状态和名称，其中包括扣分项目。用鼠标左键单击，右边的被评步骤或细则窗口会显示相应的内容；用鼠标左键双击，将弹出“过程属性”窗口，如图5—21所示。

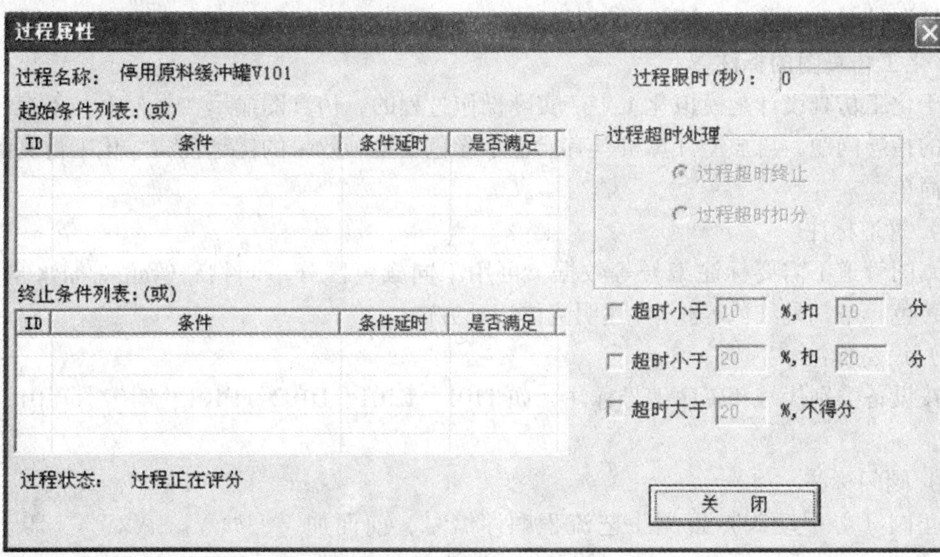

图5—21 “过程属性”窗口

2）被评步骤或细则窗口。本窗口显示被评项目的序号、步骤条件、步骤描述、得分、是否满足起始条件、组信息和操作说明。鼠标左键点击任何一行，该行会变蓝色；双击将会弹出“普通步骤属性”“质量步骤属性”或“扣分步骤属性”窗口，如图5—22所示为“普通步骤属性”窗口。

（4）状态提示栏

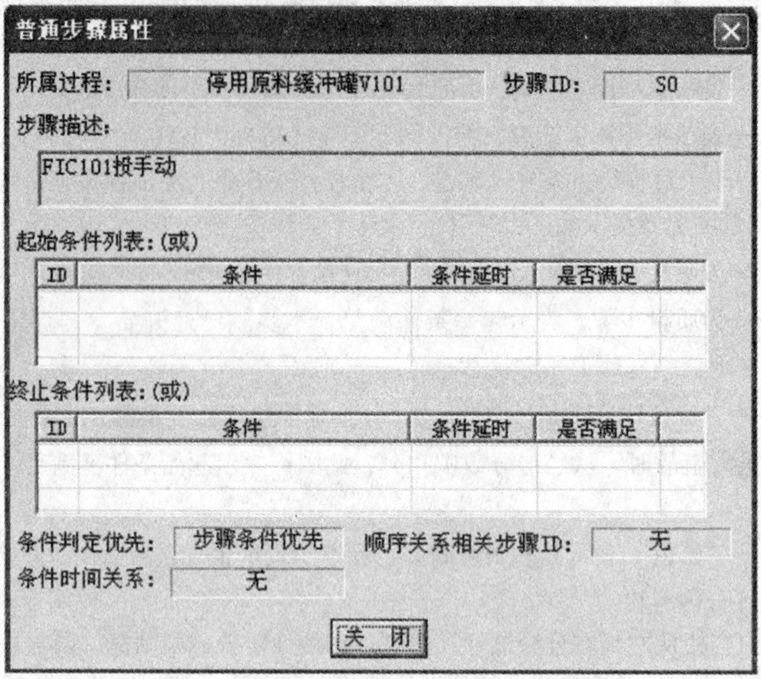

图 5—22 “普通步骤属性”窗口

状态提示栏主要显示仿真软件的状态，如操作质量评分系统状态、DCS 操作状态、培训限时、培训计时和目前的计算机设置时间。

5. 化工仿真图的标注

由于化工仿真设计是模拟化工生产实际操作过程的，仿真图显示在屏幕上，不存在施工和安装的指导问题，再加上计算机具有能显示彩色及动画效果的优越性，故化工仿真图的标注非常简单。

（1）管道标注

仿真图管道不需要标注编号等数据，可用不同颜色区分不同物料管道（如水是绿色，蒸气是黄色，空气是红色等），并注明流体流动方向。

（2）设备标注

可按设备类别代号和工序编号标注，如 T101、D101、D102、E101、E102、P101、P102 等。

（3）阀门标注

截止阀（等手动阀）根据工艺流程顺序编号，前面加 V，如 V1、V2、V3 等。控制阀（等自动阀）标注顺序编号，前面加被测变量字母，如 PV101、TV102、FV103、LV104 等。

（4）控制器（控制仪表）标注

在方框内标注仪表功能字母代号及控制器编号，如 FI103、FIC103、FFIC104。

课题二　化工仿真图的识读

学习目标

通过本课题的学习，要求学生了解化工仿真图的识读方法，掌握化工仿真图的识读步骤。

由于化工仿真图是显示在屏幕上的活动图像，随着操作的进行，图像有一定的变化，但设备、工艺流程线和控制阀是相对固定的，在现场图中主要显示手动阀，而 DCS 图中主要显示控制阀，所以识读现场图和识读 DCS 图有一定的区别。

一、仿真图的识读方法

1. 判断仿真图的类型，先区分现场图、DCS 图、控制组图、细目图、趋势图、报警图、分析图及智能评分图等。

2. 根据图的类型逐一分析识读，首先识读现场图，其次识读 DCS 图，最后识读其他各图。

3. 了解该图的主要流程。

二、仿真图的识读步骤

1. 识读仿真图标题，了解图名，以及本图在工艺流程中的位置。

2. 先识读仿真图的图例，在某个项目中有些标准里没有规定的符号，在仿真图“帮助”文件中有自己规定的特殊符号及说明，只有通过菜单中的“帮助”项才能明白仿真图中的各种图形符号和文字代号的意义。

3. 读仿真图中装置的数量、名称、位号。

4. 读仿真图所描述的工艺装置的基本结构和主要功能。

5. 读主要物料的工艺路线。

6. 读其他辅助物料的工艺路线。

7. 读各类阀门的类型、作用及数量。

8. 读仪表控制点的安装位置、功能及代号意义。

三、例图识读

1. 识读液位控制系统流程现场图（见图 5—1）及液位控制系统 DCS 图（见图 5—4）

工艺流程说明：本流程为液位控制系统，通过识读三个罐的液位及压力的调节情况，掌握简单回路及复杂回路的控制及相互关系。

【知识链接】

缓冲罐 V101 仅一股来料，8 kg/cm^2 压力的液体通过调节产供阀 FIC101 向罐 V101 充液，此罐压力由调节阀 PIC101 分程控制，缓冲罐压力高于分程点（5.00 atm）时，PV101B 自动打开泄压，压力低于分程点时，PV101B 自动关闭，PV101A 自动打开给罐充压，使 V101 压力控制在 5.00 atm。缓冲罐 V101 液位调节器 LIC101 和流量调节阀 FIC102 串级调节，一般液位正常时控制在 50.00% 左右，自 V101 底抽出液体通过泵 P101A 或 P101B（备用泵）打入罐 V102，该泵出口压力一般控制在 9 kg/cm^2，FIC102 流量正常时控制在 20 000. 00 kg/h。

罐 V102 有两股来料，一股为 V101 通过 FIC102 与 LIC101 串级调节后来的液体；另一股为 8 kg/cm^{2}压力的液体，通过调节阀 LIC102 进入罐 V102，一般 V102 液位控制在 50. 00% 左右，V102 罐底液体抽出，通过调节阀 FIC103 进入 V103，正常工况时 FIC103 的流量控制在30 000. 00 kg/h。

罐 V103 也有两股来料，一股来自于 V102 罐底抽出液，另一股为 8 kg/cm^{2}压力的液体，通过 FIC103 与 FI103 比值调节进入 V103，比值系数为 2∶1，V103 罐底液体通过 LIC103 调节阀输出，正常时罐 V103 液位控制在 50. 00% 左右。

本单元控制回路主要包括单回路控制系统、分程控制系统、比值控制系统、串级控制系统。

（1） 单回路控制系统

单回路控制回路又称单回路反馈控制，由于在所有反馈控制中，单回路反馈控制是最基本、结构最简单的一种，因此，它又被称为简单控制。

单回路反馈控制由四个基本环节组成，即被控对象（简称对象）或被控过程（简称过程）、测量变送装置、控制器和控制阀。

所谓控制系统的整定，就是对于一个已经设计并安装就绪的控制系统，通过控制器参数的调整，使系统的过渡过程达到最为满意的质量指标要求。

本单元的单回路控制有：FIC101、LIC102、LIC103。

（2） 分程控制系统

通常是一台控制器的输出信号只控制一个控制阀，而分程控制系统却不然，在这种控制回路中，一台控制器的输出信号可以同时控制两个甚至两个以上的控制阀，控制器的输出信号被分割成若干个信号的范围段，而由每一段信号去控制一个控制阀。

本单元的分程控制回路有：PIC101 分程控制冲压阀 PV101A 和泄压阀 PV101B，如图 5—23 所示。

（3） 比值控制系统

在化工、炼油及其他工业生产过程中，工艺上常需要两种或两种以上的物料保持一定的比例关系，比例一旦失调，将影响生产或造成事故。

两个或两个以上参数符合一定比例关系的控制系统，称为比值控制系统。通常，可以保持两种或几种物料的流量为一定比例关系的系统，称为流量比值控制系统。比值控制系统可分为开环比值控制系统、单闭环比值控制系统、双闭环比值控制系统、变比值控制系统、串级和比值控制组合系统等。

FFIC104 为一比值调节器。根据 FIC103 的流量，按一定的比例调整 FI103 的流量。

对于比值调节系统，首先是要明确哪种物料是主物料，而另一种物料根据主物料来配比。

（4） 串级控制系统

如果系统中不止采用一个控制器，而且控制器间相互串联，一个控制器的输出作为另一个控制器的给定值，这样的系统称为串级控制系统。

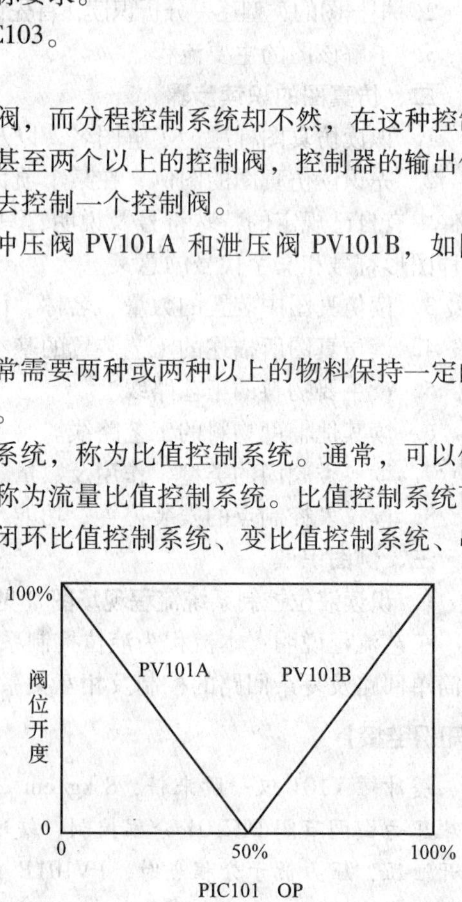

图 5—23 分程控制回路图示

串级控制系统的特点是：能迅速地克服进入副

回路的扰动，改善主控制器的被控对象特征，有利于克服副回路内执行机构等的非线性特征。

在本单元中，罐 V101 的液位由液位调节器 LIC101 和流量调节器 FIC102 串级控制。

2. 本单元主要设备

本单元主要包括以下设备：V101（缓冲罐）、V102（恒压中间罐）、V103（恒压产品罐）、P101A（缓冲罐 V101 底抽出泵）、P101B（缓冲罐 V101 底抽出备用泵）。

3. 流程仿真界面

（1）液位控制系统 DCS 图（见图 5—24）

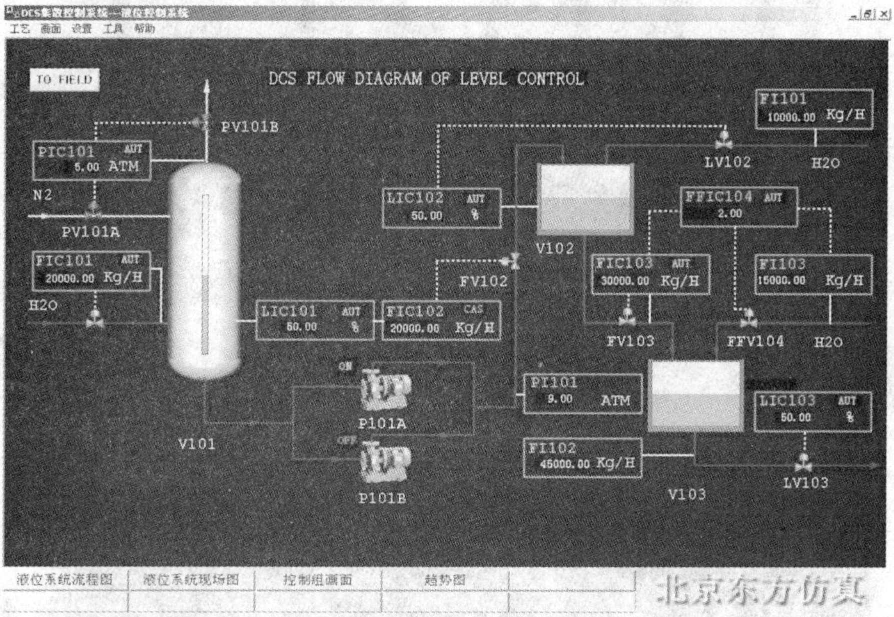

图 5—24　液位控制系统 DCS 图

（2）液位控制系统现场图（见图 5—25）

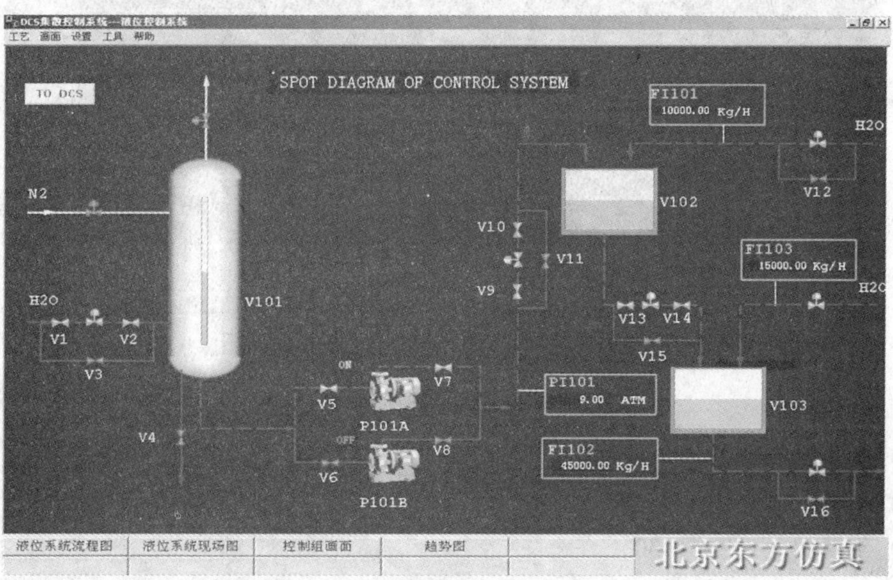

图 5—25　液位控制系统现场图

（3）控制组系统图（见图 5—26）

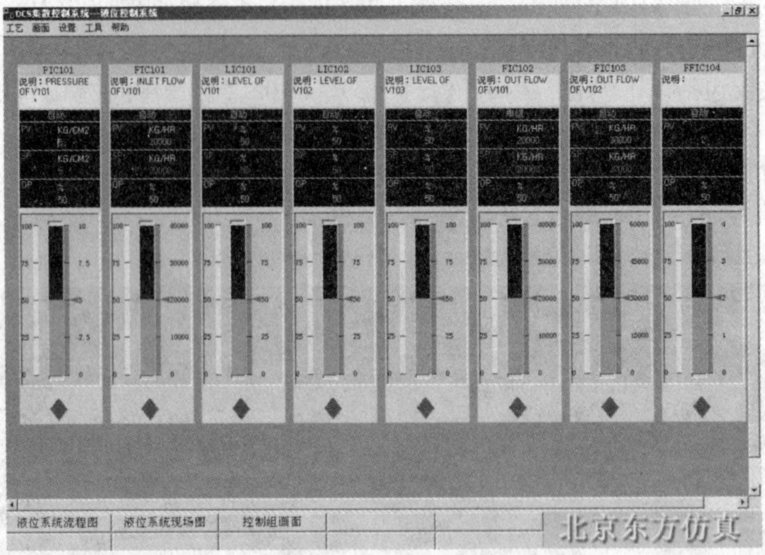

图 5—26　控制组系统图

（4）运行趋势图（见图 5—27）

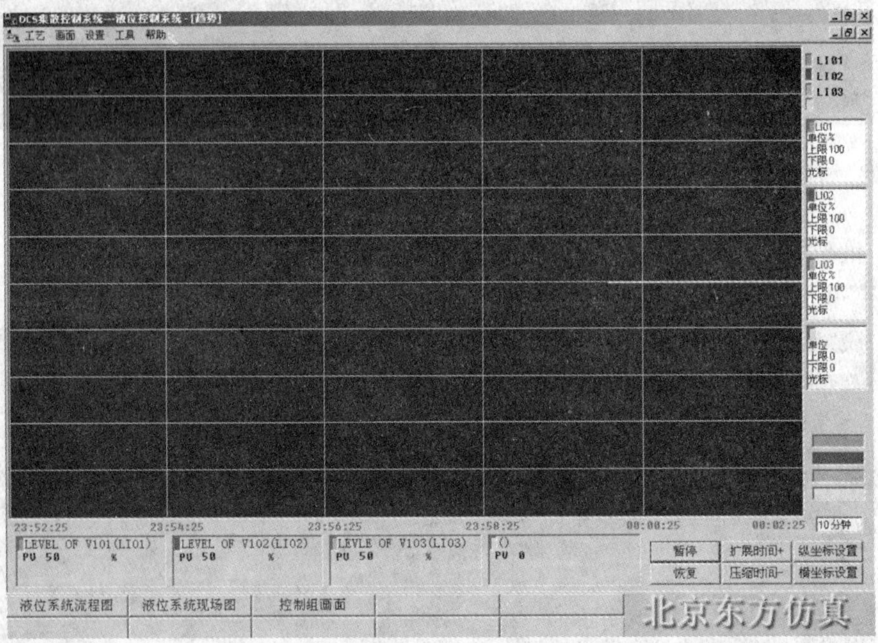

图 5—27　运行趋势图

（5）报警图（见图 5—28）

（6）报警灯屏（见图 5—29）

（7）细目图（见图 5—30）

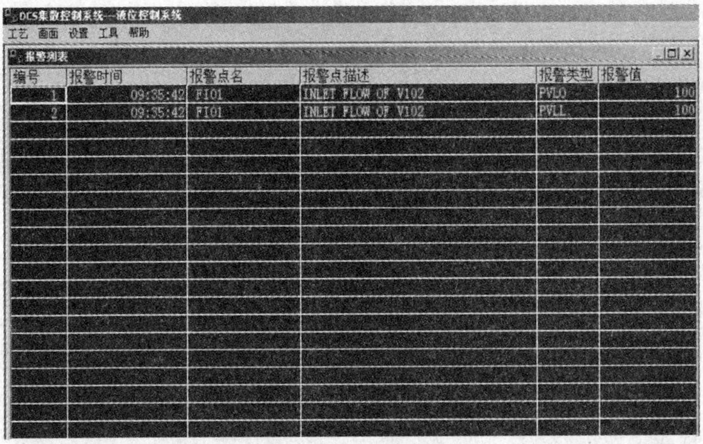

图 5—28　报警图

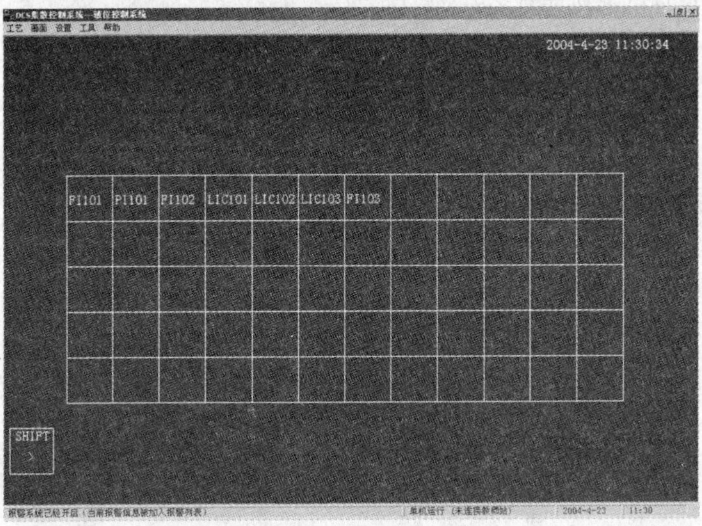

图 5—29　报警灯屏

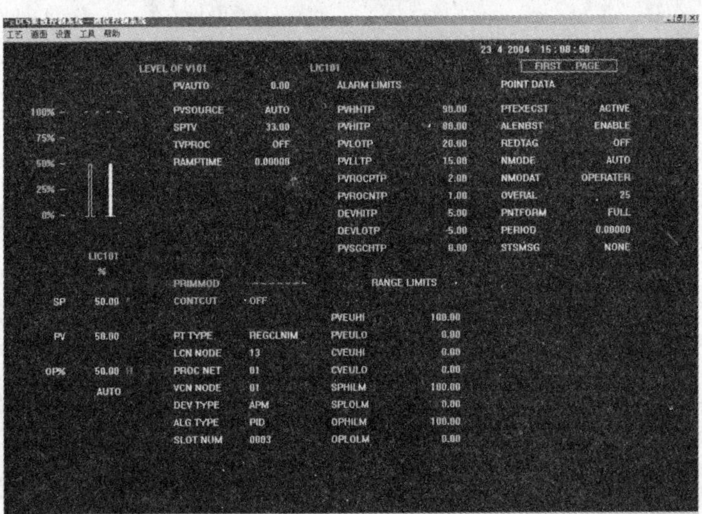

图 5—30　细目图

小　结

1．课题一简单介绍了化工仿真的基本概念、发展和应用，以及化工仿真系统图的图示及标注、化工管道及阀门的图示、仪表控制及显示的图示等。

2．课题二介绍了仿真图的识读方法、步骤，并举例说明。

思考与练习

1．什么是仿真?

2．仿真如何分类?

3．仿真系统设计的原则是什么?

4．化工仿真图有哪些类型?

5．化工仿真控制回路主要包括哪些控制系统?

6．简述化工仿真图的识读方法。

7．简述化工仿真图的识读步骤。

附　　录

附表 1　　　　管道及仪表流程图中管道、管件、阀门及管道附件图例

名称	图例	名称	图例
主要物料管道		闸阀	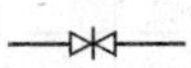
辅助物料及公用系统管道		截止阀	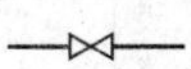
原有管道		球阀	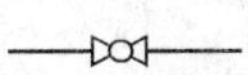
可拆短管		翅片管	
蒸气伴热管道		文氏管	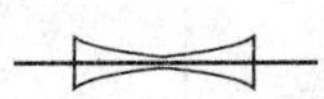
电伴热管道		管道隔热层	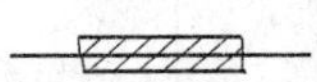
柔性管		夹套管	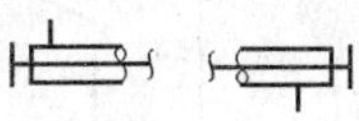
喷淋管		旋塞阀	
放空管	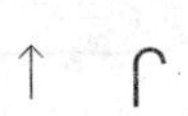	隔膜阀	
敞口漏斗	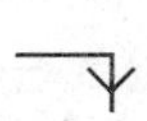	减压阀	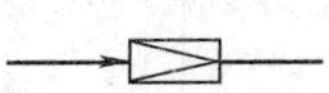
异径管	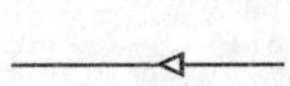	节流阀	

附表 2　管道及仪表流程图中设备、机器图例

类别	图例
塔	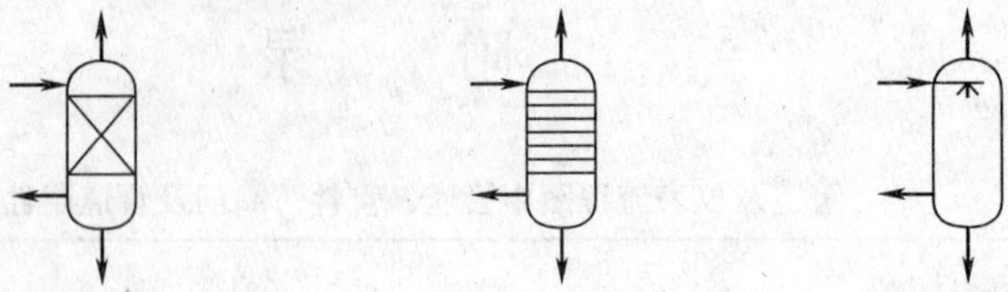 填料塔　板式塔　喷洒塔
塔内件	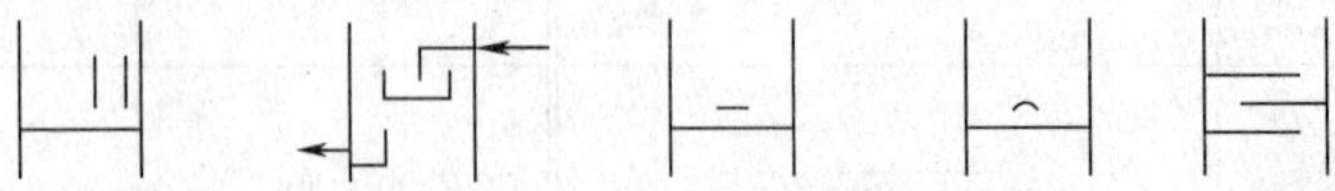 降液管　受液盘　浮阀塔塔板　浮阀塔塔板　格栅板 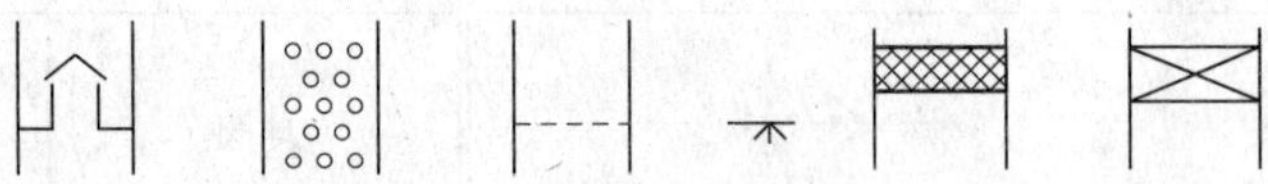 升气管　湍球塔　筛板塔塔板　分布器　丝网除沫层　填料除沫层
反应器	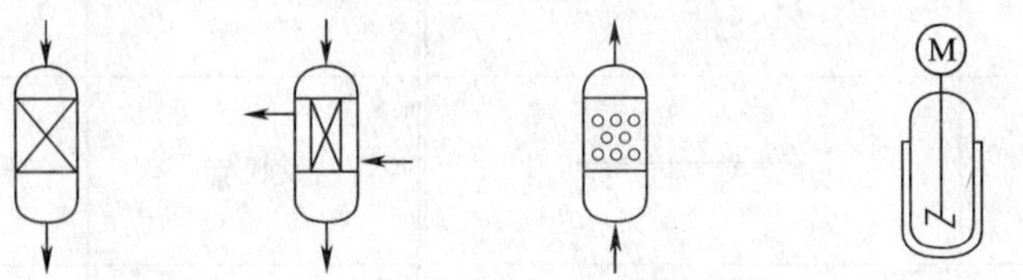 固定床反应器　列管式反应器　流化床反应器　反应釜(带搅拌、夹套)
容器	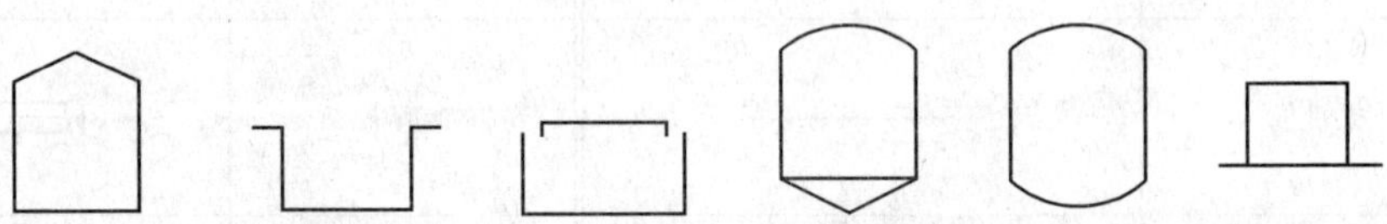 锥顶罐　地下/半地下池、槽、坑　浮顶罐　圆顶锥底容器　蝶形封头容器　平顶容器 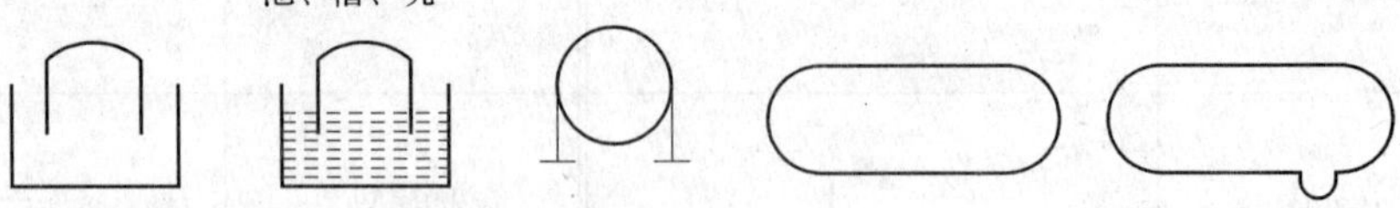 干式气柜　湿式气柜　球罐　卧式容器　卧式容器 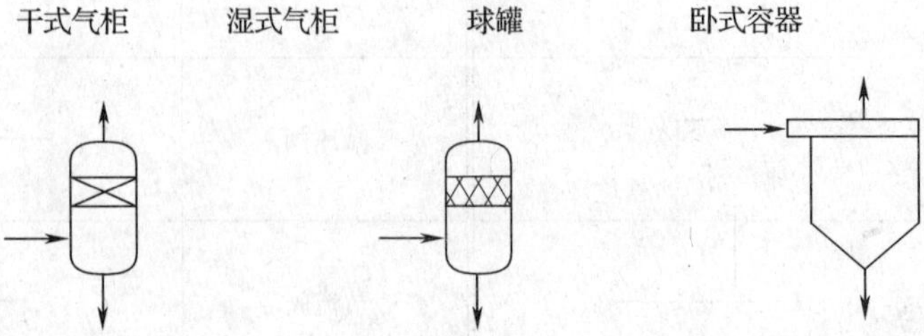 填料除沫分离器　丝网除沫分离器　旋风分离器

续表

类别	图例
工业炉	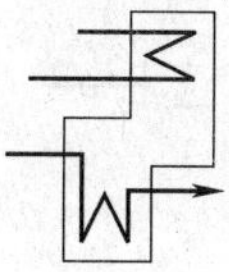 箱式炉 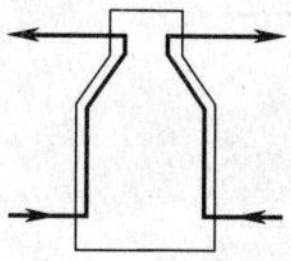 圆筒炉 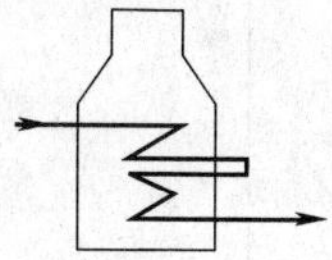 圆筒炉
火炬烟囱	 烟囱  火炬
换热器	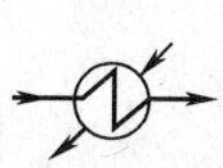 换热器 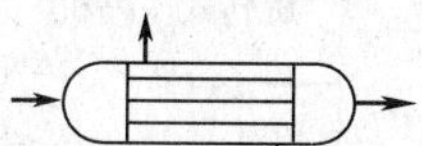 固定管板式列管换热器 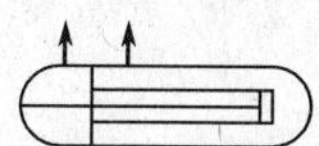 U形管式换热器 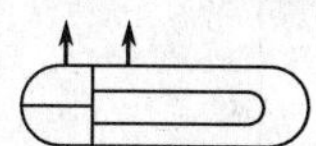 浮头式列管换热器 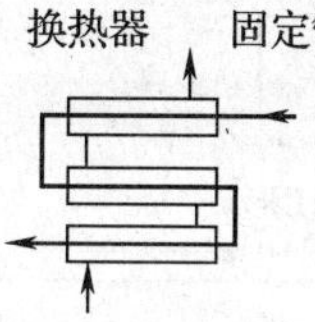 套管式换热器 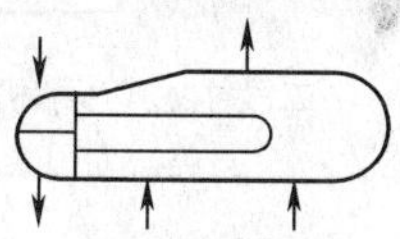 釜式换热器 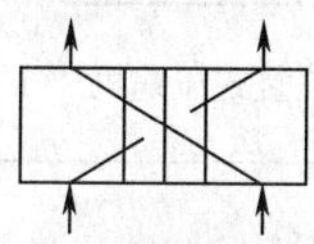 板式换热器 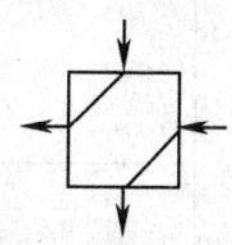 螺旋板式换热器 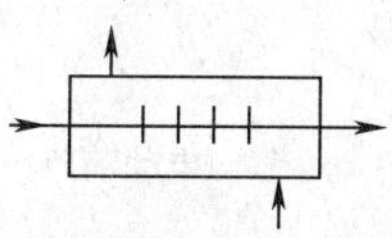 翅片管换热器 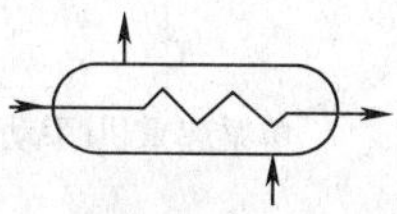 蛇管换热器 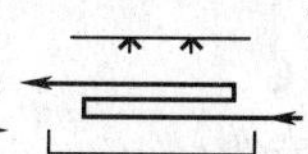 喷淋式冷却器 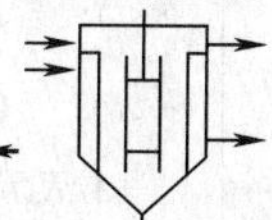 刮板式薄膜蒸发器 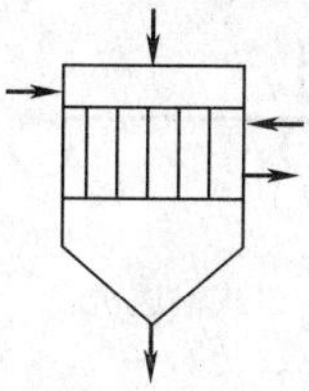 列管式蒸发器 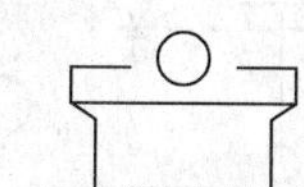 抽风式空冷器 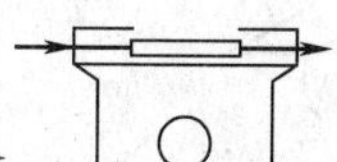 逆风式空冷器 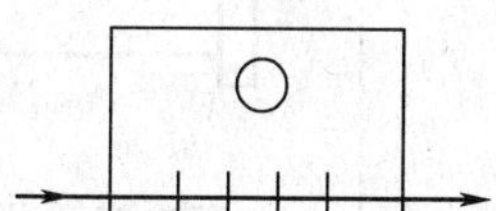 带风扇的翅片管式换热器
泵	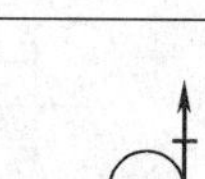 离心泵 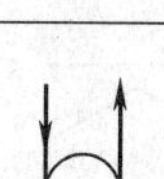 水环式真空泵 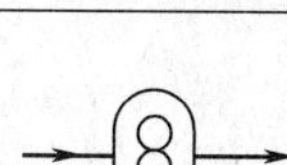 齿轮泵  螺杆泵 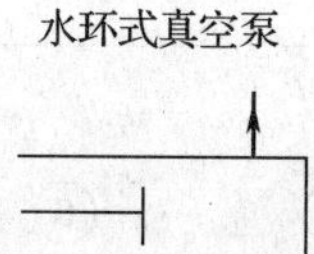 往复泵 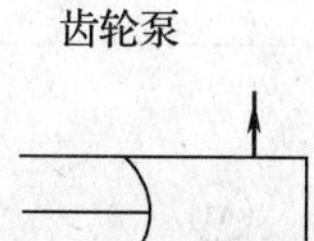 隔膜泵

续表

类别	图例
泵	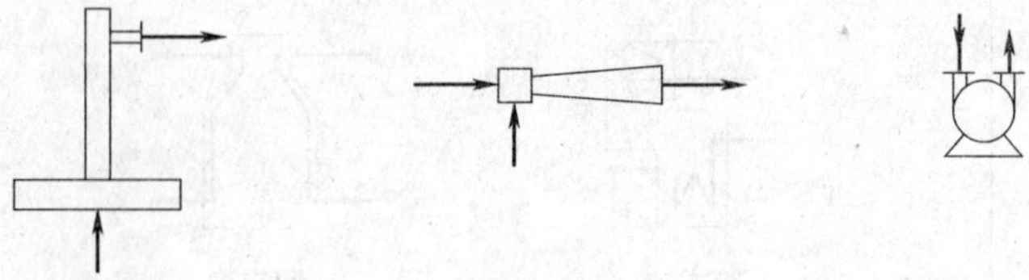 液下泵　喷射泵　旋涡泵
压缩机	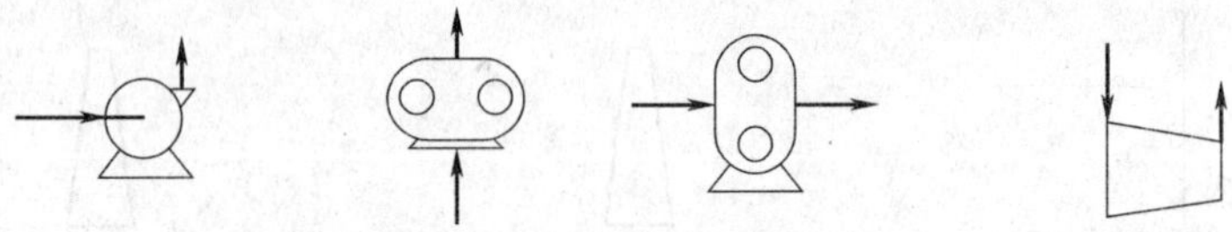 (卧式)　(立式) 鼓风机　旋转式压缩机　离心式压缩机 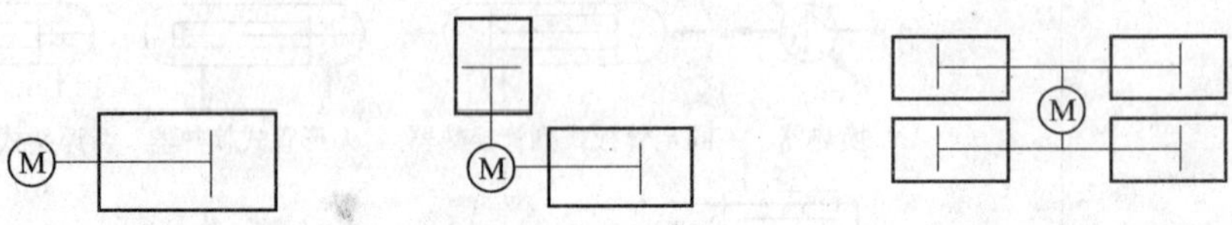 往复式压缩机　二段往复式压缩机(L形)　四段往复式压缩机
起重运输机械	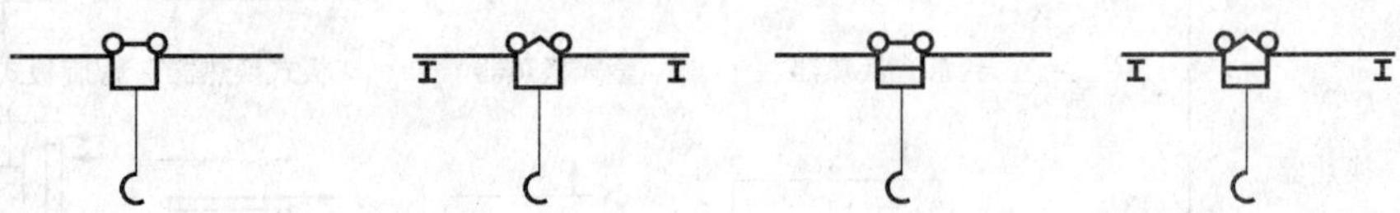 手拉葫芦(带小车)　单梁起重机(手动)　电动葫芦　单梁起重机(电动) 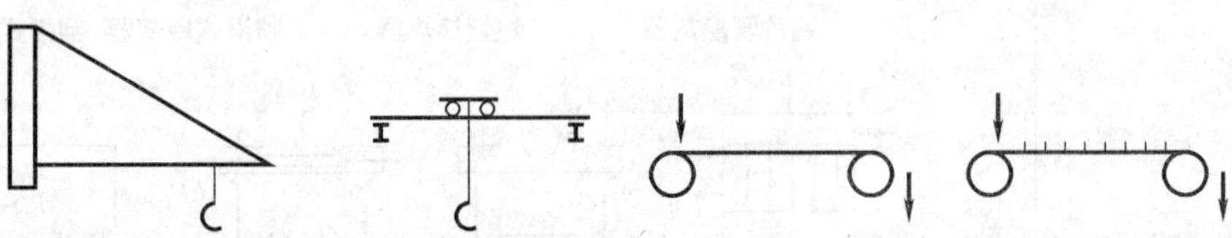 旋转式起重机 旋臂式起重机　吊钩桥式起重机　带式输送机　刮板输送机
其他机械	 揉合机　混合机
动力机	  电动机　内燃机、燃气机　汽轮机　其他动力机　离心式膨胀机 透平机　活塞式膨胀机

附表 3　　管道布置图和轴测图上管子、管件、阀门及管道特殊件图例

管子、管件和法兰				
名称		管道布置图		轴测图
		单线	双线	
管子				
现场焊		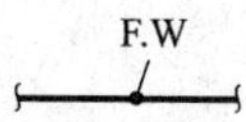		
伴热管（虚线）			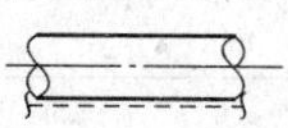	
地下管道		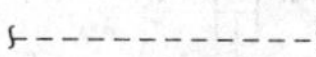		
异径法兰	螺纹、承插焊、滑套		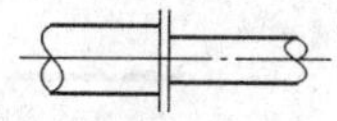	
	对焊		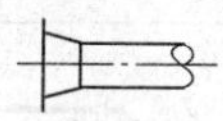	
法兰盖	螺纹或承插焊		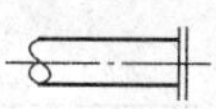	
	与对焊法兰相接		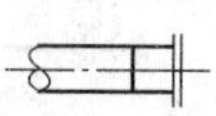	
同心异径管	螺纹或承插焊	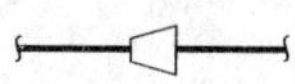		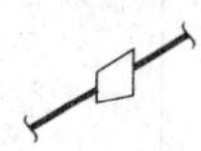
	对焊		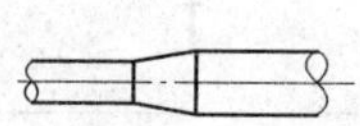	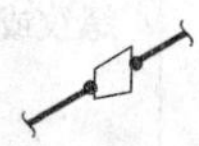
	法兰式	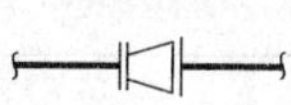	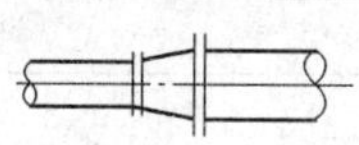	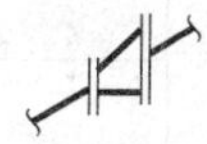
偏心异径管	螺纹或承插焊			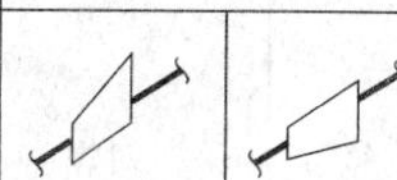
	对焊	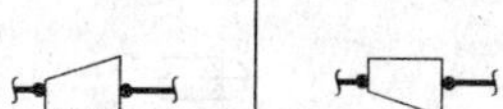	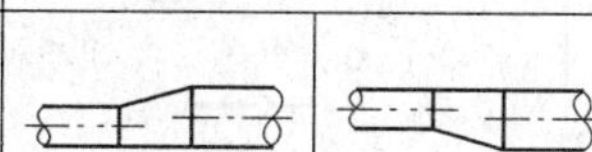	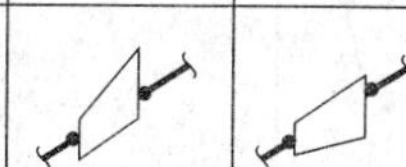
	法兰式	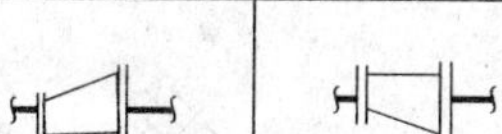	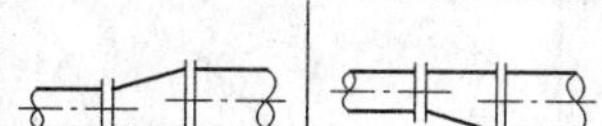	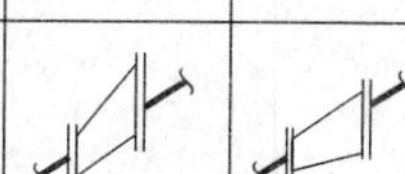
堵头	螺纹连接	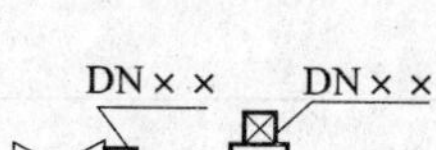		

续表

管子、管件和法兰

名称		管道布置图 单线	管道布置图 双线	轴测图
90°弯头	螺纹或承插焊	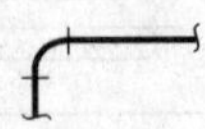 		
	对焊	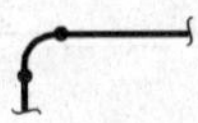 	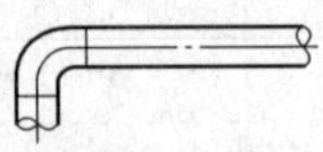 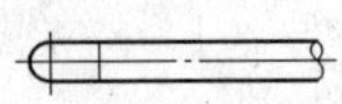	
	法兰式	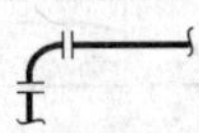 	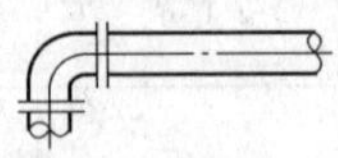 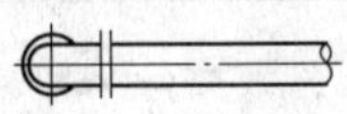	
45°弯头	螺纹或承插焊	 		
	对焊	 	  	
	法兰式	 	  	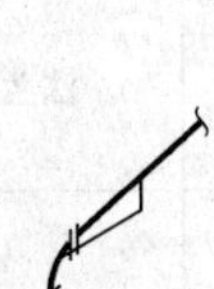

管子、管件和法兰				
名称		管道布置图		轴测图
		单线	双线	
U形弯头	对焊连接	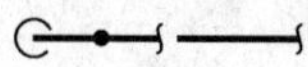	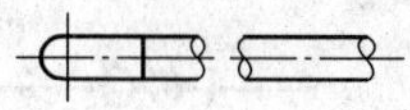	
		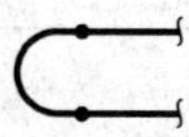	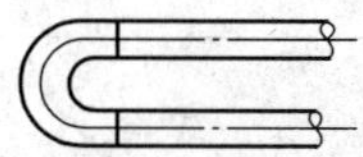	
	法兰连接	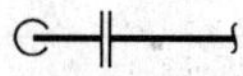	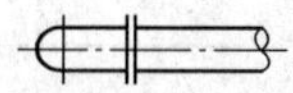	
		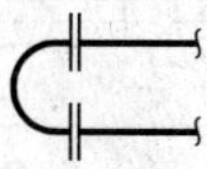	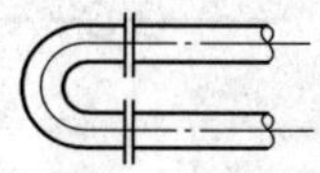	
螺纹或承插焊管接头		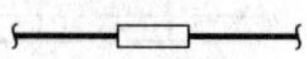		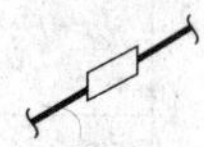
螺纹或承插焊活接头		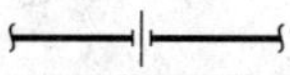		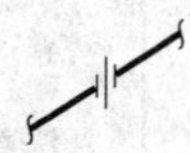
斜接弯头	焊接		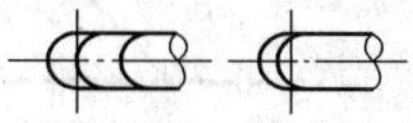	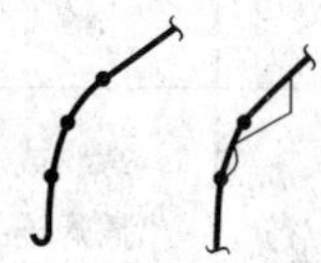
		 用于小角度斜接弯头	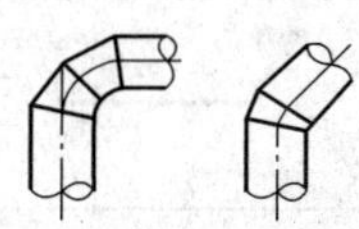	
三通	螺纹或承插焊连接			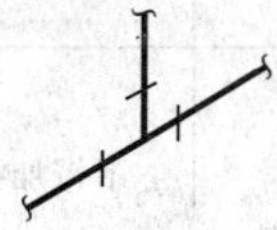
		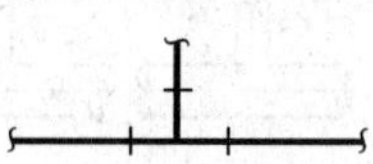		
	对焊连接			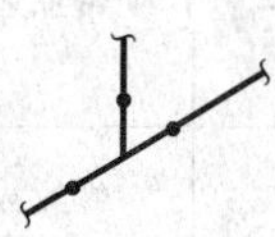
		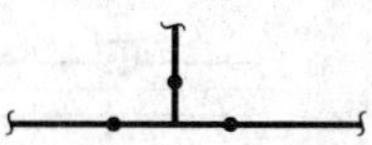	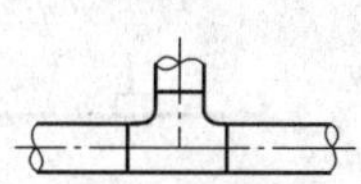	
	法兰连接	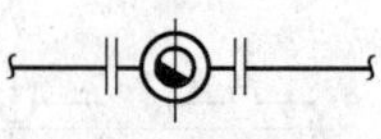		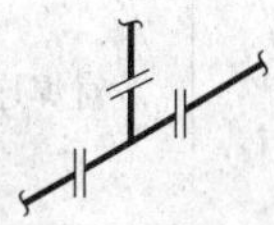
		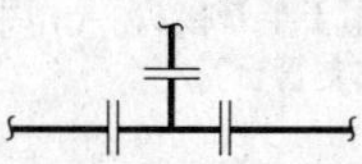	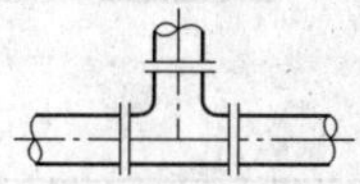	

名称		管道布置图：单线	管道布置图：双线	轴测图
管子、管件和法兰				
斜三通	螺纹或承插焊连接	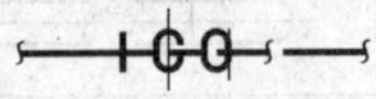		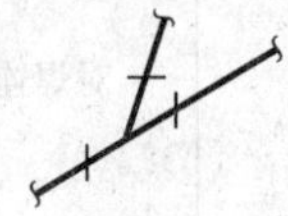
		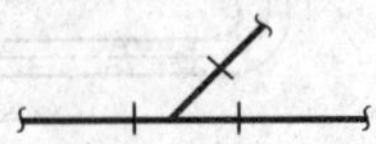		
	对焊连接			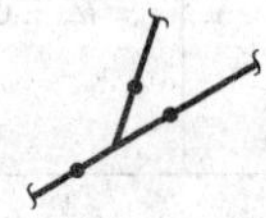
		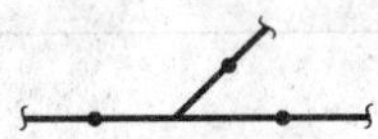	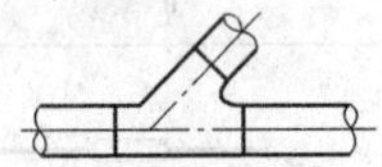	
	法兰连接	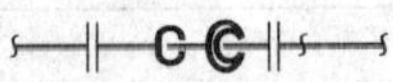	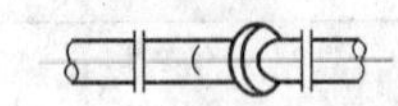	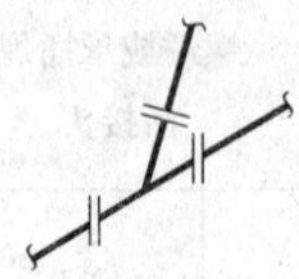
		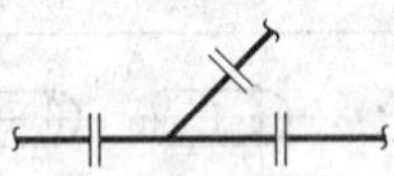	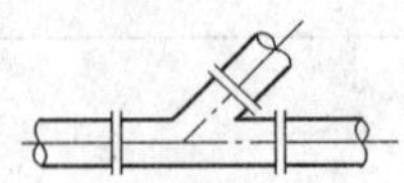	
软管接头	螺纹或承插焊连接	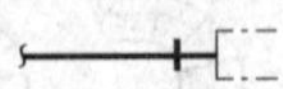		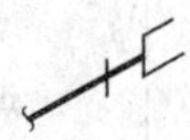
	对焊连接			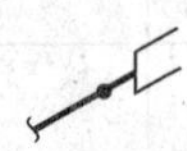
焊接支管	不带加强板	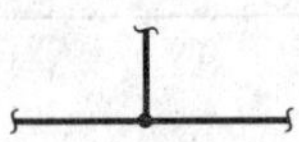	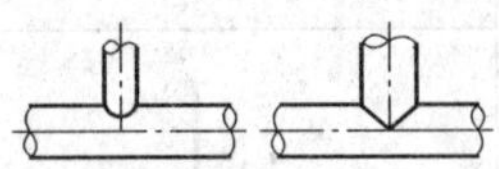	
	带加强板		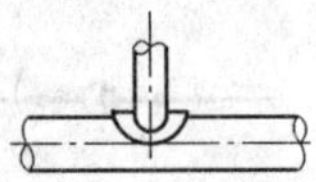	
半管接头及支管台	螺纹或承插焊连接		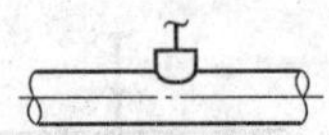	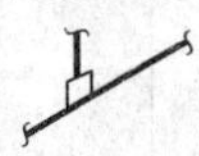
	对焊连接		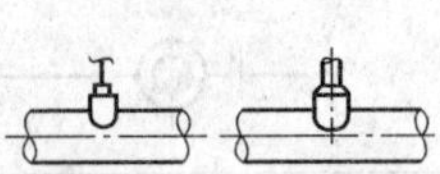 （用于半管接头或支管台） （用于支管台）	

管子、管件和法兰				
名称		管道布置图		轴测图
		单线	双线	
四通	螺纹或承插焊连接	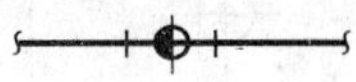 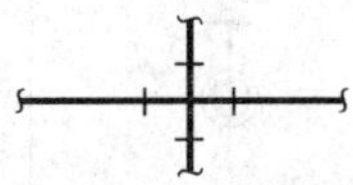		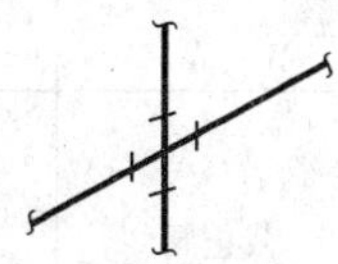
	对焊连接	 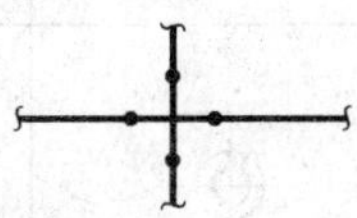	 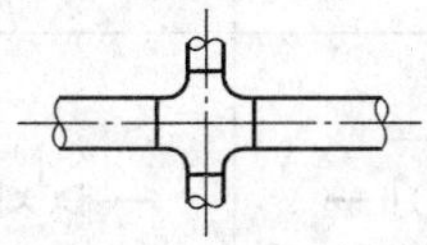	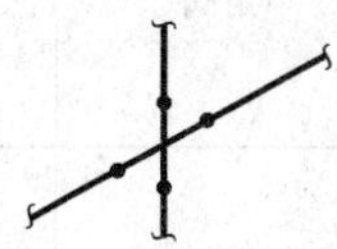
	法兰连接	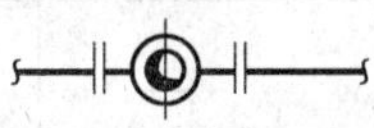 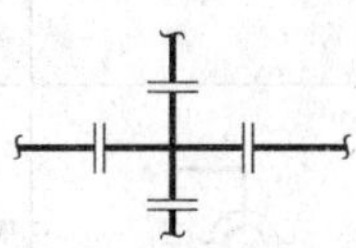	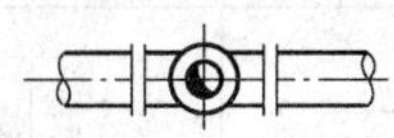 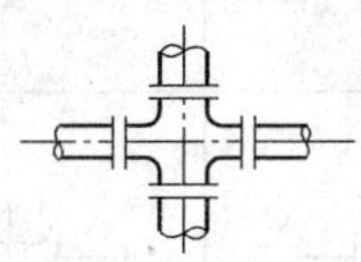	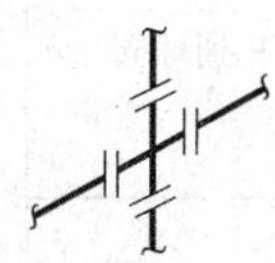
管帽	螺纹或承插焊连接			
	对焊连接			
	法兰连接		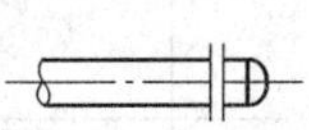	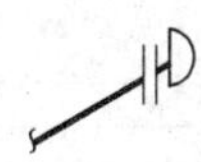
快速接头	阳	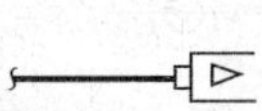		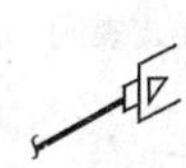
	阴			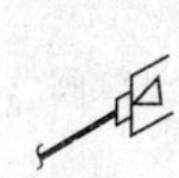

阀门

名称	管道布置图各视图			轴测图	备注
闸阀	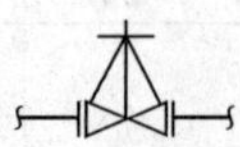		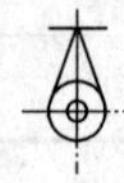	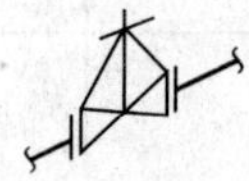	
截止阀		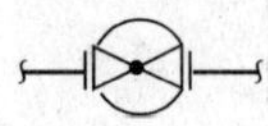			
角阀	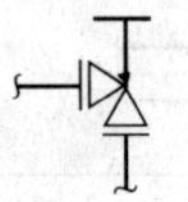	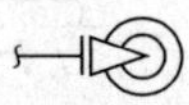			
球阀	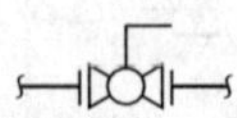	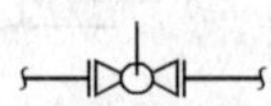		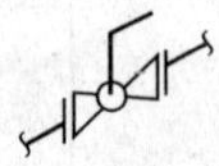	
三通球阀	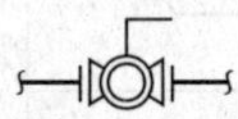		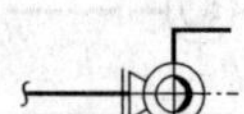	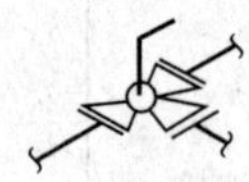	
旋塞阀	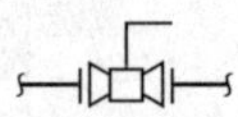	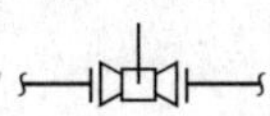		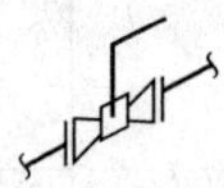	
三通旋塞阀		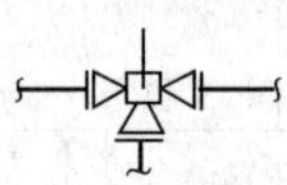	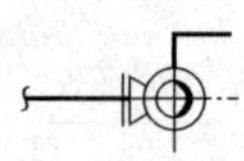	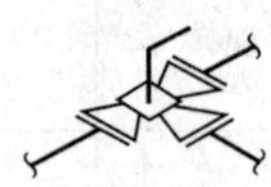	
三通阀	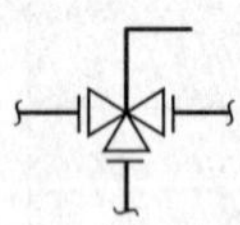	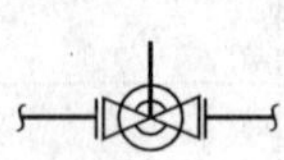		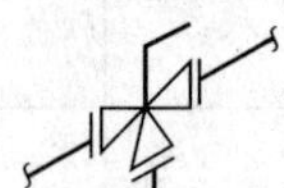	
对夹式蝶阀	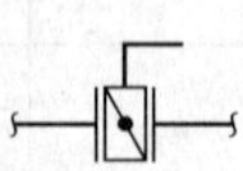	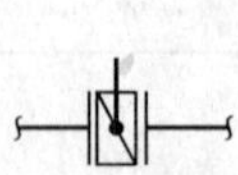	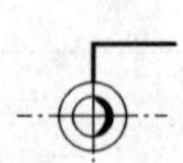	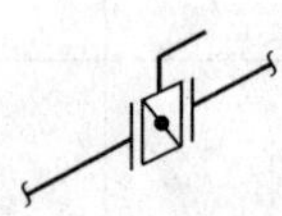	
法兰式蝶阀	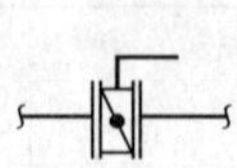	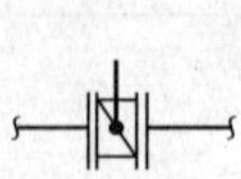	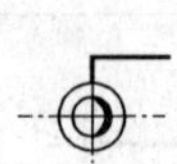	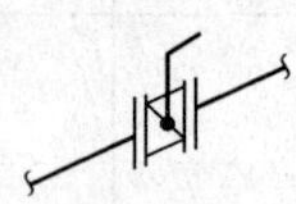	

续表

阀门					
名称	管道布置图各视图			轴测图	备注
柱塞阀	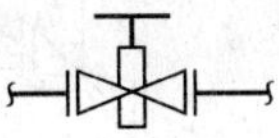	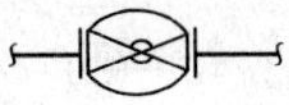		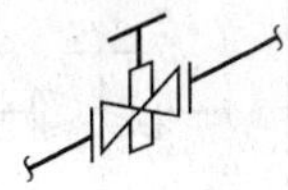	
止回阀				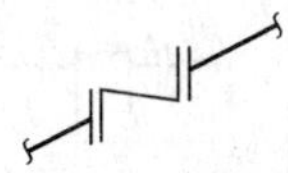	
切断式止回阀	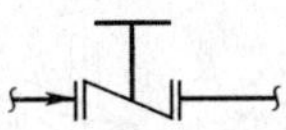	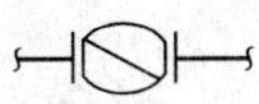		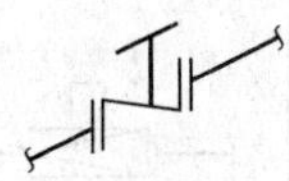	
节流阀	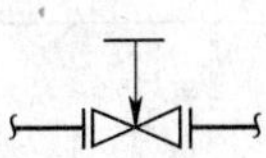	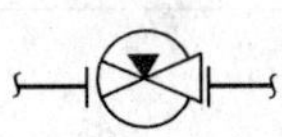		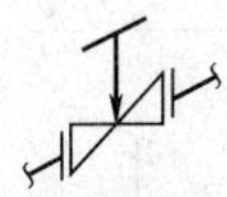	
Y 形阀	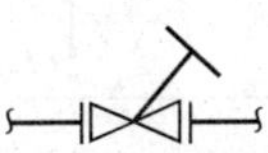	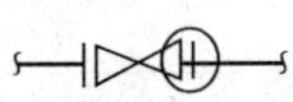	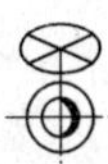		
底阀					
隔膜阀	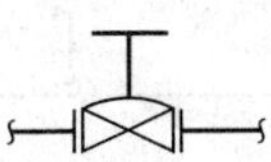			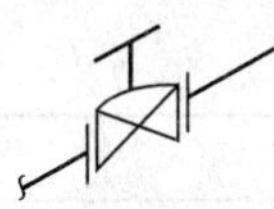	
Y 形隔膜阀	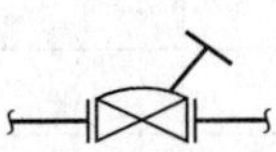	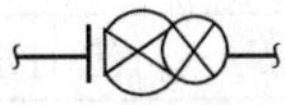	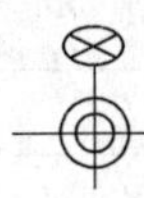	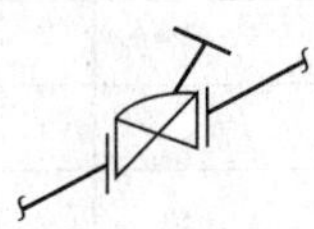	
放净阀		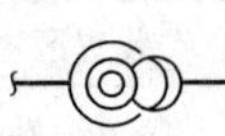			
夹紧式胶管阀	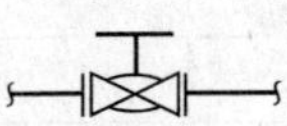			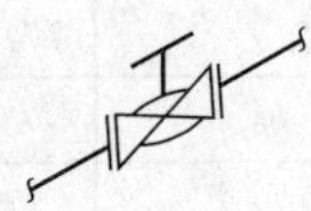	

续表

阀门					
名称	管道布置图各视图			轴测图	备注
夹套式阀		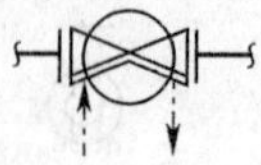		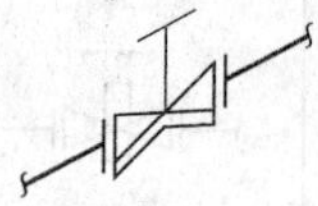	
疏水阀	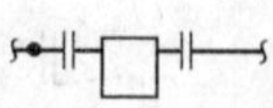	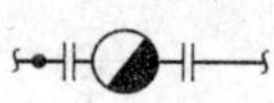			
减压阀	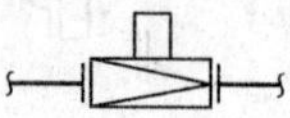			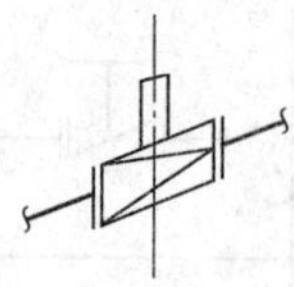	
弹簧式安全阀	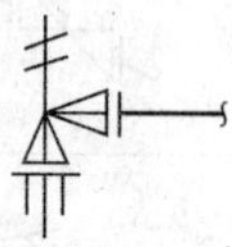	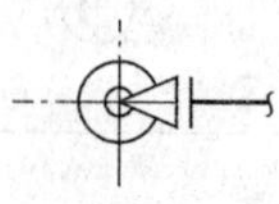			
双弹簧式安全阀	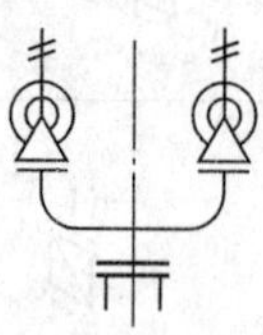	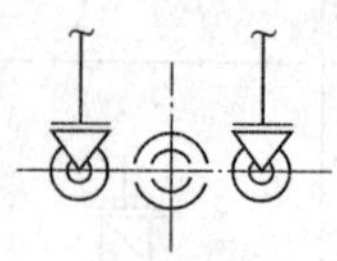	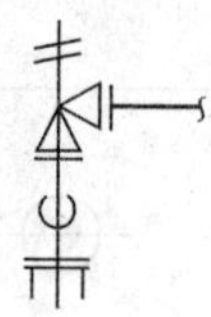	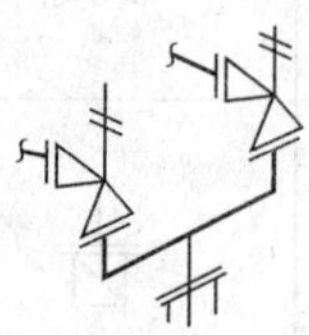	

附表 4　　管道系统轴测图常用的管件和术语的缩写词

管件名称	缩写词	术语名称	缩写词
盲板	BLD	大约，近似	APPROX
堵头	P	公称孔径	NB
管帽	C	管件直连	FTF
短管	NIP	隔热	INS
三通	T	不隔热	NO INS
管接头	CPLG	装置区边界	B. L
吊架	H	装置边界内侧	IS. B. L
控制阀	CONT. V	支架顶面	TOS
旋塞阀	PV	尺寸	DIM
弯头	ELL	楼面	FL
活接头	UN	现场焊	F. M

续表

管件名称	缩写词	术语名称	缩写词
法兰	FLG	轴测图	ISO
孔板	ORF	管道平面布置图	PAP
限流孔板	RO	管道仪表流程图	PID
导向	G	接续图	COD
蝶阀	BV	公称直径	DN
针形阀	NV	底平面	FOP
偏心异径管	E. R.	顶平面	FOG
同心异径管	C. R.	地面	G. L
异径短管	SN	管顶	TOP
软管接头	HC	标高，立面	EL
管口	NOZ	管底	BOP
支架滑动架	RS	支撑点	POS
闸阀	GV	中心线	Φ
止回阀	CV	常开	N. O
长半径弯头	LRE	常闭	N. C
螺纹短管	TN	凸面	RF
螺纹法兰	TF	凹凸	MF
无缝弯头	S. E	榫槽	TG
总管	HDR	法兰面	FLG. F
垫片	GSKT	异径管	RED
定向限位架	DS	公称压力	PN
截止阀	GL. V		
安全泄气阀	SV		